普通高等教育"十二五"规划教材（高职高专教育）

U0344038

结构设计原理

主　编　吴清伟
编　写　唐玉勃　桑海军
主　审　张　辉

中国电力出版社
CHINA ELECTRIC POWER PRESS

内 容 提 要

本书为普通高等教育"十二五"规划教材（高职高专教育），主要内容包括钢筋混凝土结构的力学性能、钢筋混凝土结构的基本计算原则、钢筋混凝土受弯构件正截面承载力计算、钢筋混凝土受弯构件斜截面承载力计算、钢筋混凝土受弯构件在施工阶段的应力计算、钢筋混凝土受弯构件变形和裂缝宽度计算、轴心受压构件承载力计算、偏心受压构件承载力计算、预应力混凝土结构的基本概念及材料、预应力混凝土受弯构件按承载能力极限状态设计计算、预应力混凝土受弯构件按正常使用极限状态设计计算、预应力混凝土简支梁设计、圬工结构的基本概念与材料。

本书依据交通部颁布的最新行业标准编写，在编写过程中，严格执行新标准、新规范，注意收集新材料、新技术、新工艺。理论部分本着"必须、够用"的原则，注重讲清概念、基本原理和基本方法。计算部分多是实际工程中的例子。

本书主要作为道路桥梁工程技术、公路监理、高等级公路维护与管理专业的教材，也可供相关专业的技术人员参考。

图书在版编目（CIP）数据

结构设计原理/吴清伟主编. —北京：中国电力出版社，2015.8

普通高等教育"十二五"规划教材. 高职高专教育

ISBN 978-7-5123-7932-9

Ⅰ. ①结… Ⅱ. ①吴… Ⅲ. ①建筑结构-结构设计-高等职业教育-教材 Ⅳ. ①TU318

中国版本图书馆 CIP 数据核字（2015）第 141164 号

中国电力出版社出版、发行

（北京市东城区北京站西街 19 号　100005　http://www.cepp.sgcc.com.cn）

北京雁林吉兆印刷有限公司印刷

各地新华书店经售

＊

2015 年 8 月第一版　　2015 年 8 月北京第一次印刷

787 毫米×1092 毫米　16 开本　14 印张　336 千字

定价 **28.00** 元

前　言

随着交通事业的飞速发展，公路建设中的新工艺、新材料、新技术广泛普及和应用，急需更新教材内容，以适应人才培养需求。根据专业教学计划的要求，本着教学与生产相结合的原则，编写本教材。

本教材依据《公路工程技术标准》(JTG B01—2003)、《公路桥涵设计通用规范》(JTG D60—2004)、《公路钢筋混凝土及预应力混凝土桥涵设计规范》(JTG D62—2004)、《公路圬工桥涵设计规范》(JTG D61—2005) 编写。

本教材在编写过程中，严格执行新标准、新规范，注意收集新材料、新技术、新工艺，尽量体现高等职业教育的特色，密切结合生产实际。理论部分本着"必须、够用"的原则，注重讲清概念、基本原理和基本方法。计算部分多是实际工程中的例子。

本书共分十三章，绪论、第一章～第五章由辽宁省交通高等专科学校吴清伟编写；第六章～第八章、第十三章由辽宁省交通高等专科学校唐玉勃编写；第九章～第十二章由辽宁省交通高等专科学校桑海军编写。全书由张辉主审。

由于编者水平和能力所限，书中错误和疏漏在所难免，敬请读者批评指正。

编　者

2015 年 1 月

目　　录

绪　　论

一、本课程的任务及与其他课程的关系

结构设计原理主要是研究钢筋混凝土、预应力混凝土、石材及混凝土（通称圬工）结构构件的设计原理。其主要内容包括如何合理选择构件截面尺寸及其连接方式，并根据承受作用的情况验算构件的承载力、稳定性、刚度和裂缝等问题，且为今后学习桥梁工程和其他道路人工构造物的设计计算奠定理论基础。本课程是介于"基础课和专业课之间的技术基础课"。

各种桥梁结构都是由桥面板、横梁、主梁、桥墩（台）、拱、索等基本构件所组成。桥梁或道路人工构造物都要受到各种外力，如车辆荷载、人群荷载、风荷载及桥跨结构各部分自重等作用。建筑物中承受作用和传递作用的各个部件的总和统称为结构，因而结构是由各个基本构件，如板、梁、拱、索等组成。由这些基本构件可以组合成各种各样的桥梁及道路人工构造物。结构设计原理课程就是以这些基本构件为主要研究对象的一门学科。

根据构件受力特点，可将基本构件归纳为受拉构件、受压构件、受弯构件和受扭构件等最基本的受力图式。在工程实际中，有些构件的受力和变形比较简单，有些构件的受力和变形则比较复杂，常用的可能是几种受力状态的组合。

在外荷载的作用下，构件有可能由于承载力不足而破坏或变形过大而不能正常使用。因而，在设计基本构件时，要求构件本身必须具有一定的抵抗破坏和抵抗变形等能力，即"承载能力"。构件承载能力的大小与构件的材料性质、几何形状、截面尺寸、受力特点、工作条件、构造特点及施工质量等因素有关。当其他条件已确定，如果构件的尺寸过小，则结构将有可能因产生过大的变形而不能正常使用，或材料强度不够而导致结构的破坏。为此，如何正确地处理好作用与承载力之间的关系，就是本课程所讨论的主要内容。

结构设计原理是一门重要的技术基础课。它是在学习材料力学、道路建筑材料等先修课程的基础上，结合桥梁工程中实际构件的工作特点，来研究结构构件设计的一门学科。

本教材的主要内容取材于《公路桥涵设计通用规范》（JTG D60—2004）、《公路圬工桥涵设计规范》（JTG D61—2005）、《公路钢筋混凝土及预应力混凝土桥涵设计规范》（JTG D62—2004）。这些设计规范是我国公路桥涵结构物设计的主要依据。在学习过程中，应熟悉上述规范。只有对上述规范条文的概念、实质有了正确的理解，并能准确地应用规范中的公式和条文，才有可能设计出优秀的桥涵及其他人工构造物。

在学习本课程时，应着重了解构件的受力特点和变形特点，以及在此基础上建立起来的符合实际受力情况的力学计算图式。由于本课程与建筑材料有着紧密的关系，而各种建筑材料（钢、木、混凝土、石材等）的性质是各不相同的，故本课程往往要依赖于科学实验的结果。因此，在进行理论推导时，经常要在计算公式中引进一些半经验半理论的修正系数。此外，学习本课程的另一个特点是设计的多方案性。只要在保证结构设计要求的前提下，答案常常不是唯一的，而且，设计计算工作也不是一次就可以获得成功的。

根据所选用的材料不同，结构可分为钢筋混凝土结构、预应力混凝土结构、石材及混凝

土结构（圬工结构）、钢结构和木结构等。当然，也可以是采用各种材料组成的组合结构。本课程主要介绍钢筋混凝土、预应力混凝土、石材及混凝土结构的材料特点及基本构件受力性能、设计计算方法和构造。

二、各种材料结构的特点及使用范围

目前国内外桥梁的发展总趋势是轻型化、标准化和机械化。因而，对基本构件的设计也应符合上述要求。

（一）各种材料结构的特点

1. 结构质量

为了达到增大结构跨径的目的，应力求使构件能作成薄壁、轻型和高强。钢材的单位体积质量（重力密度）虽大，但其强度却很高；木材的强度虽很低，但其重力密度却很小。如果以材料重力密度 γ 与容许应力 $[\sigma]$ 之比（以 $\gamma/[\sigma]$）作为比较标准，且以钢质量为 1.0，则其他结构的相对质量 $\gamma/[\sigma]$ 大致为：①受压构件：木材取 1.5～2.4，钢筋混凝土取 3.8～11，砖石取 9.2～28；②受弯构件：木材取 1.5～2.4，钢筋混凝土取 3～10，预应力混凝土取 2～3。从以上比较可以看出，在跨径较大的永久性桥梁结构中，采用预应力混凝土结构是十分合理和经济的。

2. 使用性能

从结构抵抗变形的能力（即刚度）、结构的延性、耐久性和耐火性等方面来说，则以钢筋混凝土结构和圬工结构较好；钢结构和木结构则都需要采取适当的防护措施和定期进行保养维修。预应力混凝土结构的耐久性比钢筋混凝土结构更好，但其延性则不如钢筋混凝土结构好。

3. 建筑速度

石材及混凝土结构和钢筋混凝土结构较易就地取材；钢、木结构则易于快速施工。由于混凝土工程需要有一段时间的结硬过程，因而施工工期一般较长。尽管装配式钢筋混凝土结构可以在预制工厂进行工业化成批生产，但建筑工期要比钢、木结构稍长。

（二）各种结构的使用范围

1. 钢筋混凝土结构

钢筋混凝土是由钢筋和混凝土两种材料组成的，具有易于就地取材、耐久性好、刚度大、可模性（也可以根据工程需要浇筑成各种几何形状）好等优点。钢筋混凝土结构的应用范围非常广泛，如各种桥梁、涵洞、挡土墙、路面、水工结构和房屋建筑等。当采用标准化、装配化的预制构件，更能保证工程质量和加快施工进度。相对于预应力混凝土结构而言，钢筋混凝土结构有较好的延性，对抗震结构更为有利。但是，钢筋混凝土结构也有结构自重较大、抗裂性能差、修补困难等缺点。

2. 预应力混凝土结构

结构在承受作用之前预先对混凝土受拉区施以适当压应力的结构称为"预应力混凝土结构"，因而在正常使用条件下，可以人为地控制截面上只出现很小的拉应力或不出现拉应力，从而延缓了裂缝的发生和发展，且可以使用高强度钢筋和高等级混凝土的"高强度"在结构中得到充分利用，降低了结构的自重，增大了跨越能力。目前，预应力混凝土结构在国内外得到了迅速发展，是现今桥梁工程中应用较广泛的一种结构。近年来，部分预应力混凝土结构也在快速发展。它是介于普通钢筋混凝土结构与全预应力混凝土结构之间的一种中间状态的混凝土结构。它可以人为地根据结构的使用要求，控制混凝土裂缝的开裂程度和拉应力大小。

3. 石材及混凝土结构（圬工结构）

用胶结材料将天然石料、混凝土预制块等块材按一定规则砌筑而成整体结构即为圬工结构。石料及混凝土结构在我国使用广泛，常用于拱圈、墩台、基础和挡土墙等结构中。

本书主要讲述的是钢筋混凝土结构、预应力混凝土结构、圬工结构，对钢结构、木结构不作重点介绍。

三、工程结构设计的基本要求

公路桥梁应根据所在公路的使用任务、性质和将来的发展需要，按照适用、安全、经济和美观的原则进行设计，也要考虑因地制宜、就地取材、便于施工和养护的原则，合理地选择适当的结构形式，同时，应尽可能地节省木材、钢材和水泥。

在设计结构物时，应进行全面综合考虑，严格遵照有关的技术标准和设计规范进行设计。对于一些特殊结构或创新结构，则可参照国家批准的专门规范或有关的先进技术资料进行设计，同时，还应进行必要的科学实验。

桥涵结构在设计基准期内应有一定的可靠度，这就要求桥涵结构的整体及其各个组成部分的构件在使用荷载作用下具有足够的承载力、稳定性、刚度和耐久性。承载力要求是指桥涵结构物在设计基准期内，它的各个部件及连接的各个细部都符合规定的要求或具有足够的安全储备。稳定要求是指整个结构物及其各个部件在计算荷载作用下都处于稳定的平衡状态。桥涵结构物的刚度要求是指在计算荷载作用下，桥涵结构物的变形必须控制在容许范围以内。桥涵结构物的耐久性是指桥涵结构物在设计基准期内不得过早地发生破坏而影响正常使用。

值得注意的是，不可片面地强调结构的经济性指标而降低对结构物耐久性的要求，从而影响桥涵结构物的使用寿命或更多地增加桥涵及道路人工构造物的维修、养护、加固的费用。

因此，桥涵结构物的所有结构和连接细部都必须进行设计和验算。同时，每个工程技术人员都必须清楚地懂得，正确处理好结构构造问题是十分重要的，这与处理好设计计算问题同等重要。因而，在进行结构设计时，首先应根据材料的性质、受力特点、使用条件和施工要求等情况，慎重地进行综合性分析，然后采取合理的结构措施，确定构件的几何形状和各部尺寸，并进行验算和修正。

另外，每个结构构件除应满足使用期间的承载力、刚度和稳定性要求外，还应满足制造、运输和安装过程中的承载力、刚度和稳定性要求。桥涵结构物的结构形式必须受力明确、构造简单、施工方便和易于养护等，设计时必须充分考虑当时、当地的施工条件和施工的可能性。设计时应充分注意我国的国情，应尽可能地采用适合当地情况的新材料、新工艺和新技术。

第一章 钢筋混凝土结构的力学性能

第一节 钢筋混凝土结构的基本概念

一、混凝土结构的一般概念

混凝土结构包括素混凝土结构、钢筋混凝土结构和预应力混凝土结构等。素混凝土结构是指不配置任何钢材的混凝土结构；钢筋混凝土结构是指用普通钢筋作为配筋的普通混凝土结构；预应力混凝土结构是指在结构构件制作时，在其受拉部位预先施加压应力的混凝土结构。

混凝土是土木建筑工程中广泛应用的一种建筑材料。混凝土材料的抗压强度较高，抗拉强度却很低（抗拉强度仅是抗压强度的 $1/18\sim1/8$）。因此，素混凝土构件的应用范围非常有限，主要用于受压构件，如柱、墩、基础等。如果将它用作受弯构件，如图 1.1.1(a) 所示的素混凝土梁，由于混凝土的抗拉能力很小，在相对较小的荷载下，受拉区就会开裂，导致梁的瞬间脆断破坏。梁的开裂荷载即为其破坏荷载 $P=14kN$，这时受压区混凝土的抗压强度还远远没有充分利用。钢材的抗拉强度和抗压强度都很高，如果在梁的受拉区配置一定

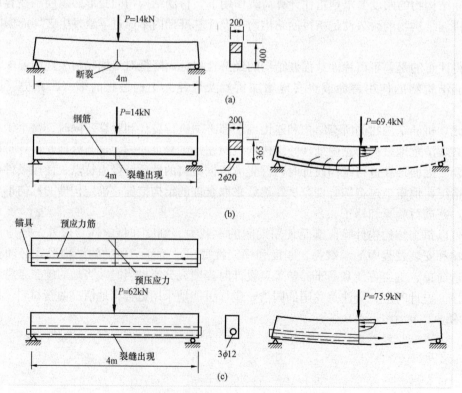

图 1.1.1 简支梁的受力图 （单位：mm）

(a) 素混凝土梁；(b) 钢筋混凝土梁；(c) 预应力混凝土梁

数量的钢筋，形成钢筋混凝土梁，可以使钢筋和混凝土这两种物理-力学性能不同的材料在共同工作中发挥各自的优点。如图 1.1.1（b）所示，当荷载 $P=14kN$ 作用下，虽然受拉区混凝土还会开裂，但钢筋可以替代开裂的混凝土承受拉力，因而可继续加载，直到钢筋达到屈服后，梁才达到破坏荷载 $P=69.4kN$。可见，钢筋混凝土梁的承载能力比素混凝土梁有很大提高。破坏时，钢筋的抗拉强度和混凝土的抗压强度均得到了充分利用，虽然梁过早开裂的问题没有解决，但却收到下列效果：

（1）结构承载能力有很大提高。

（2）结构的受力性能得到显著改善。

如果在混凝土梁受荷载以前先在梁中建立起预压应力，就形成预应力混凝土梁，如图 1.1.1(c) 所示。由于外荷载要先抵消预压应力才能使梁产生拉应力，因此预应力混凝土梁开裂荷载（$P=62kN$）比钢筋混凝土有较大的提高，从而防止了梁的过早开裂。破坏时（$P=75.9kN$），混凝土梁与钢筋混凝土梁相似，钢筋和混凝土这两种材料的强度均得以充分利用。

二、钢筋混凝土的特点

钢筋和混凝土是两种性质不同的材料，它们之所以能有效地结合在一起共同工作，主要是由于：

（1）钢筋和混凝土之间有着可靠的黏结力，能相互牢固地结成整体，在外荷载作用下，钢筋与相邻混凝土能够协调变形，共同受力。

（2）钢筋与混凝土的温度线膨胀系数相近［钢为 $1.2\times10^{-5}℃^{-1}$，混凝土为（$1.0\sim1.5$）$\times10^{-5}℃^{-1}$］，因此，当温度发生变化时，钢筋混凝土构件内只产生较小的温度应力，不致破坏钢筋和相邻混凝土之间的黏结力。

（3）钢筋被混凝土包裹，从而防止钢筋锈蚀，保证了结构的耐久性。

钢筋混凝土结构除了能合理利用钢材和混凝土两种材料的特性外，还具有下述优点：

（1）合理地利用了钢筋和混凝土这两种材料的受力特点，可以形成具有较高承载能力的结构构件。

（2）由于混凝土的强度是随着时间的增长而增长，在正常养护下，混凝土 1 年龄期的强度约是 28d 强度的 1.5 倍，因而，钢筋混凝土结构的使用寿命可以很长，耐久性较好。相对于钢、木结构而言，几乎不需要经常性地维修和养护，耐火性较好。

（3）钢筋混凝土结构的构件种类较多，施工方法的适应性很强，既可以整体式现场浇筑，也可以预制装配，并且可以根据需要浇筑成各种形状的结构。

（4）现浇钢筋混凝土结构的整体性好，抗震性较好。

（5）混凝土中占比例较大的砂、石等材料，大多数可就地取材，节省运费，降低建筑成本。

钢筋混凝土结构也存在以下一些缺点：

（1）由于钢筋混凝土结构的自重大，因此当达到一定跨径时，其承受活荷载的能力就会显著降低。

（2）抗裂性差，混凝土的抗拉强度非常低，因此，普通钢筋混凝土结构经常带裂缝工作，裂缝的存在会影响结构的耐久性和美观。

（3）浇筑混凝土时需要模板支撑。

（4）户外施工受到季节条件限制；在雨期和冬期进行混凝土施工时，必须对混凝土浇筑、振捣和养生等工艺采取相应的措施，这样才能确保施工质量。

钢筋混凝土结构虽然有缺点，但毕竟有其独特的优点，所以在桥梁工程、隧道工程、房屋建筑、路面工程等方面都得到了广泛应用。

第二节　钢筋的力学性能

钢筋混凝土结构中使用的钢筋，不仅要强度高，而且要具有良好的塑性和可焊性，同时还要求与混凝土有较好的黏结性能。

一、钢材的分类

钢筋混凝土结构用的钢材，按直径粗细可分为钢筋和钢丝两类。凡是直径 $d \geqslant 6\text{mm}$ 者，称钢筋；直径 $d < 6\text{mm}$ 者，称为钢丝。钢筋根据生产工艺和加工条件可分为热轧钢筋、冷拉钢筋和热处理钢筋三种。将钢筋在高于再结晶温度状态下，用机械方法轧制成的不同外形的钢筋，称为热轧钢筋。热轧钢筋按照外形特征可分为光圆钢筋［见图1.2.1(a)］和变形钢筋［见图1.2.1(b)、(c)、(d)］。

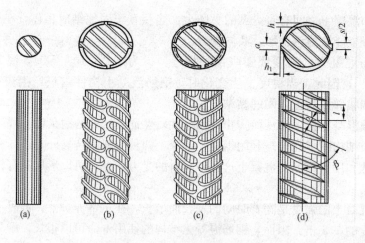

图 1.2.1　热轧钢筋的外形

变形钢筋表面有两条纵向凸缘（纵肋），两侧有等距离的斜向凸缘（横肋）。其中横肋斜向一个方向而呈螺纹形的称为螺纹钢筋［见图1.2.1(b)］；横肋斜向不同方向而呈"人"字形的，称为人字形钢筋［见图1.2.1(c)］。纵肋与横肋不相交且横肋为月牙形状的，称为月牙纹钢筋［见图1.2.1(d)］。

钢丝根据加工方法和组成形式，可分为碳素钢丝、刻痕钢丝、钢绞线和冷拔低碳钢丝四种；按照钢材的化学成分，可分为碳素钢和普通低合金钢两大类。

二、钢筋的力学性能

1. 钢筋的应力-应变关系

钢筋的力学性能有强度和变形（包括弹性变形和塑性变形）等。单向拉伸试验是确定钢筋力学性能的主要手段。通过试验可以看到，钢筋的拉伸应力-应变关系曲线可分为两大类，即有明显流幅的曲线（见图 1.2.2）和无明显流幅的曲线（见图 1.2.3）。

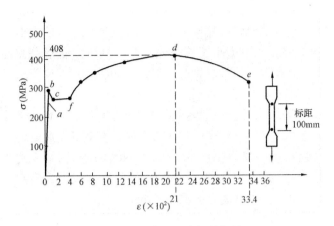
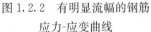
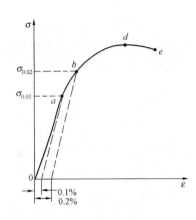

图 1.2.2　有明显流幅的钢筋
应力-应变曲线

图 1.2.3　无明显流幅的钢筋
应力-应变曲线

图 1.2.2 表示一条有明显流幅的钢筋应力-应变曲线。在达到比例极限 a 点之前，材料处于弹性阶段，应力与应变的比值为常数，即为钢筋的弹性模量 E_s。此后应变比应力增加快，到达 b 点进入屈服阶段，即应力不增加，应变却继续增加很多，应力-应变曲线图形接近水平线，称为屈服台阶（或流幅）。对于有屈服台阶的钢筋来讲，有两个屈服点，即屈服上限（b 点）和屈服下限（c 点）。屈服上限受试验加载速度、表面粗糙度等因素影响而波动；屈服下限则较稳定，故一般以屈服下限为依据，称为屈服强度。过了 f 点后，材料又恢复部分弹性进入强化阶段，应力-应变关系表现为上升的曲线，到达曲线最高点 d，d 点的应力称为极限强度。过了 d 点后，试件的薄弱处发生局部"颈缩"现象，应力开始下降，应变仍继续增加，到 e 点后发生断裂，e 点所对应的应变（用百分数表示）称为延伸率，用 δ_{10} 或 δ_5 表示（分别对应于量测标距为 $10d$ 和 $5d$，其中 d 为钢筋直径）。

有明显流幅的钢筋拉伸时的应力-应变曲线显示了钢筋主要物理力学指标，即屈服强度、抗拉极限强度和延伸率。屈服强度是钢筋混凝土结构设计计算中钢筋强度取值的主要依据。屈服强度与抗拉极限强度的比值称为屈强比，它可以代表材料的强度储备，一般屈强比要求不大于 0.8。延伸率是衡量钢筋拉伸时的塑性指标。

拉伸试验中没有明显流幅的钢筋，其应力-应变曲线如图 1.2.3 所示。这类钢的比例极限大约相当于其极限强度的 65%。硬钢一般取其极限强度的 80%，即残余应变为 0.2% 时的应力 $\sigma_{0.2}$ 为协定的屈服点，又称条件屈服强度，取残余应变的 0.1% 处应力作为弹性极限强度。

钢筋混凝土结构中的纵向钢筋一般应采用 HPB235、HPB300、HRB400、HRB500 及 KL400 级钢筋。HPB235、HPB300、HRB400、HRB500 中的 HRB、HPB 为钢筋牌号，其中尾部数字为强度等级，HRB400 相当于原标准的 III 级钢筋，该钢筋公称直径 $d=6\sim50\text{mm}$，其中 $d=22\text{mm}$ 以下以 2mm 递减，$d=22\text{mm}$ 以上为 25、28、32、36、40、50mm；KL400 为余热处理钢筋的强度等级代号，钢筋级别相当于原标准的 III 级钢筋，公称直径 $d=8\sim40\text{mm}$，尺寸进级情况与 HRB 相同。

2. 钢筋的强度指标

(1) 屈服强度。钢材的受拉、受压及受剪屈服强度是钢材的主要强度指标。由于比例极限、弹性极限和屈服点比较接近，而在屈服点之前的应变又很小，因此在计算时一般近似地认为钢材的弹性工作阶段是以屈服点为上限。当应力小于屈服强度时，材料的变形是弹性的，卸载后可以完全恢复，而当应力达到屈服点后，材料将产生很大且卸载后不能恢复的变形。因此，在结构设计时，一般取屈服强度为钢材允许达到的最大应力。

(2) 极限强度。钢材的极限强度（包括抗拉强度、抗压强度和抗剪强度）是材料能承受的最大应力。当材料达到或接近极限强度时，材料已经产生了非常大的塑性变形，此时的结构已经无法正常使用。尽管如此，极限强度仍是材料强度的一个主要指标，与屈服强度相比，极限强度越高，材料的安全储备就越大。通常以屈强比（屈服强度/抗拉极限强度）来衡量钢材强度的这种储备，显然，屈强比越小，钢材的强度储备就越大。

3. 钢筋的塑性指标

(1) 伸长率。钢材的伸长率等于试件被拉断后原标距长度的伸长值与原标距比值的百分率，是反映材料塑性变形能力的一个指标，以符号 δ 表示。伸长率 δ 与试件原标距长度 l_0 和试件的直径 d_0 的比值有关，当 $l_0/d_0 = 10$ 时，记作 δ_{10}；当 $l_0/d_0 = 5$ 时，记作 δ_5，可以按照下式计算

$$\delta = \frac{l_1 - l_0}{l_0} \times 100\% \tag{1.2.1}$$

式中　l_0——试件原标距长度；

　　　l_1——试件拉断后标距间的长度。

(2) 截面收缩率。截面收缩率是反映材料塑性变形能力的另一个指标，等于试件被拉断后颈缩区的断面面积缩小值与原断面面积比值的百分率，以符号 ψ 表示。截面收缩率 ψ 可以按照下式计算

$$\psi = \frac{A_0 - A_1}{A_0} \times 100 \tag{1.2.2}$$

式中　A_0——试件受力前的断面面积；

　　　A_1——拉断后颈缩区的断面面积。

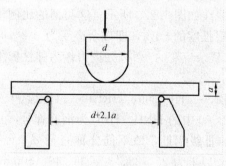

图 1.2.4　冷弯试验示意图

(3) 冷弯性能。冷弯性能由常温下的冷弯试验来检验。试验装置如图 1.2.4 所示，试验时按照规定直径的弯心角把试件弯曲，当试件表面出现裂纹或分层时即为破坏。冷弯性能以冷弯的角度来衡量，当冷弯角度达到 180° 时，钢材的冷弯性能合格。冷弯试验不仅检验了钢材是否具有构件制作过程中冷加工所要求的弯曲变形能力，还能够显示其内部的缺陷，鉴定钢材的质量，因此它是判别钢材塑性变形能力和质量的一个综合指标。

第三节　混凝土的力学性能

一、混凝土的强度

混凝土强度是混凝土的重要力学性能，是设计钢筋混凝土结构的重要依据，它直接影响结构的安全性和耐久性。影响混凝土强度的因素是多方面的，除了受组成材料的性质、配合比、养护环境、施工方法等因素影响外，在进行试验时还与试件的形状、大小、试验方法、加载方法、加载速度等因素有关。

（一）立方体抗压强度

混凝土立方体抗压强度是混凝土最基本的强度指标，它是用来确定混凝土强度等级、评定和比较混凝土强度及质量的最主要指标，也是推算其他力学性能的基础。JTG D62—2004规定的立方体抗压强度是指边长为150mm的立方体试块，在20℃±3℃的温度和相对湿度为90％以上的潮湿空气中养护28d后，用标准的试验方法测得的抗压强度（MPa），用符号f_{cu}表示。

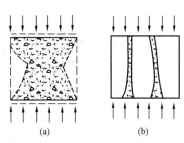

图1.3.1　混凝土立方体的破坏情况
（a）不涂润滑剂；（b）涂润滑剂

混凝土强度等级是按照边长为150mm的立方体抗压强度标准值确定的。混凝土立方体抗压强度标准值是按照上述立方体抗压强度试验方法得到的具有95％保证率的抗压强度值，以符号$f_{cu,k}$表示。JTG D62—2004按照混凝土立方体抗压强度标准值，把混凝土结构中混凝土的强度等级分为14级，以"C＋立方体抗压强度标准值"表示，即C15、C20、…、C70、C80。公路桥涵钢筋混凝土构件的混凝土强度等级可采用C20～C80，中间以5MPa晋级。C50以下为普通强度混凝土，C50以上为高强度混凝土。当用HRB335、HRB400级钢筋配筋时，混凝土强度等级不应低于C25。

混凝土的抗压强度与试验方法有着密切的关系，如果在试件表面和压力机压盘之间涂一层油脂，则抗压强度要比未加油脂时低很多，破坏形状也不相同，如图1.3.1所示，这是由于未加油脂的试件表面与压力机压盘之间有向内的摩阻力存在，摩阻力好像箍圈一样阻止混凝土的横向变形，因而提高了试件的抗压强度。破坏时试件侧面碎裂成锥形，这种破坏是由沿斜面作用的剪力所引起的。而表面加油脂的试件，摩阻力大大减小，试件强度因而下降，同时破坏的性质也改变了，此时，试件由于形成了与压力方向平行的裂缝而破坏。JTG D62—2004所规定的标准试验方法是不加油脂等润滑剂的。

混凝土强度是设计钢筋混凝土结构时选择混凝土材料的主要指标，应该根据结构物的用途、尺寸、使用条件及经济和技术等原因综合考虑。

混凝土抗压试验的加载速度对立方体抗压强度也有影响，加载速度越快，测得的强度越高。通常规定的加载速度：混凝土的强度等级低于C30时，取每秒钟0.3～0.5N/mm²；混凝土的强度等级等于或高于C30时，取每秒钟0.5～0.8N/mm²。

试验时随着混凝土龄期的增长，混凝土的极限抗压强度逐渐增大，开始时强度增长速度较快，然后逐渐减缓，这个强度增长的过程往往要延续几年，在潮湿环境中延续的时间更长。混凝土任何龄期的立方体强度，可以按下列经验推算

$$f_{\mathrm{cu,n}} = f_{\mathrm{cu,k}} \frac{\lg n}{\lg 28} \qquad\qquad (1.3.1)$$

式中　$f_{\mathrm{cu,n}}$ ——n 天龄期混凝土立方体强度，n 必须大于 3；

　　　　$f_{\mathrm{cu,k}}$ ——28 天龄期混凝土立方体强度标准值；

　　$\lg n$、$\lg 28$ ——混凝土龄期 n 天和 28 天的常用对数。

　　试件尺寸对混凝土 $f_{\mathrm{cu,k}}$ 也有影响，试验结果证明，立方体尺寸越小则试验测出的抗压强度越高，这个现象称为尺寸效应。

　　(二) 混凝土的轴心抗压强度

　　混凝土的抗压强度不仅与试件尺寸有关，还与它的形状有关。在实际工程结构中，受压构件不是立方体而是棱柱体，所以，采用棱柱体试件（高度大于边长的试件称为棱柱体）比采用立方体试件能更好地反映混凝土的实际抗压能力。用棱柱体试件测得的抗压强度称为棱柱体抗压强度，或者称为轴心抗压强度。

　　棱柱体试件是在与立方体试件相同的条件下制作的，试件表面不涂润滑剂，实测所得的棱柱体抗压强度比立方体抗压强度低。混凝土轴心抗压强度随着混凝土强度等级的提高而增加，总的趋势是混凝土轴心抗压强度与混凝土强度成正比。

　　(三) 混凝土的轴心抗拉强度

　　混凝土试件在轴心拉伸下的极限抗拉强度，在结构计算中是确定混凝土抗裂度的重要指标，有时还可以通过混凝土轴心抗拉强度间接地作为衡量混凝土其他力学性能的指标，如混凝土与钢筋之间的黏结强度等。

　　混凝土轴心抗拉强度比抗压强度低得多，它与同龄期混凝土抗压强度的比值为 1/18～1/8。混凝土强度等级越高，混凝土的轴心抗拉强度与抗压强度之比越小，也即混凝土的强度等级提高后，其相应的抗拉强度却提高得不多。

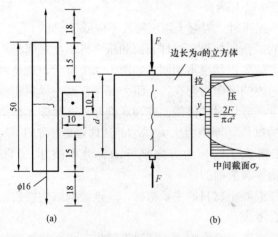

图 1.3.2　轴心受拉构件
(a) 轴心受拉试件；(b) 劈裂试件

　　轴心受拉构件如图 1.3.2(a) 所示，试件为 100mm×100mm×500mm 的柱体，两端预埋钢筋。试验机夹紧两端伸出的钢筋，使试件受拉，构件破坏时，中部产生横向裂缝，其平均应力即为混凝土的轴心抗拉强度。

　　由于轴心受拉试件试验时对中比较困难，故国内外多采用立方体或圆柱体的劈裂试验 [见图 1.3.2(b)] 测定混凝土的抗拉强度。这种试件与混凝土立方体试件相同，劈裂试验是通过 5mm×5mm 的方钢垫条，且在试件与垫条之间夹一层马粪纸，施加压力 F，试件中间截面除加力点附近很小的范围外，有均匀分布的拉应力。当拉应力达到混凝土抗拉强度时，试件劈裂成两半。《公路工程水泥混凝土试验规程》(JTJ 053—1994) 规定：采用 150mm 立方体试件作为标准试件进行混凝土劈裂抗拉强度测定，按照规定的试验方法操作，则混凝土的劈裂抗拉强度 $f_{\mathrm{t}}^{\mathrm{s}}$ 可按下列公式算

$$f_L^p = \frac{2F}{\pi a^2} \tag{1.3.2}$$

二、混凝土的变形性能

由于混凝土材料并不是理想的匀质材料，因而受力后的实际变形情况十分复杂。混凝土试件的变形与加载方式、荷载作用的持续时间、温度、湿度、试件的形状和尺寸等因素有关。

（一）混凝土在单调、短期荷载作用下的变形性能

混凝土的应力-应变关系是混凝土力学性能的一个重要方面，它是进行钢筋混凝土构件的截面应力分析、建立强度和变形计算理论必不可少的依据。特别是近代在采用计算机对钢筋混凝土结构进行有限元非线性分析时，混凝土的应力-应变关系已成为数学物理模型研究的重要依据。

混凝土受压的应力-应变曲线，通常用 $h/b = 3 \sim 4$ 的棱柱体试件来测定。图 1.3.3 为典型的混凝土受压时应力-应变曲线，它与钢材的应力-应变曲线是完全不同的，从总体来看，可以分为上升段和下降段两部分，并包含三个重要特征值：① 最大应力值 σ_{max}；② 与 σ_{max} 相对应的应变 ε_0；③极限应变值 ε_{max}。

在曲线的初始部分，当应力 $\sigma \leqslant 0.3 f_{ck}$ 时，σ-ε 关系接近一根直线，混凝土处于弹性工作阶段。当应力 $\sigma > 0.3 f_{ck}$ 后，随着应力的增大，应力-应变曲线越来越偏离直线。任一点应变 ε 可分为弹性应变 ε_e 和塑性应变 ε_p 两部分。当应力接近 $0.5 f_{ck}$ 后，曲线明

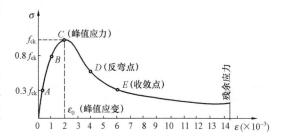

图 1.3.3　混凝土受压时应力-应变曲线

显地呈弯曲上升，即应变增量大于应力增量，呈现出材料的部分塑性性质。当应力达到 $0.8 f_{ck}$ 后，塑性变形显著增大，应力-应变曲线的斜率急剧减小。当应力达到最大应力 σ_{max}（即棱柱体抗压强度 f_{ck}）时，σ-ε 曲线的斜率已接近水平，相应的应变 ε_0 随混凝土强度的不同在 $(1.5 \sim 2.5) \times 10^{-3}$ 间波动，通常取平均值 $\varepsilon_0 = 2 \times 10^{-3}$。应力从零到 σ_{max} 这一段曲线称为"上升段"曲线。

如采用等应变加载，就可以测得图 1.3.3 所示的"下降段"曲线。达到最大应力 σ_{max} 后（C 点），随应变的增长，应力逐渐下降。下降段末端（D 点）的相应应变即为混凝土的极限应变值 ε_{max}。极限应变 ε_{max} 包括弹性应变和塑性应变两部分，塑性应变越大，表示混凝土材料的变形能力越大，也即材料的延性越好。所谓延性也可以理解为耐受变形的能力。

（二）混凝土的弹性模量、变形模量

在实际工程中，为了计算结构的变形，必须要求一个材料常数——弹性模量。严格地说，混凝土棱柱体初次受荷载后，其应变增长得很快，应力-应变之间并不存在线弹性关系，所以，混凝土的变形模量不是弹性模量，而应该是包括塑性在内的弹塑性模量。

如图 1.3.4 所示，当混凝土的应力达到 σ_c 时，其相应的应变为 ε_c，混凝土的总应变由弹性应变 ε_e 和塑性应变 ε_p 两部分组成，即

$$\varepsilon_c = \varepsilon_e + \varepsilon_p \tag{1.3.3}$$

由图 1.3.4 可知，混凝土变形模量是指应力增量 $d\sigma$ 与应变增量 $d\varepsilon$ 的比值。用几何关系

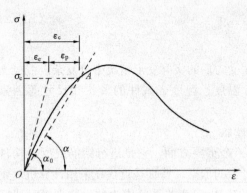

图 1.3.4　混凝土变形模量示意图

表示时，是在应力-应变曲线上某一点的切线与 ε 轴的交角 α 的正切值，即

$$E = \frac{\mathrm{d}\sigma}{\mathrm{d}\varepsilon} = \tan\alpha \qquad (1.3.4)$$

显然，混凝土的变形模量是个变数，应力越大，变模量越小，这样使用起来很不方便。工程上为了实用，同时考虑混凝土应力在 $(0.4 \sim 0.6) f_{ck}$ 以下时变形模量变化不大，因此在钢筋混凝土结构中，通常近似地取压应力 $\sigma_c = 0.5 f_{ck}$ 时的变形模量作为混凝土的弹性模量。

混凝土的弹性模量与强度等级有关，根据大量试验结果，拟合出由立方体抗压强度 $f_{cu,k}$ 计算 E_c 的经验公式作为设计时采用的公式，即

$$E_c = \frac{10^5}{2.2 + \dfrac{34.7}{f_{cu,k}}} \ (\mathrm{MPa}) \qquad (1.3.5)$$

混凝土弹性模量见表 1.3.1。混凝土的抗拉弹性模量与受压弹性模量取相同的数值。

表 1.3.1　　　　　　　　　　　　　混凝土弹性模量　　　　　　　　　　　　　$\times 10^4 \mathrm{MPa}$

混凝土强度等级	C15	C20	C25	C30	C40	C50	C60	C65	C70	C75	C80
弹性模量 E_c	2.20	2.55	2.80	3.00	3.25	3.45	3.60	3.65	3.70	3.75	3.80

混凝土受剪弹性模量 G_c 按下式计算

$$G_c = \frac{E_c}{2(1 + \nu_c)} \qquad (1.3.6)$$

式中　　ν_c——混凝土的泊松比（横向变形系数）。

取 $\nu_c = 0.2$ 代入式（1.3.6），则混凝土的剪切变形模量 G_c 可按表 1.3.1 数值的 0.4 倍取。

（三）混凝土在重复荷载作用下的变形性能

1. 一次重复荷载作用下混凝土的应力-应变关系

在重复荷载作用下混凝土的力学性能将发生明显的变化。混凝土一次加载和卸载的 σ-ε 曲线如图 1.3.5(a) 所示。当试件一次短期加载时，随着应力的增加，应变逐渐增加。当其应力达到 A 点时，开始卸载至零，在卸载过程中，随着应力的逐渐降低，混凝土的变形逐渐恢复，但卸载曲线（AC）将不再沿着原来的上升轨迹返回原点，而是沿着 AB 曲线返回至 B 点，如果停留一段时间后再测量试件的变形，则发现还能有很小的变形可以恢复，即由 B 至 B'，故将 BB' 的恢复变形称为弹性后效，而 B'O 才是真正的一次循环的残余变形，也就是保留在试件中不能恢复的变形。所以，在一次加载、卸载过程中，混凝土的应力-应变曲线形成了一个环状。

2. 多次重复加载下混凝土的应力-应变关系

混凝土在多次重复荷载作用下，其 σ-ε 曲线如图 1.3.5(b) 所示。由图可知，当一次加载的应力 σ_1 小于混凝土的疲劳强度时，其加载、卸载的 σ-ε 曲线 OAB 将形成一个环状。如

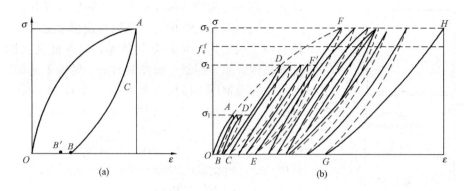

图 1.3.5 混凝土加载、卸载的 σ-ε 曲线

(a) 混凝土一次加载、卸载的 σ-ε 曲线；(b) 混凝土在多次重复加载、卸载的 σ-ε 曲线

多次加载、卸载作用下，其 σ-ε 曲线越来越闭合，在多次重复后则可闭合成一条直线 CD'。试验还证明了直线 CD' 基本上平行于一次加载曲线 O 点的切线。如果再选择一个较高点加载应力 σ_2，但 σ_2 仍小于混凝土的疲劳强度，则和 σ_1 的情况类似，可以得到多次加载、卸载的闭合曲线，即闭合成一根直线 EF'。如果再选择一个高于混凝土疲劳强度到加载应力 σ_3，则在经过多次重复加载、卸载的过程后，将使 σ-ε 曲线由凸向应力轴而转为凸向应变轴，即图 1.3.5(b) 中的 GH 曲线。这就标志着试件将由于疲劳而最终导致破坏。

从图 1.3.5(b) 中可以看出，随着重复荷载的应力峰值不同，其应力-应变曲线的特征也不同：当应力峰值 σ_1 或 σ_2 小于混凝土的疲劳强度 f_c^f 时，其循环重复加载、卸载下的应力-应变关系曲线的主要特征是每次荷载循环后应力-应变曲线形成一个坏状，其所包围的面积随着荷载重复次数的增加而逐渐减小，直至变成一条重合的直线，这条直线基本上与一次加载曲线在 O 点的切线平行；继续重复加载，混凝土的应力-应变曲线一直保持弹性（直线）工作，不会因内部开裂或变形过大而破坏。当应力峰值（σ_3）大于混凝土的疲劳强度 f_c^f 时，其循环重复加载、卸载下的应力-应变关系曲线的主要特征是：在开始的数次循环过程中，应力-应变曲线与小应力（小于 f_c^f）相似，但是逐步形成直线后再继续循环，加载的应力-应变曲线会由原来的凸向应力轴逐渐变为凸向应变轴，应力-应变曲线的斜率不断降低，最后会因裂缝严重或变形过大而破坏。

三、混凝土的选用原则

用于公路构造物中的混凝土强度等级，一般不应低于 C20；当采用 HRB400、KL400 级钢筋时，混凝土强度等级不宜低于 C25；预应力混凝土结构的混凝土强度等级不应低于 C40。

第四节 钢筋与混凝土的黏结

一、钢筋与混凝土的黏结作用

1. 黏结力的定义

钢筋混凝土结构中，钢筋和混凝土这两种材料之所以能共同工作的前提是两者之间具有足够的黏结力，能够承担由于变形差（相对滑移）沿其接触面上产生的剪应力。人们通常把

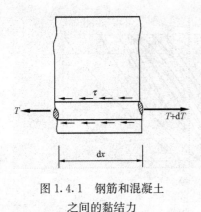

图 1.4.1　钢筋和混凝土
之间的黏结力

这种剪应力称为钢筋和混凝土之间的黏结应力。

在钢筋混凝土结构中，钢筋与混凝土之间的黏结力，使它们之间的应力可以互相传递，是保证其共同工作的基本条件。钢筋混凝土构件中的一个局部单元如图 1.4.1 所示，假设钢筋一端拉力为 $T(= \sigma_s A_s)$，另一端拉力为 $T + dT [= (\sigma_s + d\sigma_s) A_s]$，根据力的平衡，应有

$$\tau = \frac{dT}{\pi d \, dx} = \frac{A_s}{\pi d} \frac{d\sigma_s}{dx} \qquad (1.4.1)$$

式中　　τ——钢筋与混凝土之间的黏结应力；

　　　　d——钢筋的周长；

　　　　A_s——钢筋的截面面积。

由式（1.4.1）可知，钢筋与混凝土之间的黏结力随着钢筋应力的变化而变化；钢筋应力变化越大，需要的黏结力就越大；钢筋应力变化越小，需要的黏结力就越小；当钢筋应力没有变化，图 1.4.1 所示单元两端钢筋拉力相等时，钢筋与混凝土之间的黏结力等于零。

2. 黏结力的作用

钢筋与混凝土之间的黏结力主要体现在下述两个方面。

（1）钢筋端部的锚固。钢筋混凝土结构中钢筋端部锚固如图 1.4.2(a) 所示。显然，当钢筋在混凝土中锚入的深度较小时，在拉力的作用下，由于混凝土和钢筋之间黏结力的破坏，钢筋将从混凝土中拔出而产生锚固破坏；当钢筋在混凝土中锚入的深度很深时，在拉力作用下，钢筋和混凝土之间存在足够的黏结力，保证钢筋在外部拉力下屈服。钢筋受拉屈服的最小锚固深度与黏结性能有关。

钢筋拔出试验结果表明：黏结应力是曲线分布的，最大黏结应力出现在离端头某一距离处，并且随着拔出力的变化而变化；当锚固长度过大时，靠近钢筋尾部的黏结应力很小，甚至等于零。由此可见，为了保证钢筋在混凝土中可靠锚固，钢筋应有足够的锚固长度，但是不必过长。

（2）裂缝间应力的传递。钢筋混凝土梁的纯弯区两条裂缝中间的一段如图 1.4.2（b）所示，显然，在裂缝截面上，由于受拉区的混凝土开裂，其承担的拉应力等于零，该截面受拉区的拉力完全由钢筋来承担。在离开裂缝一段距离截面的受拉区，由于钢筋与混凝土的黏结作用，混凝土逐渐承受拉力，因此钢筋承担的拉力就逐渐减小。随着离开裂缝截面距离的增大，混凝土的拉应力越大，钢筋拉应力减小程度也越大，当达到两条裂缝的中间时，混凝土拉应力达到最大值，钢筋的拉应力达到最小值。因此在相邻两个裂缝的范围内，黏结应力使得混凝土继续参加工作，钢筋和混凝土的应力变化及裂缝的分布等受到黏结应力的影响，钢筋应力的变化幅度反映了裂缝间混凝土参加工作的程度。

二、黏结力的组成

钢筋和混凝土的黏结力主要由以下 4 个部分组成。

（1）钢筋与混凝土接触面上的化学吸附作用。钢筋和混凝土之间的化学吸附作用也称胶结力，它来源于浇筑时水泥胶体向钢筋表面氧化层的渗透和养护过程中水泥晶体的生长及硬化，从而使水泥凝胶体与钢筋表面之间产生化学吸附作用。在钢筋混凝土结构中，这种化学吸附力很小，且只能在钢筋和混凝土接触面处于原生状态时存在，当接触面发生相对滑移

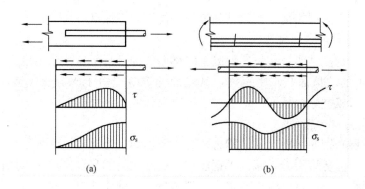

图 1.4.2　钢筋与混凝土的黏结作用

(a) 钢筋端部锚固；(b) 裂缝间应力的传递

时，该力即行消失，仅在受力阶段的局部无滑移区域起作用。

(2) 混凝土收缩将钢筋紧紧握裹而产生的摩擦力。在混凝土的凝固过程中及凝固以后，混凝土产生收缩，使得混凝土将钢筋紧紧握裹，钢筋和混凝土之间存在相互挤压作用，即存在压应力。因此，在钢筋和混凝土之间产生运动（相对滑动）的趋势时，就存在摩擦。该摩擦力的大小与混凝土的收缩量和弹性模量有关：混凝土收缩量越大，弹性模量就高，接触面上的压应力越大，摩擦力就越大。

(3) 钢筋与混凝土之间机械咬合作用力。由于钢筋表面凸凹不平，混凝土和钢筋互相咬合，因此，在钢筋和混凝土之间产生运动（相对滑动）的趋势时，就存在机械咬合力。对于光圆钢筋，机械咬合作用要依靠钢筋表面的粗糙不平度，因此，机械咬合作用不大；而变形钢筋、螺纹钢筋、刻痕钢筋等与混凝土咬合作用明显，是黏结力的主要来源。

(4) 附加咬合。如图 1.4.3 所示，在钢筋端部设置弯钩、弯折、加焊角钢或加焊短钢筋等，都可以提供钢筋与混凝土之间在端部的附加咬合作用，提高锚固能力。在工程中，对锚固能力相对较差的光圆钢筋，或锚固长度受到限制而无法满足最小锚固长度要求的其他钢筋，采取端部加弯钩等措施，以提高其锚固能力。

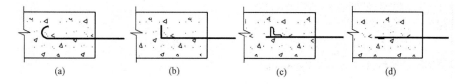

图 1.4.3　提高钢筋锚固能力的措施

(a) 加弯钩；(b) 弯折；(c) 焊角钢；(d) 焊短钢筋

三、影响黏结能力的主要因素

1. 钢筋表面形状

钢筋表面形状对钢筋和混凝土的黏结能力有很大的影响。变形钢筋的黏结能力明显高于光圆钢筋，因此变形钢筋所需要的锚固长度比光圆钢筋小。光圆钢筋一般要在端头加弯钩等。

2. 混凝土强度等级

钢筋和混凝土的黏结能力随着混凝土强度等级的提高而增强。实践表明，钢筋的黏结强度主要取决于混凝土的抗拉强度,黏结强度与抗拉强度近似呈线性关系。

3. 浇筑混凝土时钢筋的位置

钢筋和混凝土的黏结能力与浇筑混凝土时钢筋的位置有明显关系。对于混凝土浇筑深度超过 300mm 以上的"顶部"水平钢筋,其底面的混凝土由于水分、气泡的逸出和泌水下沉,与钢筋之间形成空隙,从而使钢筋和混凝土之间的黏结力削弱。

4. 保护层厚度和钢筋间距

混凝土保护层和钢筋间距对黏结能力也有重要影响。当混凝土保护层过薄时,保护层混凝土可能会产生径向劈裂裂缝,减少了钢筋与混凝土之间的咬合作用和摩擦作用,黏结能力降低;当钢筋间距过小,将可能出现水平劈裂裂缝,使钢筋外整个保护层崩落,钢筋和混凝土的黏结能力遭受严重损失。

5. 横向钢筋及侧向压力等

混凝土构件中设置横向钢筋可以延缓径向裂缝的发展和限制劈裂裂缝的宽度,从而提高黏结能力;当钢筋锚固区内作用有侧向压力时,黏结能力将会提高。

 思 考 题

1. 什么是混凝土结构?

2. 什么是素混凝土结构?

3. 什么是钢筋混凝土结构?

4. 在素混凝土结构中配置一定形式和数量的钢材以后,结构的性能将发生什么变化?

5. 钢材的应力-应变关系曲线特征是什么?简化模式是怎样的?

6. 何谓条件屈服强度?

7. 钢材的强度指标有哪些?屈强比的实质是什么?

8. 混凝土的应力-应变关系曲线的特征和主要影响因素是什么?

9. 混凝土的弹性模量和变形模量是如何定义的?关系如何?

10. 混凝土的弹性模量是怎样确定的?

11. 混凝土结构对钢筋性能有什么要求?

12. 为什么试块在承压面上涂抹润滑剂后测出的抗压强度比不涂抹润滑剂的高?

13. 影响混凝土抗压强度的因素有哪些?

14. 伸入支座的锚固长度越长,黏结强度是否越高?为什么?

15. 桥涵工程中对钢筋和混凝土有何特殊的要求?

16. 钢筋和混凝土之间的黏结力是怎样产生的?

17. 试述受压混凝土棱柱体一次加载的应力-应变关系曲线的特点。

第二章　钢筋混凝土结构的基本计算原则

第一节　极限状态设计的基本概念

一、结构的作用

(一) 作用及作用效应

结构在施工和使用期间,将受到其自身和外加的各种因素作用,这些作用在结构中产生不同的效应——内力和变形。这些引起结构内力和变形的一切原因统称为结构的作用。

结构的作用一般分为两类:第一类称为直接作用,它直接以力的不同集结形式作用于结构,包括结构的自重,行人、车辆、各种物品和设备的作用力,风压力,雪压力等,这一类作用通常也称为荷载;第二类称为间接作用,它不是直接以力的某种集结形式出现,而是引起结构外加变形、约束变形或振动,但也能够对结构产生内力或变形等效应,这一类作用包括温度变化、材料的收缩和膨胀变形、地基的不均匀沉降、地震等。

作用在结构上的内力(弯矩、剪力、扭矩、压力和拉力等)和变形(挠度、扭转、转角、弯曲、拉伸、压缩、裂缝等)称为作用效应。由第一类作用,即荷载引起的效应,称为荷载效应。

(二) 结构作用的分类

结构作用的分类方法有多种,按时间的变异性和出现的可能性,可分为三类,见表 2.1.1。

表 2.1.1　　　　　　　　　　　结构作用分类

编号	作用分类	作用名称	编号	作用分类	作用名称
1	永久作用	结构重力(包括结构附加重力)	12	可变作用	人群荷载
2		预加应力	13		汽车制动力
3		土的重力	14		风力
4		土侧压力	15		流水压力
5		混凝土收缩及徐变作用	16		冰压力
6		水的浮力	17		温度作用(均匀温度和梯度温度)
7		基础变位作用	18		支座摩擦阻力
8	可变作用	汽车荷载	19		地震作用
9		汽车冲击力	20	偶然作用	船舶或漂流物的撞击作用
10		汽车离心力	21		汽车撞击作用
11		汽车引起的土侧压力			

(1) 永久作用。永久作用的作用值在设计基准期内不随时间变化,或其变化值与平均值相比可以忽略不计,如结构自重、土重和土侧压力、预加应力、水位不变的水压力、地基变形、混凝土收缩和徐变、浮力、钢材焊接变形等。永久作用的统计规律与时间参数无关。

（2）可变作用。可变作用的作用值在设计基准期内随时间变化，且其变化值与平均值相比不可忽略，如汽车荷载、风荷载、雪荷载、冰荷载、水位变化的水压力、温度变化、车辆荷载及其冲击力、离心力和制动力、人群荷载等。可变作用的统计规律与时间参数有关。

（3）偶然作用。偶然作用在设计基准期内出现的概率很小。一旦出现，其持续时间很短，但其量值很大，如地震、车辆或船舶撞击力。

（三）作用代表值

结构或结构构件设计时，针对不同的设计目的所采用的各种规定值即称为代表值。它包括作用标准值、准永久值和频遇值等。

1. 作用标准值

作用标准值（有时也称为特征值）是结构设计的主要参数，它关系到结构的安全问题，是作用的基本代表值。其量值应取结构设计规定期限内可能出现的最不利值，一般按照在设计基准期内最大概率分布的某一分位值确定。对永久作用，由于其变异性不大，标准值以其平均值，即 0.5 分位值确定，可以按照结构设计尺寸和材料确定，或按照结构构件的平均重力密度确定。桥涵结构常用材料的重力密度见表 2.1.2。

表 2.1.2   桥涵结构常用材料的重力密度

材 料 种 类	重力密度（kN/m³）	材 料 种 类	重力密度（kN/m³）
钢、铸钢	78.5	浆砌片石	23.0
铸铁	72.5	干砌块石或片石	21.0
锌	70.5	沥青混凝土	23.0～24.0
铅	114.0	沥青碎石	22.0
黄铜	81.1	碎（砾）石	21.0
青铜	87.4	填土	17.0～18.0
钢筋混凝土或预应力混凝土	25.0～26.0	填石	19.0～20.0
混凝土或片石混凝土	24.0	石灰三合土、石灰土	17.5
浆砌块石或料石	24.0～25.0		

2. 作用准永久值

结构或构件按正常使用极限状态长期效应组合设计时，采用的另一种可变作用代表值，其值可根据在足够长的观测期内作用任意时点概率分布的 0.5（或高于 0.5）分位值确定。

3. 作用频遇值

结构或构件按正常使用极限状态短期效应组合设计时，采用的一种可变作用代表值，其值可以根据在足够长观测期内作用任意时点概率分布的 0.95 分位值确定。

4. 作用代表值的选用

永久作用应采用标准值作为代表值。

可变作用应根据不同的极限状态分别采用标准值、频遇值或准永久值作为其代表值。承载能力极限状态设计及按弹性阶段设计结构强度时应采用标准值作为可变作用的代表值。正常使用极限状态按短期效应（频遇）组合设计时，应采用频遇值作为可变作用的代表值；按长期效应（准永久值）组合设计时，应采用准永久值作为可变作用的代表值。

偶然作用取其标准值作为代表值。

5. 作用设计值

作用设计值是作用标准值乘以作用分项系数后的值。分项系数是为保证所设计的结构具有规定的可靠度，而在结构极限状态设计表达式中采用的系数。分项系数可分为作用分项系数和材料分项系数两类。永久作用效应的分项系数如表 2.1.3 所示。汽车荷载效应（含汽车冲击力、离心力）的分项系数 $\gamma_{Q1} = 1.4$，风荷载的分项系数 $\gamma_{Qj} = 1.1$。

表 2.1.3　　　　　　　　　　　　　　永久作用效应的分项系数

编号	作 用 类 别		永久作用效应分项系数	
			对结构的承载能力不利时	对结构的承载能力有利时
1	混凝土和圬工结构重力（包括结构附加重力）		1.2	1.0
	钢结构重力（包括结构附加重力）		1.1～1.2	
2	预加力		1.2	1.0
3	土的重力		1.2	1.0
4	混凝土的收缩及徐变作用		1.0	1.0
5	土侧压力		1.4	1.0
6	水的浮力		1.0	1.0
7	基础变位作用	混凝土和圬工结构	0.5	0.5
		钢结构	1.0	1.0

二、结构的抗力及其不定性因素

抗力是结构构件抵抗作用效应的能力，即承载能力和抗变形能力。承载能力包括受弯、受压、受剪、受扭承载能力等各种抵抗外力的能力；抗变形能力包括抗裂能力、刚度等。严格来讲，抗力是与时间有关的随机过程，因为有些组成结构的材料力学性能是随时间变化的，如混凝土材料的强度将随时间的增长而提高，环境对材料的长期劣化引起力学性能的变化等，但是由于在正常情况下，抗力随时间变化的程度并不显著，因此通常忽略抗力随时间的变化，将其视为与时间无关的随机变量，用随机变量概率模型描述。

引起抗力不定性的主要因素有以下几方面：

（1）材料性能的不定性。结构构件材料性能的不定性主要是指材料不均质、生产工艺、加载方法、环境、尺寸与实际结构构件和标准试件差别等因素引起的材料性能的变异性。例如，对钢材的变异性分析应考虑：钢材本身强度的离散性，试验方法和加载速度对测试结果的影响，钢材截面面积的变异性，结构中实际材料性能与标准试件性能的差别，生产单位（或地区）的差别，实际工作条件与标准试验条件的差别等。在工程应用中，材料性能一般是采用标准试件和标准试验方法确定的，并以一个时期全国有代表性生产单位的材料性能的统计结果为代表。

（2）几何参数的不定性。结构构件的几何参数包括截面的高度、宽度、面积、惯性矩、混凝土保护层厚度等所有截面几何特征，以及构件的高度、跨度、偏心距等，还有由这些参数构成的函数。结构构件几何参数等不定性是指由于尺寸偏差和安装误差等原因，导致构件制作安装后实际结构构件与设计的标准结构构件之间几何尺寸的变异性。

（3）计算模式的不定性。结构构件计算模式的不定性，主要是对抗力进行分析计算时，采用了某些近似的基本假设和计算公式不精确而引起的对抗力实际能力估计的误差。例如，抗力计算时，对材料物理力学性能的假设、截面的应力和应变分布的假设、构件支承条件的假设、为了简化计算而对计算公式进行的简化处理等，这些近似处理必然会导致按计算公式计算得到的值与实际构件抗力值的差异。这种变异性一般可以通过与精确计算模式的计算结果比较，或与试验结果比较来确定。

三、结构的功能要求

结构设计的目的，就是要使所设计的结构，在规定的时间内能够在具有足够可靠性的前提下，完成全部功能的要求。结构的功能是由其使用要求决定的，具体有如下四个方面：

（1）结构应能承受在正常施工和正常使用期间可能出现的各种荷载、外加变形、约束变形等作用。

（2）结构在正常使用条件下具有良好的工作性能，如不发生影响正常使用的过大变形或局部损坏。

（3）结构在正常使用和正常维护的条件下，在规定的时间内，具有足够的耐久性，如不发生由于保护层碳化或裂缝宽度开展过大导致钢筋的锈蚀。

（4）在偶然荷载（如地震、强风）作用下或偶然事件（如爆炸）发生时和发生后，结构仍能保持整体稳定性，不发生倒塌。

上述要求中，第（1）、（4）两项通常是指结构的强度、稳定性，关系到人身安全，称为结构的安全性；第（2）项指结构的适用性；第（3）项指结构的耐久性。结构的安全性、适用性和耐久性总称为结构的可靠性。可靠性的数量一般用可靠度描述，安全性的数量则用安全度描述。可见，可靠度比安全度的含义更广泛，更能反映结构的可靠程度。

结构可靠度的定义：结构在规定的时间内，在规定的条件下，完成预定功能的概率。"规定的时间"是指分析结构的可靠度时考虑各项基本变量与时间关系所取用的时间参数，通常称为设计基准期，根据《公路工程结构可靠度设计统一标准》（GB 50153—1992），桥梁结构设计基准期为100年。"规定的条件"是指结构设计时所确定的正常设计、正常施工和正常使用条件。

四、结构的极限状态

结构在使用期间的工作情况，称为结构的工作状态。结构能够满足各项功能要求而良好的工作，称为结构"可靠"；反之，则称结构"失效"。结构工作状态是处于可靠还是失效的标志用"极限状态"来衡量。

当整个结构或结构的一部分超过某一特定状态而不能满足设计规定的某一功能要求时，则此特定状态称为该功能的极限状态。对于结构的各种极限状态，均应规定明确的标志和限值。国际上一般将结构的极限状态分为如下三类：

1. 承载能力极限状态

这种极限状态对应于结构或构件达到最大承载能力或出现不适于继续承载的变形或变位的状态。当结构或构件出现下列状态之一时，即认为超过了承载能力极限状态：

（1）整个结构或结构的一部分作为刚体失去平衡（如滑动、倾覆等）；

（2）结构构件或连接处因超过材料强度而破坏或因过度的塑性变形而不能继续承载（包括疲劳破坏）；

（3）结构转变成机动体系；

（4）结构或结构构件丧失稳定性（如柱的压屈失稳等）。

2. 正常使用极限状态

这种极限状态对应于结构或结构构件达到正常使用或耐久性的某项限定值的状态。当结构或结构构件出现下列状态之一时，即认为超过了正常使用极限状态：

（1）影响正常使用或外观的变形；

（2）影响正常使用或耐久性能的局部损坏，如过大的裂缝宽度；

（3）影响正常使用的振动；

（4）影响正常使用的其他特定状态。

3. 破坏安全极限状态

这种极限状态是指偶然事件造成结构局部破坏后，其余部分不至于发生连续倒塌的状态。偶然事件包括超过设计烈度的地震、爆炸、车辆撞击、地基塌陷等。

上述前两类极限状态在 JTG D62—2004 中已被采用。JTG D62—2004 规定公路桥涵应进行以下两类极限状态设计：

（1）承载能力极限状态：对应于桥涵及其构件达到最大承载能力或出现不适于继续承载的变形或变位的状态；

（2）正常使用极限状态：对应于桥涵及其构件达到正常使用或耐久性的某项限定值的状态。

世界上不少国家的规范通常也采用这两类极限状态。至于破坏安全极限状态，目前由于在计算方面还缺乏足够的统计资料和工程实践经验，因此在实际应用时还未作为一个独立的极限状态提出，而只在承载能力极限状态中补充了防止结构连续倒塌的设计原则。

JTG D62—2004 还规定公路桥涵应根据不同种类的作用（或荷载）及其对桥涵的影响、桥涵所处的环境条件，考虑以下三种设计状况及其相应的极限状态设计。

（1）持久状况。是指结构的使用阶段，这个阶段的时间很长，一般取与设计基准期相同的时间。该状况桥涵应进行承载能力极限状态和正常使用极限状态设计。

（2）短暂状况。桥涵施工过程中承受临时性作用（或荷载）的状况。该状况桥涵仅作承载能力极限状态设计，必要时才作正常使用极限状态设计。

（3）偶然状况。桥涵使用过程中偶然出现的如罕遇地震的状况。该状况桥涵仅作承载能力极限状态设计。

除需要对上述三种设计状况进行相应的极限状态设计外，公路桥涵还应根据其所处环境条件进行耐久性设计。结构混凝土耐久性的基本要求应符合表 2.1.4 的规定。

表 2.1.4　　　　　　　　　　结构混凝土耐久性的基本要求

环境类别	环境条件	最大水灰比	最小水泥用量（kg/m³）	最低混凝土强度等级	最大氯离子含量（%）	最大碱含量（kg/m³）
I	温暖或寒冷地区的大气环境；与无侵蚀性的水或土接触的环境	0.55	275	C25	0.30	3.0
II	严寒地区的大气环境、使用除冰盐环境；滨海环境	0.50	300	C30	0.15	3.0
III	海水环境	0.45	300	C35	0.10	3.0
IV	受侵蚀性物质影响的环境	0.40	325	C35	0.10	3.0

注　1. 有关现行规范对海水环境结构混凝土中最大水灰比和最小水泥用量有更详细的规定时，可参照执行。

2. 表中氯离子含量是指其与水泥用量的百分率。

3. 当有实际工程经验时，处于 I 类环境中结构混凝土的最低强度等级可比表中降低一个等级。

4. 预应力混凝土构件中的最大氯离子含量为 0.06%，最小水泥用量为 350kg/m³，最低混凝土强度等级为 C40 或按表中规定 I 类环境提高三个等级，其他环境类别提高两个等级。

5. 特大桥和大桥混凝土中的最大碱含量宜降低至 1.8kg/m³，当处于 III、IV 类或使用除冰盐和滨海环境时，宜使用非碱活性骨料。

五、结构安全等级

对于结构的功能要求和可靠性程度不同的桥涵，设计时应按结构安全等级进行设计。JTG D62—2004规定：持久状况承载力极限状态，应根据桥涵破坏时可能产生的后果的严重程度，按表2.1.5划分的三个安全等级进行设计。同一座桥梁的各种构件宜取相同的安全等级，必要时部分构件可适当调整，但调整后等级差不应超过一个等级，特殊大桥宜进行景观设计；跨高速公路、一级公路的桥梁应与自然环境和景观相协调。

表 2.1.5　　　　　　　　　公路桥涵安全等级

安全等级	桥涵类型	安全等级	桥涵类型
一级	特大桥、重要大桥	三级	小桥、涵洞
二级	大桥、中桥、重要小桥		

在表2.1.5中，重要的大桥和小桥，是指高速公路、国际公路及城市附近交通繁忙的城郊公路上的桥梁。特大、大、中、小桥及涵洞按桥梁单孔跨径或多孔跨径总长分类，见表2.1.6。

表 2.1.6　　　　　　　　　桥梁涵洞分类

桥涵分类	多孔跨径总长 L（m）	单孔跨径 L_K（m）	桥涵分类	多孔跨径总长 L（m）	单孔跨径 L_K（m）
特大桥	$L>1000$	$L_K>150$	小桥	$8<L<30$	$5<L_K<20$
大桥	$100<L<1000$	$40<L_K<150$	涵洞	—	$L_K<5$
中桥	$30<L<100$	$20<L_K<40$			

第二节　作 用 效 应 组 合

一、作用效应组合原则

公路桥涵结构设计应考虑结构上可能同时出现的作用，按承载能力极限状态和正常使用极限状态进行作用效应组合，取其最不利效应组合进行设计。效应组合的原则：

（1）只有在结构上可能同时出现的作用，才进行其效应的组合；当结构或结构构件需做不同受力方向的验算时，则应以不同方向的最不利作用效应进行组合。

（2）当可变作用的出现对结构或结构构件产生有利影响时，该作用不应参与组合；实际不可能同时出现的作用或不同时参与组合的作用，按表2.2.1规定不考虑其作用效应的组合。

表 2.2.1　　　　　　　　　可变作用不同时组合表

作用名称	不与该作用同时参与组合的作用编号	作用名称	不与该作用同时参与组合的作用编号
汽车制动力	15, 16, 18	冰压力	13, 15
流水压力	13, 16	支座摩阻力	13

（3）施工阶段作用效应的组合，应按计算需要及结构所处条件而定，结构上的施工人员和施工机具设备均应作为临时荷载加以考虑；组合式桥梁，当把底梁作为施工支撑时，作用效应分两个阶段组合，底梁受荷为第一个阶段，组合梁受荷为第二个阶段。

（4）多个偶然作用不能同时组合。

二、作用效应组合类型

（一）按承载能力极限状态设计

作用效应组合是结构上几种作用分别产生的效应的随机叠加。JTG D62—2004 规定，公路桥涵结构按承载能力极限状态设计时，应采用以下两种作用效应组合。

1. 作用效应基本组合

承载能力极限状态设计时，永久作用设计值效应与可变作用设计值效应相组合，其效应组合表达式为

$$\gamma_0 S_{ud} = \gamma_0 \left(\sum_{i=1}^{m} \gamma_{Gi} S_{Gik} + \gamma_{Q1} S_{Q1k} + \psi_c \sum_{j=2}^{n} \gamma_{Qj} S_{Qjk} \right) \tag{2.2.1}$$

或

$$\gamma_0 S_{ud} = \gamma_0 \left(\sum_{i=1}^{m} S_{Gid} + S_{Q1d} + \psi_c \sum_{j=2}^{n} S_{Qjd} \right) \tag{2.2.2}$$

式中　S_{ud}——承载能力极限状态下作用基本组合的效应组合设计值；

　　　　γ_0——结构重要性系数，按结构设计安全等级采用，对应于设计安全等级一级、二级和三级分别取 1.1、1.0 和 0.9；

　　　　γ_{Gi}——第 i 个永久作用效应的分项系数，应按表 2.1.3 的规定采用；

S_{Gik}、S_{Gid}——第 i 个永久作用效应的标准值和设计值；

　　　　γ_{Q1}——汽车荷载效应（含汽车冲击力、离心力）的分项系数，取 $\gamma_{Q1}=1.4$，当某个可变作用在效应组合中其值超过汽车荷载效应时，则该作用取代汽车荷载，其分项系数应采用汽车荷载的分项系数，对专为承受某作用而设置的结构或装置，设计时该作用的分项系数取与汽车荷载同值；

S_{Q1k}、S_{Q1d}——汽车荷载效应（含汽车冲击力、离心力）的标准值和设计值；

　　　　γ_{Qj}——在作用效应组合中除汽车荷载效应（含汽车冲击力、离心力）、风荷载外的其他第 j 个可变作用效应（含人行道板等局部构件和人行道栏杆上的可变作用效应）的分项系数，取 $\gamma_{Qj}=1.4$，但风荷载的分项系数取 $\gamma_{Qj}=1.1$；

S_{Qjk}、S_{Qjd}——在作用效应组合中除汽车荷载效应（含汽车冲击力、离心力）外的其他第 j 个可变作用效应的标准值和设计值；

　　　　ψ_c——在作用效应组合中除汽车荷载效应（含汽车冲击力、离心力）外的其他可变作用效应的组合系数，当永久作用与汽车荷载和人群荷载（或其他一种可变作用）组合时，人群荷载（或其他一种可变作用）的组合系数 $\psi_c=0.8$，当除汽车荷载（含汽车冲击力、离心力）外尚有两种其他可变作用参与组合时，其组合系数取 $\psi_c=0.70$，有三种作用参与组合时，其组合系数 $\psi_c=0.60$，有四种及多于四种的可变作用参与组合时，取 $\psi_c=0.50$，设计弯桥时，当离心力与制动力同时参与组合时，制动力标准值或设计值按 70% 取用。

2. 作用效应偶然组合

承载能力极限状态设计时，永久作用标准值效应与可变作用某种代表值效应、一种偶然作用标准值效应相组合。偶然作用的效应分项系数取 1.0，与偶然作用同时出现的可变作用，可根据观测资料和工程经验取用适当的代表值，地震作用标准值及其表达式按《公路工

程抗震规范》（JTG B02—2013）的规定采用。

（二）按正常使用极限状态设计

JTG D62—2004 规定，公路桥涵结构按正常使用极限状态设计时，应根据不同的设计要求，采用以下两种效应组合。

1. 作用短期效应组合

正常使用极限状态设计时，永久作用标准值效应与可变作用频遇值效应相组合，其效应组合表达式为

$$S_{sd} = \sum_{i=1}^{m} S_{Gik} + \sum_{j=1}^{n} \psi_{1j} S_{Qjk} \tag{2.2.3}$$

式中　S_{sd}——作用短期效应组合设计值；

　　　ψ_{1j}——第 j 个可变作用效应的频遇值系数，汽车荷载（不计冲击力）取 0.7，人群荷载取 1.0，风荷载取 0.75，温度梯度作用取 0.8，其他作用取 1.0；

　　　S_{Qjk}——第 j 个可变作用效应的频遇值。

2. 作用长期效应组合

正常使用极限状态设计时，永久作用标准值效应与可变作用准永久值效应相组合，其效应组合表达式为

$$S_{ld} = \sum_{i=1}^{m} S_{Gik} + \sum_{j=1}^{n} \psi_{2j} S_{Qjk} \tag{2.2.4}$$

式中　S_{ld}——作用长期效应组合设计值；

　　　ψ_{2j}——第 j 个可变作用效应的准永久值系数，汽车荷载（不计冲击力）取 0.4，人群荷载取 0.4，风荷载取 0.75，温度梯度作用取 0.8，其他作用取 1.0；

　　　S_{Qjk}——第 j 个可变作用效应的准永久值。

当结构构件需要进行弹性阶段截面应力计算时，除特别指明外，各作用效应的分项系数及组合系数均取为 1.0，各项应力限值按各设计规范规定采用。

验算结构的抗倾覆、滑移稳定性时，稳定系数、各作用的分项系数及摩擦系数应根据不同结构按各有关桥涵设计规范的规定确定。构件在吊装、运输时，构件重力应乘以动力系数 1.2 或 0.85，并可视构件具体情况作适当增减。

第三节　极限状态设计原则

一、承载能力极限状态计算原则

公路桥涵的持久状况设计应按承载能力极限状态的要求，对构件进行承载力及稳定性计算，必要时还应进行结构的倾覆和滑移验算。在进行上述计算或验算时，作用（或荷载，其中汽车荷载应计入冲击系数）的效应采用其组合设计值，结构材料性能采用其强度设计值。

桥梁构件的承载能力极限状态计算，应采用下列公式

$$\gamma_0 S \leqslant R \tag{2.3.1}$$

$$R = R(f_d, a_d) \tag{2.3.2}$$

式中　γ_0——桥梁结构的重要性系数，按公路桥涵的设计安全等级，一、二、三级分别取

用1.1、1.0、0.9，桥梁的抗震设计不考虑结构的重要性系数；

S——作用（或荷载，其中汽车荷载应计入冲击系数）效应组合设计值；

R——构件承载力设计值，规范所列承载力计算式，除特别指明外均包含钢筋混凝土构件和预应力混凝土构件的各项参数，可根据需要选用其中有关参数进行计算；

$R(f_d, a_d)$——构件承载力函数；

f_d——材料强度设计值；

a_d——几何参数设计值，当无可靠数据时，可采用几何参数标准值 a_k，即设计文件规定值。

二、持久状况正常使用极限状态计算

公路桥涵的持久状况设计应按正常使用极限状态的要求，采用作用（或荷载）的短期效应组合、长期效应组合或短期效应组合并考虑长期效应组合的影响，对构件的抗裂、裂缝宽度和挠度进行验算，并使各项计算值不超过规范规定的各相应限值。在上述各种组合中，汽车荷载效应不计冲击系数。

在预应力混凝土构件中，预应力应作为荷载考虑，尚载分项系数取为1.0，对预应力混凝土连续梁等超静定结构，尚应计入由预应力引起的次效应。

第四节　材料强度的标准值与设计值

一、材料强度标准值

在影响钢筋混凝土结构承载能力的诸因素中，起主要作用的是钢筋和混凝土的强度。按统一标准生产的钢材或混凝土，在各批次之间经常会产生强度差异；即使是同一炉钢所轧成的钢筋，或同一次按相同配合比搅拌而得的混凝土试件，按照统一的方法在同一台试验机上进行试验所测得的强度也是不会完全相同的。这就是材料强度的变异性（或称离散性）。

（一）钢筋强度标准值

为了保证钢材的质量，根据可靠度要求，JTG D62—2004规定，普通钢筋抗拉强度标准值取自现行国家标准的钢筋屈服点，具有不小于95%保证率的抗拉强度。普通钢筋的强度标准值 f_{sk} 如表2.4.1所示。

表 2.4.1　　　　　　　　　普通钢筋的抗拉强度标准值　　　　　　　　　MPa

钢筋种类	符号	f_{ak}	钢筋种类	符号	f_{ak}
R235　$d=8\sim20$	Φ	235	HRB400　$d=6\sim50$	Φ	400
HRB335　$d=6\sim50$	Φ	335	KL400　$d=8\sim40$	ΦR	400

注　表中 d 是指国家标准中的钢筋公称直径，mm。

高强度钢丝、钢绞线通常没有明显的屈服强度，而只有抗拉强度及相当于屈服强度的条件屈服点。钢绞线和高强度钢丝的抗拉强度标准值，取自现行国家标准规定的极限抗拉强度。按照国家最新标准的规定，钢绞线和钢丝的条件屈服点为其抗拉强度的0.85倍，预应力钢筋的强度标准值 f_{pk} 如表2.4.2所示。

表 2.4.2 预应力钢筋抗拉强度标准值 MPa

钢筋种类			符 号	f_{pk}
钢绞线	1×2 (两股)	$d=8.0$、10.0	Φ^s	1470、1570、1720、1860
		$d=12.0$		1470、1570、1720
	1×3 (三股)	$d=8.6$、10.8		1470、1570、1720、1860
		$d=12.9$		1470、1570、1720
	1×7 (七股)	$d=9.5$、11.1、12.7		1860
		$d=15.2$		1720、1860
消除应力 钢丝	光圆	$d=4$、5	ϕ^P	1470、1570、1670、1770
		$d=6$		1570、1670
	螺旋肋	$d=7$、8、9	ϕ^H	1470、1570
	刻痕	$d=5.7$	ϕ^I	1470、1570
精轧螺纹钢筋		$d=40$	JL	540
		$d=18$、25、32		540、785、930

注 表中 d 是指国家标准中钢绞线、钢丝的公称直径和精轧螺纹钢筋的公称直径，mm。

（二）混凝土强度标准值

混凝土强度的变化规律与钢筋有类似的特点，但其强度离散性更大。因而实际所制的混凝土试块，在 28d 时所测得的立方体强度值并不都与所要求的设计强度相同，而是有高有低。按极限状态设计时，材料强度的取值是在数理统计的基础上根据结构的安全性和经济条件，选取某个具有一定保证率的强度值作为设计指标。在分析大量试验结果的基础上，认为混凝土在各种受力状态下（立方体受压、棱柱体受压及轴心受拉）的强度变化规律均符合正态分布。

混凝土的强度标准值主要用于正常使用极限状态的验算，它与作为强度等级标志的混凝土立方体杭压强度标准值存在着一定的折算关系。

1. 混凝土轴心抗压强度标准值

轴心抗压强度（棱柱体强度）标准值 f_{ck} 与立方体抗压强度标准值 $f_{cu,k}$ 之间存在着以下折算关系

$$f_{ck} = 0.88\alpha_1\alpha_2 f_{cu,k} \tag{2.4.1}$$

式（2.4.1）中的 α_1 为棱柱体强度与立方体强度的比值。由于摩阻力作用对试件端面的围箍效应，前者数值小于后者，因此折算系数 $\alpha_1 < 1$。由近年的试验统计分析，α_1 可按表 2.4.3 取值。

表 2.4.3 混凝土的折算系数 α_1

混凝土强度等级	≤C50	C55	C60	C65	C70	C75	C80
折算系数 α_1	0.76	0.77	0.78	0.79	0.80	0.81	0.82

式（2.4.1）中的 α_2 为脆性影响系数。考虑高强混凝土的脆性对受力的影响，脆性系数 $\alpha_2 < 1$。对各强度等级的混凝土可按表 2.4.4 取值。

表 2.4.4　　　　　　　　　　　　　混凝土的脆性系数 α_2

混凝土强度等级	≤C40	C45	C50	C55	C60	C65	C70	C75	C80
脆性系数 α_2	1.00	0.984	0.968	0.951	0.935	0.919	0.903	0.887	0.87

式（2.4.1）中的系数 0.88 是考虑结构中的混凝土强度与试件混凝土强度之间的差异等因素而确定的试件混凝土强度系数。

2. 混凝土的轴心抗拉强度

混凝土的轴心抗拉强度与立方体抗压强度之间并非线性关系。通过对比试验，包括近年进行的高强混凝土的试验，确定其折算关系大致为 0.55 次方的幂函数。作为强度标准值还要考虑保证率和试验变异系数 δ 的影响。抗拉强度标准值 f_{tk} 与立方体抗压强度标准值 $f_{cu,k}$ 之间的折算关系如下

$$f_{tk} = 0.88\alpha_2 0.39 f_{cu,k}^{0.55} (1-1.645\delta)^{0.45} \qquad (2.4.2)$$

式中，$0.39 f_{cu,k}^{0.55}$ 为轴心抗拉强度与立方体抗压强度的折算系数；$(1-1.645)^{0.45}$ 则反映了试验离散程度对标准值保证率的影响。

由上述折算关系式（2.4.1）及式（2.4.2）计算所得的各强度等级混凝土的强度标准值如表 2.4.5 所示。

表 2.4.5　　　　　　　　　　混凝土的强度标准值和设计值　　　　　　　　　　MPa

强度　　　　强度等级	强度标准值		强度设计值	
	轴心抗压 f_{ck}	轴心抗拉 f_{tk}	轴心抗压 f_{cd}	轴心抗拉 f_{td}
C15	10.0	1.27	6.9	0.88
C20	13.4	1.54	9.2	1.06
C25	16.7	1.78	11.5	1.23
C30	20.1	2.01	13.8	1.39
C35	23.4	2.20	16.1	1.52
C40	26.8	2.40	18.4	1.65
C45	29.6	2.51	20.5	1.74
C50	32.4	2.65	22.4	1.83
C55	35.5	2.74	24.4	1.89
C60	38.5	2.85	26.5	1.96
C65	41.5	2.93	28.5	2.02
C70	44.5	3.00	30.5	2.07
C75	47.4	3.05	32.4	2.10
C80	50.2	3.10	34.6	2.14

注　计算现浇钢筋混凝土轴心受压及偏心受压构件时，如截面的长边或直径小于 300mm，表中混凝土强度应乘以系数 0.8，构件质量（混凝土成型、截面和轴线尺寸等）确有保证时，可不受此限。

二、材料强度设计值

材料强度标准值用于正常使用极限状态的验算，承载能力极限状态计算应采用材料强度设计值。

（一）钢筋的强度设计值

钢筋强度设计值与强度标准值之间存在着一定的折算关系，即材料分项系数。材料分项

系数是概率极限状态设计方法所确定的分项系数之一，反映材料离散程度对承载力的影响，是为维持必要的可靠度而设置的。由于普通钢材的均质性较好，质量波动性较小，故材料分项系数 $\gamma_s = 1.2$。

配置在构件受压区的钢筋的强度设计值，必须结合混凝土的受压极限应变考虑，对于受压钢筋的强度设计值，按 $f'_{sd} = \varepsilon'_s E_s$ 确定，但不得大于受拉钢筋的强度设计值。一般均取 $\varepsilon'_s = 0.002$，这是根据受压钢筋的压应变与混凝土棱柱体试件的压应力达到最大值 f_{ck} 时的相应应变 ε_0 相等作为变形协调条件，即令 $\varepsilon'_s = \varepsilon_0 = 0.2\%$ 而确定的。所以 JTG D62—2004 规定，钢筋抗压强度设计值 f'_{sd} 或 f'_{pd} 按以下几个条件确定：

(1) 钢筋的受压应变 ε'_s（或 ε'_p）= 0.002；

(2) 钢筋的抗压强度设计值 f'_{sd}（或 f'_{pd}）= $\varepsilon'_s E_s$（或 $\varepsilon'_s E_p$）必须不大于钢筋的抗拉强度设计值 f_{sd}（或 f_{pd}）。

例如，HRB335 级钢筋 $f'_{sd} = 0.02 \times 2.00 \times 10^5 = 400\text{MPa}$，该值大于钢筋抗拉强度设计值 $f_{sd} = 280\text{MPa}$，取 $f'_{sd} = 280\text{MPa}$；抗拉强度标准值 $f_{pd} = 1860\text{MPa}$ 的钢绞线，其设计值 $f'_{pd} = 0.002 \times 1.95 \times 10^5 = 390\text{MPa}$，该值小于抗拉强度设计值 $f_{pd} = 1260\text{MPa}$，取 $f'_{pd} = 390\text{MPa}$。

(3) 各级普通钢筋 f_{sd}（抗拉）及 f'_{sd}（抗压）强度设计值见表 2.4.6。

(4) 预应力钢筋抗拉强度、抗压强度设计值见表 2.4.7。

(5) 普通钢筋的弹性模量 E_s 和预应力钢筋的弹性模量 E_p，应按表 2.4.8 采用。

表 2.4.6　　　　　　　　　　　　**普通钢筋强度设计值**　　　　　　　　　　　　MPa

钢筋种类	符号	f_{sk}	f_{sd}	f'_{sd}
R235　$d=8\sim20$	Φ	235	195	195
HRB335　$d=6\sim50$	Φ	335	280	280
HRB400　$d=6\sim50$	Φ	400	330	330
KL400　$d=8\sim40$	Φ^R	400	330	330

注　1. 表中 d 是指国家标准中的钢筋公称直径，mm。

　　2. 钢筋混凝土轴心受拉和小偏心受拉构件的受拉钢筋强度设计值大于 330MPa，仍按 330MPa 取用。

　　3. 构件中配有不同种类的钢筋时，每种钢筋应采用各自的强度计算值。

表 2.4.7　　　　　　　　　　**预应力钢筋抗拉、抗压强度设计值**　　　　　　　　　MPa

钢筋种类	f_{pk}	f_{pd}	f'_{pd}
钢绞线	1470	1000	
1×2（两股）	1570	1070	390
1×3（三股）	1720	1170	
1×7（七股）	1860	1260	
消除应力光圆钢丝和螺旋肋钢丝	1470	1000	
	1570	1070	410
	1670	1140	
	1770	1200	

续表

钢筋种类	f_{pk}	f_{pd}	f'_{pd}
消除应力刻痕钢丝	1470	1000	410
	1570	1070	
精轧螺纹钢筋	540	450	400
	785	650	
	930	770	

表 2.4.8　　　　　　　　　　　**钢筋的弹性模量**　　　　　　　　　　MPa

钢筋种类	E_s	钢筋种类	E_p
R235	2.1×10^5	消除应力光圆钢丝、螺旋肋钢丝、刻痕钢丝	2.05×10^5
HRB335、HRB400、KL400、精轧螺纹钢筋	2.0×10^5	钢绞线	1.95×10^5

（二）混凝土强度设计值

混凝土强度设计值主要用于承载能力极限状态设计的计算，它同样有轴心抗压和轴心抗拉强度设计值，概率极限状态设计方法规定，强度设计值应用标准值除以材料分项系数而得。混凝土强度的离散程度较大，故混凝土的材料分项系数 $\gamma_c = 1.4$。

混凝土轴心抗压强度设计值 f_{cd} 和抗拉强度设计值 f_{td} 见表 2.4.5。

思 考 题

1. 作用有哪些类型？

2. 什么是作用效应？作用及作用效应的分类有哪些？

3. 为什么作用要采用代表值？作用的代表值有哪些？如何确定？

4. 何谓结构抗力？为什么说结构抗力是一个随机过程？抗力的不定性因素主要包括哪些内容？

5. 结构的功能要求包括哪些？如何满足要求？

6. 什么是材料强度标准值？

7. 混凝土的强度指标有哪些？它们之间的关系如何？

8. 为什么 JTG D62—2004 规定 HPB235、HRB335、HRB400 级钢筋的受压强度设计值等于受拉强度设计值？而钢绞线、消除应力钢丝和热处理钢筋却只分别取 390、410MPa 和 400MPa？

9. 结构的自重如何计算？

10. 荷载效应与荷载有何区别？有何联系？

第三章　钢筋混凝土受弯构件正截面承载力计算

受弯构件是指截面上通常有弯矩和剪力共同作用而轴力可以忽略不计的构件。钢筋混凝土受弯构件的主要形式是板和梁,它们是组成工程结构的基本构件,在桥梁工程中应用很广。例如,人行道板、行车道板、小跨径板梁桥、T形桥梁的主梁、横梁及柱式墩台中的盖梁等都属于受弯构件。

在荷载作用下,受弯构件的截面将承受弯矩 M 和剪力 V 的作用。因此设计受弯构件时,一般应满足下列两方面要求:

(1)由于弯矩 M 的作用,构件可能沿弯矩最大的截面发生破坏,当受弯构件沿弯矩最大的截面发生破坏时,破坏截面与构件轴线垂直,称为沿正截面破坏,故需进行正截面承载力计算。

(2)由于弯矩 M 和剪力 V 的共同作用,构件可能沿剪力最大或弯矩和剪力都较大的截面破坏,破坏截面与构件的轴线斜交,称为沿斜截面破坏,故需进行斜截面承载力计算。

本章主要讨论梁和板的正截面承载力计算,目的是根据最大荷载效应 M 来确定钢筋混凝土梁和板截面上纵向受力钢筋的所需面积,并进行钢筋的布置。

第一节　受弯构件的截面形式与构造

一、钢筋混凝土板的构造

板是在两个方向上(长、宽)尺度很大,而在另一方向上(厚度)尺寸相对较小的构件,并且主要承受垂直于板面荷载的作用。根据在长、宽两个尺度上的比例及支承形式,板可以分为单向板和双向板两个类型,两对边支承的板,按单向板计算。

小跨径钢筋混凝土板,一般为实心矩形截面,当跨径较大时,为节省混凝土和减轻自重,常做成空心板,如图 3.1.1 所示。

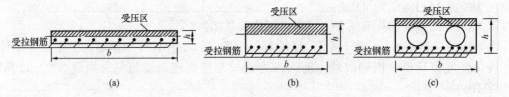

图 3.1.1　受弯构件板的截面形式

(a)整体式板;(b)装配式实心板;(c)装配式空心板

钢筋混凝土简支板桥的标准跨径不宜大 13m,连续板桥的标准跨径不宜大于 16m;预应力混凝土简支板桥的标准跨径不宜大于 25m,连续板桥的标准跨径不宜大于 30m。

板的厚度可根据跨径内最大弯矩和构造要求确定,但为了保证施工质量,其最小厚度应有所限制:行车道板一般不小于 100mm;人行道板的厚度,就地浇筑的混凝土板不宜小于 80mm,预制混凝土板不宜小于 60mm。空心板桥的顶板和底板厚度,均不宜小于 80mm,

空心板空洞端部应予以填封。

板中钢筋由主钢筋（即受力钢筋）和分布钢筋组成，如图 3.1.2 所示。主钢筋布置在板的受拉区，行车道板内的主钢筋直径一般不小于 10mm；人行道板内的钢筋直径不小于 8mm。在简支板跨中和连续板支点处，板内主钢筋中心的间距不应大于 200mm，各主钢筋间横向净距和层与层之间的竖向净距，当钢筋为 3 层及以下时，不应小于 30mm，并不小于钢筋直径；当钢筋为 3 层以上时，不应小于 40mm，并不小于钢筋直径的 1.25 倍。对于束筋，此处采用等代直径。

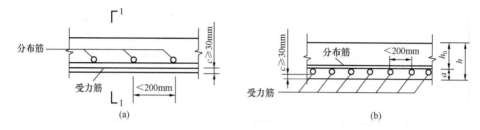

图 3.1.2 板的钢筋构造

（a）顺板跨径方向；（b）垂直跨径方向（1-1）

行车道板内主钢筋可在沿板高中心纵轴线的 1/6～1/4 计算跨径处按 30°～45°弯起。通过支点不弯起的主钢筋，每米板宽内不应少于 3 根，并不应少于主钢筋截面面积的 1/4。

为了防止钢筋外露锈蚀，主钢筋边缘到构件边缘的保护层厚度应符合表 3.1.1 的规定。

表 3.1.1　　　　　　普通钢筋和预应力直线形钢筋最小混凝土保护层厚度　　　　　　mm

序号	构 件 类 型		环境条件		
			I	II	III、IV
1	基础、桩基承台（受力钢筋）	（1）基坑底面有垫层或侧面有模板	40	50	60
		（2）基坑底面无垫层或侧面无模板	60	75	85
2	墩台身、挡土结构、涵洞、梁、板、拱圈、拱上建筑（受力主钢筋）		30	40	45
3	人行道构件、栏杆（受力主钢筋）		20	25	30
4	箍筋		20	25	30
5	缘石、中央分隔带、护栏等行车道构件		30	40	45
6	收缩、温度、分布、防裂等表层钢筋		15	20	25

注　对于环氧树脂涂层钢筋，可按环境条件 I 取用。

垂直于板内主钢筋方向布置的构造钢筋称为分布钢筋。其主要作用是将板面上荷载更均匀地传递给主钢筋，同时在施工中可通过绑扎或点焊分布钢筋来固定主钢筋的位置，而且，用它来抵抗温度应力和混凝土收缩应力。行车道板内分布钢筋应设在主钢筋的内侧，其直径不应小于 8mm，间距不应大于 200mm，截面面积不小于板截面面积的 0.1%。人行道板内分布钢筋直径不应小于 6mm，间距不应大于 200mm。在主钢筋的弯折处，应布置分布钢筋。

单边固接的板称为悬臂板，主钢筋应布置在截面上部。

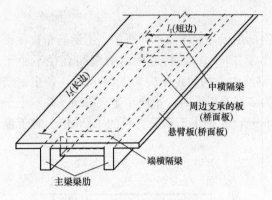

图 3.1.3　周边支承板示意图

（一）单向板

周边支承板如图 3.1.3 所示，视其长短边的比例，可分为两种情况：当长边与短边之比大于或等于 2 时，弯矩主要沿短边方向分配，长边方向受力很小，其受力情况与两边支承板基本相同，故称单向板。

在单向板中，主钢筋沿短边方向布置，在长边方向只布置分布钢筋，如图 3.1.4（a）所示。

（二）双向板

当长边与短边之比小于 2 时，两个方向同时承受弯矩，故称双向板，如图 3.1.4（b）所示。在双向板中，两个方向都应设置受力主钢筋。

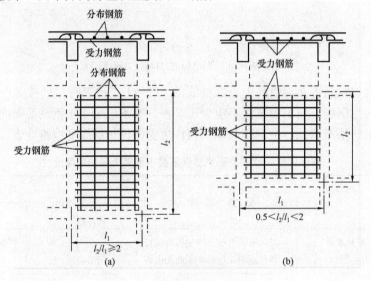

图 3.1.4　单、双板钢筋布置图

(a) 单向板；(b) 双向板

双向板内主钢筋的分布，可在纵向和横向各划分成 3 个板带，两个边带的宽度均为板的短边宽度的 1/4。在中间带的钢筋应按计算数量设置，边带设置的钢筋，是中间带所需钢筋的一半，钢筋间距不应大于 250mm，且不应大于板厚的两倍。

二、钢筋混凝土梁的构造

长度与高度之比（l_0/h）大于或等于 5 的受弯构件，可按杆件考虑，通称为"梁"。

（一）截面形式及尺寸

钢筋混凝土梁的截面常采用矩形、T 形（工字形）和箱形等形式，如图 3.1.5 所示。一般在中、小跨径时常采用工字形及 T 形截面，跨径增大时可采用箱形截面。钢筋混凝土 T 形截面简支梁（包括工字形截面梁）标准跨径不宜大于 20m。钢筋混凝土箱形截面连续梁标准跨径不宜大于 30m。矩形梁的高宽比一般为 $h/b \approx 2.5 \sim 3.0$。T 形截面梁的高度主要与梁的跨度、间距及荷载大小有关。公路桥梁中大量采用的 T 形简支梁桥，其梁高与跨径之比为1/16～1/11。

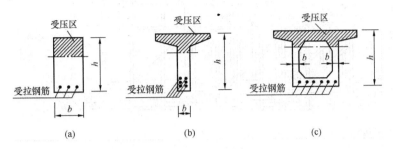

图 3.1.5　受弯构件梁的截面形式

(a) 矩形梁；(b) T 形梁；(c) 箱形梁

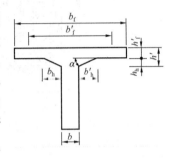

图 3.1.6　T 形截面梁示意图

　　预制 T 形截面梁翼缘悬臂端的厚度不应小于 100mm；当预制 T 形截面梁之间采用横向整体现浇连接或箱形截面梁设有桥面横向预应力钢筋时，其悬臂端厚度不应小于 140mm。T 形和工字形截面梁，在与腹板相连处的翼缘厚度，不应小于梁高的 1/10，当该处设有承托时，翼缘厚度可计入承托加厚部分，厚度 $h_h = b_h \tan\alpha$，其中 b_h 为承托宽度，如图 3.1.6 所示，$\tan\alpha$ 为承托底坡（竖横比）；当 $\tan\alpha$ 大于 1/3 时，取用 $h_h = b_h/3$。

　　T 形截面梁（包括工字形截面梁）应设跨端和跨间横隔梁。当梁横向刚性连接时，横隔梁间距不应大于 10m；当铰接时，其间距不应大于 5m。

　　箱形截面梁应设箱内端隔板。内半径小于 240m 的弯箱梁应设跨间横隔板，其间距对于钢筋混凝土箱形截面梁不应大于 10m；对于预应力箱形截面梁则需经结构分析确定。共同受力的多箱梁桥，梁间应设跨端横隔梁，需要时宜设跨间横隔梁，其设置及间距可参照 T 形截面梁处理。

　　箱形截面悬臂梁桥除应设箱内端隔板外，悬臂跨径 50m 及以上的混凝土箱形截面悬臂梁桥在悬臂中部尚应设跨间横隔板。箱形截面梁横隔板应设检查用人孔。

　　箱形截面梁顶板与腹板相连处应设置承托；底板与腹板相连处应设倒角，必要时也可设置承托。箱形截面梁顶、底板的中部厚度，不应小于其净跨径的 1/30，且不小于 200mm。

　　T 形、工字形截面或箱形截面梁的腹板宽度不应小于 140mm；其上下承托之间的腹板高度，当腹板内设有竖向预应力钢筋时，不应大于腹板宽度的 20 倍，当腹板内不设竖向预应力钢筋时不应大于腹板宽度的 15 倍。当腹板宽度有变化时，其过渡段长度不宜小于 12 倍腹板宽度差。

　　（二）钢筋构造

　　梁内的钢筋有纵向受力钢筋、弯起钢筋、箍筋、架立钢筋、纵向水平钢筋等。

　　梁内的钢筋常常采用骨架形式，一般分为绑扎钢筋骨架和焊接钢筋骨架两种形式。绑扎骨架是用细铁丝将各种钢筋绑扎而成，如图 3.1.7（a）所示。焊接骨架是先将纵向受拉钢筋、弯起钢筋或斜筋和架立钢筋焊接成平面骨架，然后用箍筋将数片焊接的平面骨架组成立体骨架形式，如图 3.1.7（b）所示。

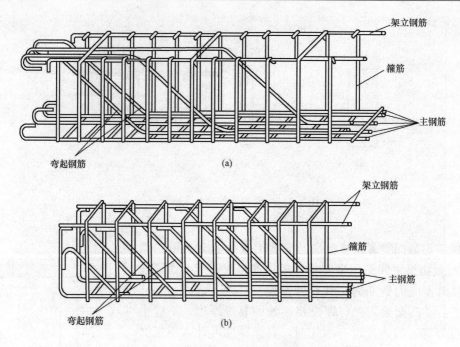

图 3.1.7　钢筋骨架示意图

(a) 绑扎钢筋骨架；(b) 焊接钢筋骨架

1. 纵向受力筋

布置在梁受拉区的纵向受力钢筋是梁内的主要受力钢筋，一般又称为主钢筋。当梁的高度受到限制时，也可在受压区布置纵向受力钢筋，用以协助混凝土承担压力。纵向受力钢筋的数量由计算决定。选择的钢筋直径一般为 16～32mm，通常不得超过 40mm，同一梁内宜采用相同直径的钢筋，以简化施工。有时为了节省钢筋，也可以采用两种直径但直径相差不应小于 2mm，便于施工识别。

梁内的纵向受力钢筋可以单根或 2～3 根成束地布置，组成束筋的单根钢筋直径不应大于 28mm，束筋成束后的等代直径 $d_e = \sqrt{n}d$，其中，n 为组成束筋的根数，d 为单根钢筋直径。当束筋的等代直径大于 36mm 时，受拉区应设表层带肋钢筋网，在顺束筋长度方向，钢筋直径为 8mm，其间距不大于 100mm，在垂直于束筋长度方向，钢筋直径为 6mm，其间距不大于 100mm。上述钢筋的布置范围，应超出束筋的设置范围，每边不小于 5 倍束筋等代直径。梁内的纵向钢筋也可采用竖向不留空隙焊成多层钢筋骨架〔见图 3.1.8 (b)〕。采用单根配筋时，主钢筋的层数不宜多于 3 层，上下层主钢筋的排列应注意对正。为了便于浇筑混凝土，保证混凝土质量和增加混凝土与钢筋的黏结力，梁内主钢筋间横向和层与层间应有一定的净距，如图 3.1.8 (a) 所示。绑扎钢筋骨架中，当钢筋为 3 层及以下时，净距不应小于 30mm，并不小于钢筋直径；当钢筋为 3 层以上时，净距不应小于 40mm 或钢筋直径的 1.25 倍。对于束筋，此处直径采用等代直径。当采用焊接骨架时，多层钢筋骨架的叠高一般不超过 (0.15～0.20)h，此处 h 为梁高。焊接钢筋骨架的净距与保护层要求见图 3.1.8 (b)。

为了防止钢筋锈蚀，主钢筋至梁底面的净距应不小于 30mm，且不大于 50mm，边上的主钢筋与梁侧面的净距应不小于 30mm，如图 3.1.8 所示。

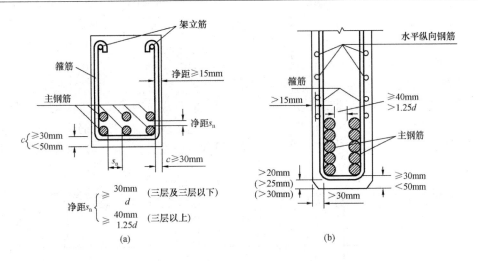

图 3.1.8　梁内主钢筋的净距及保护层要求

在钢筋混凝土梁的支点处（包括端支点），应至少有 2 根并不少于总数 1/5 的下层的受拉主钢筋通过。两外侧的受拉主钢筋应伸出支点截面以外，并弯成直角顺梁高延伸至顶部，与顶层纵向架立钢筋相连。两侧之间其他未弯起的受拉主钢筋伸出支点截面以外的长度，对光圆钢筋应不小于 $10d$（并带半圆钩），对螺纹钢筋也应不小于 $10d$，对环氧树脂涂层钢筋为 $12.5d$。

2. 斜筋

斜筋是为满足斜截面抗剪承载力而设置的，大多由纵向受力钢筋弯起而成，故又称为弯起钢筋。弯起钢筋与梁的纵轴线一般宜成 $45°$ 角，在特殊情况下，可取不小于 $30°$ 或不大于 $60°$ 角弯起。弯起钢筋的末端（弯终点以外）应留一定的锚固长度：受拉区不应小于 $20d$，受压区不应小于 $10d$，环氧树脂涂层钢筋增加 25%，此处 d 为钢筋直径，HPB235 级钢筋应设置半圆弯钩。

靠近支点的第一排弯起钢筋顶部的弯折点，简支梁或连续梁边支点应位于支座中心截面处，悬臂梁或连续梁中间支点应位于横隔梁（板）靠跨径一侧的边缘处，以后各排（跨中方向）弯起钢筋的梁顶部弯折点，应落在前一排（支点方向）弯起钢筋的梁底部弯折点以内。钢筋混凝土梁采用多层焊接钢筋时，可用侧面焊缝使之形成骨架。侧面焊缝设在弯起钢筋的弯折点处，并在中间直线部分适当设置短焊缝，如图 3.1.9 所示。

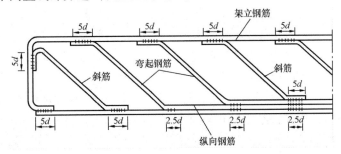

图 3.1.9　焊接骨架示意图

焊接钢筋骨架，若仅将纵向受力钢筋弯起还不足以满足斜截面抗剪承载力要求，或者由于构造上的要求需要增设斜筋时，可以加焊专门的斜筋。斜筋与纵向钢筋之间的焊接，易用双面焊缝，其长度为 $5d$，纵向钢筋之间的短焊缝，其长度为 $2.5d$，当采用单面焊缝时，其长度加倍。焊接骨架的钢筋层数不应多于 6 层，单根直径不应大于 32mm。

3. 箍筋

梁内箍筋通常垂直于梁轴线布置，箍筋除了满足斜截面抗剪承载力外，它还起到连接受拉主钢筋和受压区混凝土使其共同工作的作用，在构造上还起着固定钢筋位置使梁内各种钢筋构成钢筋骨架。因此，无论计算上是否需要，梁内均应设置箍筋。梁内采用的箍筋形式如图 3.1.10 所示。

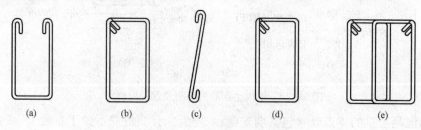

图 3.1.10　箍筋的形式

（a）开口式；（b）封闭式；（c）单肢；（d）双肢；（e）四肢

梁内只配有纵向受拉钢筋时，可采用开口箍筋；除纵向受拉筋外，还配有纵向受压钢筋的双筋截面或同时承受弯扭作用的梁，应采用封闭箍筋。同时，同排内任一纵向受压钢筋，离箍筋折角处的纵向钢筋（角筋）的间距不应大于 150mm 或 15 倍箍筋直径（取较大者），否则，应设复合箍筋。各根箍筋的弯钩接头，在纵向位置应交替布置。

箍筋直径不小于 8 mm 且不小于主钢筋直径的 1/4，每根箍筋所箍的受拉钢筋，每排不多于 5 根；所箍受压钢筋应不多于 3 根。所以，当受拉钢筋一排多于 5 根或受压钢筋一排多于 3 根时，则需采用 4 肢或更多肢数的箍筋。

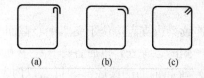

图 3.1.11　箍筋的弯钩形式

（a）90°/180°；（b）90°/90°；（c）135°/135°

箍筋的末端应做成弯钩。弯钩弯曲直径应大于被箍的受力主钢筋的直径，且 HPB235 级钢筋不应小于箍筋直径的 2.5 倍（环氧树脂涂层钢筋不应小于箍筋直径的 4 倍），HRB400 级钢筋不应小于箍筋直径的 4 倍。弯钩平直段长度，一般结构不应小于箍筋直径的 5 倍，抗震结构不应小于箍筋直径的 10 倍。弯钩的形式，可按图 3.1.11 （a）、（b）、（c）加工，抗震结构应按图 3.1.11 （c）加工。

箍筋间距不应大于梁高的 1/2，且不大于 400mm；当所箍钢筋为按受力需要的纵向受压钢筋时，不应大于所箍钢筋直径的 15 倍，且不应大于 400mm。钢筋绑扎搭接接头范围内的箍筋间距，当绑扎搭接钢筋受拉时不应大于主钢筋直径的 5 倍，且不大于 100mm；当搭接钢筋受压时不应大于主钢筋直径的 10 倍，且不大于 200mm。在支座中心向跨径方向长度相当于不小于一倍梁高范围内，箍筋间距不宜大于 100mm。

近梁端第一根箍筋应设置在距端面一个混凝土保护层距离处。梁与梁或梁与柱的交接范围内可不设箍筋；靠近交接面的一根箍筋，其与交接面的距离不宜大于 50mm。

4. 架立钢筋

架立钢筋主要是根据构造上的要求设置的，其作用是固定箍筋并与主钢筋等连成钢筋骨架。架立钢筋的直径为 10～22mm。采用焊接骨架时，为保证骨架具有一定的刚度，架立钢筋的直径应适当加大。

5. 纵向水平钢筋

T 形截面梁（包括工字形截面梁）或箱形截面梁的腹板两侧设置纵向水平钢筋，以抵抗温度应力及混凝土收缩应力，同时与箍筋共同构成网格骨架以利于应力的扩散。

纵向水平钢筋的直径一般采用 6～8mm，每个腹板内钢筋截面面积为 $(0.001～0.002)bh$，其中 b 为腹板宽度，h 为梁的高度，其间距在受拉区不应大于腹板宽度，且不应大于 200mm，在受压区不应大于 300mm。在支点附近剪力较大区段和预应力混凝土梁锚固区段，腹板两侧纵向钢筋截面面积应予增加，纵向钢筋间距宜为 100～150mm。

第二节　受弯构件的受力分析

一、受弯构件破坏形态

钢筋混凝土受弯构件，由于弯矩 M 和剪力 V 的作用，在正常情况下，构件可能产生两种破坏形态。一种为正截面破坏〔见图 3.2.1（a）〕，通常发生在弯矩最大的截面，或者发生在抗弯能力较小的截面。例如，均布荷载作用下的等截面简支梁发生在跨中截面的破坏就属正截面破坏。破坏的原因是由于截面弯矩使钢筋应力和混凝土压应力达到材料强度极限。

另一种为斜截面破坏〔见图 3.2.1（b）〕，一般发生在主拉应力较大的截面，或者发生在抗剪能力较弱的截面。例如，均布荷载作用下的等截面简支梁，发生在支座附近某个斜截面上的破坏就属斜截面破坏。破坏的主要原因是由于弯矩和剪力共同作用使钢筋应力和混凝土应力达到材料强度极限。

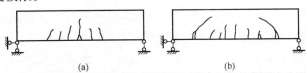

(a)　　　　　　　　　(b)

图 3.2.1　受弯构件破坏形态
(a) 正截面破坏；(b) 斜截面破坏

钢筋混凝土受弯构件破坏有两种类型：一种是塑性破坏（延性破坏），指的是结构或构件在破坏前有明显变形或其他预兆的破坏类型；另一种是脆性破坏，指的是结构或构件在破坏前无明显变形或其他预兆的破坏类型。

假设受弯构件的截面宽度为 b，截面高度为 h，纵向受力钢筋截面面积为 A_s，从受压边缘至纵向受力钢筋截面重心的距离为 h_0，h_0 为截面的有效高度，截面宽度与截面有效高度的乘积 bh_0 为截面的有效面积（见图 3.2.2）。构件的截面配筋率是指纵向受力钢筋截面面积与截面有效面积之比，即

图 3.2.2　单筋矩形截面示意图

$$\rho = \frac{A_s}{bh_0} \tag{3.2.1}$$

根据试验研究，钢筋混凝土受弯构件的破坏类型与配筋率 ρ、钢筋等级、混凝土强度等

级、截面形式等诸多因素有关。对常用的钢筋等级和混凝土强度等级，破坏类型主要受到配筋率 ρ 的影响，随着配筋率的改变，构件的破坏特征将发生质的变化。

根据受力钢筋用量多少，将钢筋混凝土梁分为适筋梁、超筋梁和少筋梁三类，其破坏形态也不同。梁的正截面破坏形态，可归纳为下列三种情况。

（一）适筋梁——塑性破坏

配筋率 ρ 适中（$\rho_{min} \leqslant \rho \leqslant \rho_{max}$）的梁，称为适筋梁。其主要特点是受拉钢筋的应力首先达到屈服强度，如图 3.2.3（a）所示，裂缝开展很大，然后受压区混凝土应力随之增大而达到抗压极限强度，梁即告破坏。这种梁在完全破坏前，由于钢筋要经历较大的塑性伸长，随之引起裂缝急剧变宽和梁挠度的剧增，它将给人明显的破坏预兆，破坏过程比较缓慢，一般称为"塑性破坏"，钢筋与混凝土的强度均得到充分发挥。

（二）超筋梁——脆性破坏

配筋率过大（$\rho > \rho_{max}$）的梁，称为超筋梁。其破坏特点是在受拉区钢筋应力尚未达到屈服强度之前，受压区混凝土边缘纤维的应力已达到抗压极限强度，压应变达到抗压极限应变值，因而受压区混凝土将先被压碎而导致梁的破坏。试验表明，超筋梁中的钢筋在梁破坏前仍处于弹性工作阶段，裂缝开展宽度小，梁的挠度也不大。这种梁是在没有明显破坏预兆的情况下，由于受压区混凝土突然被压碎而破坏，一般称为"脆性破坏"，如图 3.2.3（b）所示。超筋梁配置钢筋过多，并没有充分发挥钢筋的作用，造成钢材的浪费，设计中必须避免这种破坏形态的发生。

适筋梁与超筋梁破坏的分界（$\rho = \rho_{max}$）称为界限破坏，其特征是钢筋屈服和混凝土压碎同时发生。

（三）少筋梁

配筋率过小（$\rho < \rho_{min}$）的梁称为少筋梁。其破坏特点是受拉区混凝土一旦出现裂缝，受拉钢筋的应力立即达到屈服强度，裂缝迅速沿梁高延伸，裂缝宽度迅速增大，即使受压区混凝土尚未压碎，由于裂缝宽度过大，标志梁已"破坏"，如图 3.2.3（c）所示。少筋梁承载能力相对很低，破坏过程发展迅速，是不安全的，在结构设计中是不准采用的。

在规范中，通常是用规定最大配筋率和最小配筋率的限制来防止梁发生脆性破坏，以保证梁的配筋处于适筋梁的范围，发生正常的塑性破坏。以下研究的钢筋混凝土梁都是指适筋梁，所有的公式都是针对适筋梁的塑性破坏状态推导出的。$\rho = \rho_{min}$ 为少筋梁与适筋梁的界限配筋率，也是适筋梁最小配筋率。

二、受弯构件正截面的工作阶段

由弹性力学得知，对于均质弹性体受弯构件，例如钢梁，当其加载后，垂直于梁纵轴正截面应力 σ 和弯矩 M 成正比，这种线性关系一直保持到截面边缘纤维应力达到屈服强度以前。因为跨高比（h/l）较大的梁挠曲以后其变形规律符合平面假定（即沿截面高度各点的应变与其至中性轴的距离成正比），所以受拉区和受压区的应力分布图均为三角形。

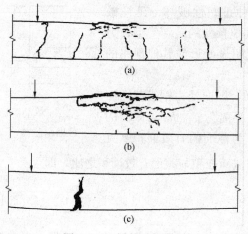

图 3.2.3 梁的破坏特征

此外，梁的挠度和弯矩也保持线性关系。但是钢筋混凝土受弯构件是由钢筋和混凝土这两种物理-力学性质不同的材料所组成，而且混凝土又是非均质、非弹性材料，因此在荷载作用下，钢筋混凝土受弯构件正截面上的"应力-应变"关系就与均质弹性体的钢梁有所不同。

钢筋混凝土梁的试验表明，一根配筋适当的钢筋混凝土梁，从加载直至破坏，其正截面工作状态大致可分为三个工作阶段（见图3.2.4）。

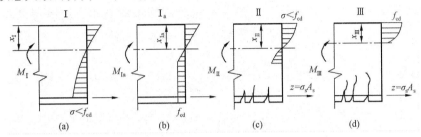

图3.2.4　受弯构件正截面应力发展阶段

（一）阶段Ⅰ——整体工作阶段

此阶段从加载开始到受拉区混凝土将要出现裂缝为止。

当刚开始加载时，由于荷载（或弯矩）很小，混凝土下缘应力小于抗拉极限强度，上缘应力远小于抗压极限强度。此时混凝土的工作性能与均质弹性体相似，应力与应变成正比，截面上的应力分布图接近三角形，如图3.2.4（a）所示。一般当梁上所受的荷载约为破坏荷载的20%以下时，梁才处于弹性工作阶段，此时可称为"整体工作阶段初期"。

由于混凝土的抗拉强度远低于其抗压强度，当荷载增加时，受拉区边缘混凝土将首先出现塑性性质，应变比应力增长速度快，受拉区应力图形开始偏离直线而变成曲线形。当达到这个阶段的极限时，受拉区拉应力达到混凝土的极限抗拉强度，梁处于即将开裂的临界状态。在截面的受压区，因混凝土的抗压强度很高，混凝土基本上仍属于弹性工作性质，受压区混凝土的应力图仍接近三角形，这时可称为"第Ⅰ阶段末"或"整体工作阶段末期"，如图3.2.4（b）所示，这一阶段梁所承受的荷载大致在破坏荷载的25%以下。

在这一阶段，由于受拉区混凝土尚未开裂，钢筋与混凝土之间存在着可靠的黏结力，受拉钢筋的应变与其周围相邻混凝土的应变相等，其特点为全截面工作。

（二）阶段Ⅱ——带裂缝工作阶段

此阶段从受拉区混凝土开裂到受拉钢筋应力达到屈服强度为止。

当荷载继续增加时，受拉区混凝土出现裂缝，并不断向上扩展，这时梁进入"带裂缝工作阶段"，在有裂缝的截面上，受拉区混凝土退出工作，把它原承担的拉力传给了钢筋，发生了明显的应力重分布，使钢筋应力突增，裂缝开展，截面刚度突降。通常认为在已开裂的截面上，受拉区混凝土已退出工作，其拉力全部由钢筋承受。

随着荷载的增加，受拉区钢筋的拉应变和受压区混凝土的压应变均不断增加，梁的挠度也随之加大，裂缝变得越来越宽，此时受拉钢筋的应力逐渐向钢筋的屈服强度趋近。由于混凝土压应变不断增大，受压区混凝土也出现一定的塑性特征，应力图形呈平缓的曲线形，如图3.2.4（c）所示。

带裂缝工作阶段的时间比较长，当所加荷载为破坏荷载的 25%～85% 时，梁都处于这一工作阶段。因此，钢筋混凝土受弯构件在正常受力阶段都是在带裂缝情况下工作的。

（三）阶段Ⅲ——破坏阶段

此阶段从受拉钢筋应力达到屈服强度到受压混凝土被压碎。

在这个阶段里，钢筋的拉应变增加很快，但钢筋的拉应力一般维持在屈服强度不变，由于钢筋进入塑性阶段，因此钢筋的拉应力维持在屈服点而不再增加，其应变却剧增，这就促使裂缝急剧开展并向上延伸，混凝土受压区高度迅速减小，混凝土的应力随之达到抗压极限强度，紧接着混凝土即被压碎，甚至崩脱，梁即进入"破坏瞬间"，如图3.2.4（d）所示。

必须指出，上述梁的正截面破坏特征是指在实际中广为应用的正常配筋的适筋梁而言的。

根据试验研究，钢筋混凝土梁的正截面破坏形态与纵向受力钢筋的含量，即配筋率 ρ 与钢筋和混凝土的种类有关。

第三节　单筋矩形截面受弯构件正截面承载力计算

一、基本假定和计算简图

按极限状态设计法计算钢筋混凝土受弯构件正截面强度，采用第Ⅲ阶段应力图，并引入下列假设作为计算的基础：

（1）构件变形符合平面假定，即构件弯曲后，其截面仍保持为平面，即混凝土和钢筋的应变沿截面高度符合线性分布。

（2）截面受压区混凝土的应力图形简化为等效矩形，其压力强度取混凝土的轴心抗压强度设计值 f_{cd}，截面受拉混凝土的抗拉强度不予考虑。

（3）极限状态计算时，受拉区的钢筋应力取其抗拉强度设计值 f_{sd} 或 f_{pd}（小偏心构件除外），受压区或受压较大边钢筋应力取其抗压强度设计值 f'_{sd} 或 f'_{pd}。

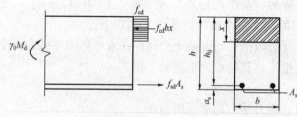

（4）钢筋应力等于钢筋应变与其弹性模量的乘积，但不大于其强度设计值。

根据前述钢筋混凝土受弯构件按承载能力极限状态设计的假定，可得出单筋矩形截面受弯构件正截面承载力计算图示，如图3.3.1所示。

图 3.3.1　单筋矩形截面梁正截面强度计算简图

二、计算公式

单筋矩形截面承载力计算公式可根据计算图示由内力平衡条件求得（见图3.3.1）。在实际工程设计中，必须保证所设计的构件具有足够的安全储备。

由水平力平衡，即 $\Sigma x = 0$ 得

$$f_{cd}bx = f_{sd}A \tag{3.3.1}$$

由所有的力对受拉钢筋合力作用点取矩的平衡条件，即 $M_s = 0$ 得

$$\gamma_0 M_d \leqslant f_{cd} b x \left(h_0 - \frac{x}{2} \right) \tag{3.3.2}$$

由所有的力对受压区混凝土合力作用点取矩的平衡条件，即 $\sum M_d = 0$ 得

$$\gamma_0 M_d \leqslant f_{sd} A_s \left(h_0 - \frac{x}{2} \right) \tag{3.3.3}$$

式中　　M_d ——弯矩组合设计值；

f_{cd} ——混凝土轴心抗压强度设计值；

f_{sd} ——纵向受拉钢筋强度设计值；

A_s ——纵向受拉钢筋截面面积；

b ——矩形截面宽度；

x ——混凝土受压区高度；

h_0 ——截面有效高度。

三、公式适用条件

上述公式是针对适筋梁的破坏状态导出的，因而截面的配筋率 $\rho = \dfrac{A_s}{bh_0}$ 必须满足下列条件

$$\rho_{min} \leqslant \rho \leqslant \rho_{max} \tag{3.3.4}$$

截面最小配筋率 ρ_{min} 的确定：截面配筋率为 ρ_{min} 的钢筋混凝土梁，在破坏瞬间所能承受的弯矩（按第 III 阶段计算）应不小于同样截面的素混凝土梁在即将开裂时所能承受的弯矩（按第 I 阶段末期，即整体工作阶段末期计算），并考虑温度、收缩力和构造要求及以往设计经验等因素而予以确定的。

JTG D62—2004 规定的混凝土结构中的纵向受拉钢筋（包括偏心受拉构件、受弯构件及偏心受压构件中受拉一侧的钢筋）的最小配筋率 $\rho_{min} = 45 f_{td}/f_{sd}$，且不小于 0.20%，其中 f_{td} 是指混凝土轴心抗拉强度设计值。最小配筋率的限制，规定了少筋梁和适筋梁的界限。

对于钢筋和混凝土强度都已确定的梁来说，总会有一个特定的配筋率，使得钢筋的应力达到屈服强度的同时，受压区混凝土边缘纤维的应变也恰好达到混凝土的抗压极限应变值，通常将这种梁的破坏称为"界限破坏"，这一配筋率就是适筋梁的最大配筋率。最大配筋率的限制，一般是通过受压区高度来加以控制。

发生界限破坏时，由矩形应力图形计算得出界限受压区高度 x_b，x_b 的相对高度 (x_b/h_0) 称为截面相对界限受压区高度，用 ξ_b 表示，即 $\xi_b = x_b/h_0$。

这样，在上述针对适筋梁导出的式（3.3.1）～式（3.3.3）中，混凝土受压区高度必须符合下列条件

$$x \leqslant \xi_b h_0 \tag{3.3.5}$$

JTG D62—2004 中对不同强度等级混凝土所制作的、配有各种不同等级钢筋的梁，给出了不同的混凝土相对界限受压区高度 ξ_b 值（见表 3.3.1）。

表 3.3.1 混凝土受压区高度界限系数 ξ_b

相对界限受压区高度 混凝土强度等级 钢筋种类	ξ_b			
	C50 及以下	C55、C60	C65、C70	C75、C80
R235（Q235）	0.62	0.60	0.58	—
HRB335	0.56	0.54	0.52	—
HRB400、KL400	0.53	0.51	0.49	—
钢绞线、钢丝	0.40	0.38	0.36	0.35
精轧螺纹钢筋	0.40	0.38	0.36	

注 截面受拉区内配置不同种类钢筋的受弯构件，ξ_b 值应选用相应于各种钢筋的较小者。

四、计算方法

钢筋混凝土受弯构件的正截面计算，一般仅需对构件的控制截面进行计算。所谓控制截面，在等截面构件中是指计算弯矩（荷载效应）最大的截面；在变截面构件中则是指截面尺寸相对较小，而计算弯矩相对较大的截面。

受弯构件正截面计算，根据已知及未知条件可以分为两类问题，即截面设计和承载力复核。

（一）截面设计

截面设计是根据要求截面所承受的弯矩，选定混凝土强度等级、钢筋等级及截面尺寸，并计算所需要的钢筋截面面积。对一般钢筋混凝土受弯构件而言，正截面受拉区起主要作用的是钢筋的抗拉强度，因此混凝土强度等级不宜选得过高。

截面高度 h 一般是根据受弯构件的刚度、常用的配筋率（对于长度为 1.5～8m 的板，ρ =0.5%～1.3%；对于长度为 10～20m 的 T 形梁，ρ=2.0%～3.5%）及构造和施工要求拟定。截面宽度 b 也应根据构造要求拟定。若构造上无特殊要求，一般可根据设计经验、常用的高宽比（h/b）及高跨比（h/l）等经验尺寸拟定，在进行钢筋截面面积 A_s 的计算、选定钢筋的直径与根数及按构造要求进行钢筋布置后，再视具体情况作必要的修改。

下面就截面设计时常遇到的两种情况分别介绍其计算方法。

（1）已知弯矩组合设计值 M_d，钢筋、混凝土强度等级及截面尺寸 b、h，求所需的受拉钢筋截面面积 A_s。

首先由式（3.3.2）解二次方程求得受压区高度 x，即

$$x = h_0 - \sqrt{h_0^2 - \frac{2\gamma_0 M_d}{f_{cd}b}} \tag{3.3.6}$$

若 $x > \xi_b h_0$，则此梁为超筋梁，需要增大截面尺寸，主要是增加高度 h 或者提高混凝土的强度等级；若 $x \leqslant \xi_b h_0$，再由式（3.3.3）求得钢筋截面面积，即

$$A_s = \frac{\gamma_0 M_d}{f_{sd}\left(h_0 - \dfrac{x}{2}\right)} \tag{3.3.7}$$

或者

$$A_s = \frac{f_{cd}bx}{f_{sd}}$$

（3.3.8）

应当注意，在上述计算公式中均需先确定截面的有效高度 h_0，当钢筋截面面积 A_s 尚未确定前，必须先假定受拉钢筋合力点至受拉边缘的距离 a_s。一般在板中可先假定 $a_s = 25mm$，在梁中当估计钢筋为单排时，可先假定 $a_s = 35 \sim 45mm$；当为双排时，可假定 $a_s = 60 \sim 80mm$。同时，为使所采用的钢筋截面面积 A_s 在适筋梁范围内，尚需验证 $\xi \leqslant \xi_b$，也就是 $x \leqslant \xi_b h_0$。

通过计算求得受拉钢筋截面面积 A_s 后，即可根据构造要求等从表 3.3.2 及表 3.3.3 中选择钢筋直径及根数，并进行具体的钢筋布置，从而再对假定的 a_s 值进行校核修正。此外，还需验证 $\rho \geqslant \rho_{min}$。

表 3.3.2　　　　　　　钢筋间距一定时板每米宽度内钢筋截面面积　　　　　　　mm²

钢筋间距 (mm)	钢筋直径（mm）										
	60	70	80	100	120	140	160	180	200	220	240
70	404	550	718	112	1616	2199	2873	3636	4487	5430	6463
75	377	513	670	1047	1508	2052	2681	3393	4188	5081	6032
80	353	481	628	982	1414	1924	2514	3181	3926	4751	5655
85	333	453	591	924	1331	1811	2366	2994	3695	4472	5322
90	314	428	559	873	1257	1711	2234	2828	3490	4223	5027
95	298	405	529	827	1190	1620	2117	2679	3306	4000	4762
100	283	385	503	785	1131	1539	2011	2545	3141	3801	4524
105	269	367	479	748	1077	1466	1915	2424	2991	3620	4309
110	257	350	457	714	1028	1399	1828	2314	2855	3455	4113
115	246	335	437	683	984	1339	1749	2213	2731	3305	3934
120	236	321	419	654	942	1283	1676	2121	2617	3167	3770
125	226	308	402	628	905	1232	1609	2036	2513	3041	3619
130	217	296	387	604	870	1184	1547	1958	2416	2924	3480
135	209	285	372	582	838	1140	1490	1885	2327	2816	3351
140	202	275	359	561	808	1100	1436	1818	2244	2715	3231
145	195	265	347	542	780	1062	1387	1755	2166	2621	3120
150	189	257	335	524	754	1026	1341	1697	2084	2534	3016
155	182	248	324	507	730	993	1297	1643	2027	2452	2919
160	177	241	314	491	707	962	1257	1590	1964	2376	2828
165	171	233	305	476	685	933	1219	1542	1904	2304	2741
170	166	226	296	462	665	905	1183	1497	1848	2236	2661
175	162	220	287	449	646	876	1149	1454	1795	2172	2585
180	157	214	279	436	628	855	1117	1414	1746	2112	2513
185	153	208	272	425	611	832	1087	1376	1694	2035	2445
190	149	203	265	413	595	810	1058	1339	1654	2001	2381
195	145	197	258	403	580	789	1031	1305	1611	1949	2320
200	141	192	251	393	565	769	1005	1272	1572	1901	2262

表 3.3.3　　　　　　　　　圆钢筋、螺纹钢筋截面面积、质量表

直径 (mm)	下列钢筋根数的截面面积（mm²）									质量 (kg/m)	螺纹钢筋 (mm)	
	1	2	3	4	5	6	7	8	9		直径	外径
4	12.6	25	38	50	63	75	88	101	113	0.908		
6	28.3	57	85	113	141	170	198	226	254	0.222		
8	50.3	101	151	201	251	302	352	402	452	0.396		
10	78.05	157	236	314	393	471	550	628	707	0.617	10	11.3
12	113.1	226	339	452	566	679	792	905	1018	0.888	12	13.5
14	153.9	308	462	616	770	924	1078	1232	1385	1052.8	14	15.5
16	201.1	402	603	804	1005	1206	1407	1608	1810	1.680	16	14
18	254.5	509	763	1018	1272	1527	1781	2036	2290	1.998	18	20
20	314.2	628	942	1256	1570	1884	2200	2513	2827	2.460	20	22
22	380.1	760	1140	1520	1900	2281	2661	3041	3421	2.980	22	24
24	452.4	905	1356	1810	2262	2714	3167	3619	4071	3.551	24	
25	490.9	982	1473	1964	2454	2945	3436	3927	4418	3.850	25	27
26	530.9	1062	1593	2124	2655	3186	3717	4247	4778	4.168	26	
28	615.7	1232	1847	2463	3079	3695	4310	4926	5542	4.833	28	30.5
30	706.9	1413	2121	2827	3534	4241	4948	5655	6362	5.549	30	
32	804.3	1609	2413	3217	4021	4826	5630	6434	7238	6.310	32	35.8
34	907.9	1816	2724	3632	4540	5448	6355	7263	8171	7.127	34	
36	1017.9	2036	3054	4072	5089	6107	7125	8143	9161	7.990	36	39.5
38	1134.1	2268	3402	4536	5671	6805	7939	9073	10 207	8.003	38	
40	1256.6	2513	3770	5026	6283	7540	8796	10 053	11 310	9.865	40	43.5

（2）根据已知弯矩组合设计值 M_d，材料规格 f_{cd}、f_{sd}、ξ_b，选择截面尺寸 b、h 和钢筋截面面积 A_s。

在式（3.3.1）～式（3.3.5）中，只有两个独立的方程式，而这类问题实际上存在四个未知数 b、h、A_s 及 x，问题将有多组解答。为求得一个比较合理的解答，通常是先假定梁宽和配筋率 ρ（对于矩形梁取 $\rho = 0.006 \sim 0.015$，板取 $\rho = 0.003 \sim 0.008$），这样就只剩下两个未知数了，问题是可解的。

首先由式（3.3.1）得：$x = \dfrac{f_{cd} A_s}{f_{cd} b} = \rho \dfrac{f_{sd}}{f_{cd}} h_0$，则 $\dfrac{x}{h_0} = \rho \dfrac{f_{sd}}{f_{cd}} = \xi$，若 $\xi \leqslant \xi_b h_0$，将其代入式（3.3.2），求得梁的有效高度

$$h_0 = \sqrt{\frac{\gamma_0 M_d}{\xi(1 - 0.5\xi) f_{cd} b}} \tag{3.3.9}$$

则梁的高度为 $h = h_0 + a_s$，梁高应取整数，并注意尺寸模数化和检验梁的高宽比是否合适。经过调整后，截面尺寸 b 及 h 均为已知，再按上述第一种情况计算所需的受拉钢筋截面面积 A_s。

（二）承载力复核

截面的承载力复核，其目的在于验算已设计好的截面是否具有足够的承载力以抵抗荷载作用所产生的弯矩。因此，进行承载力复核时，已知截面尺寸 b、h_0，钢筋截面面 A_s，材料规格 f_{cd}、f_{sd}、ξ_b，弯矩组合设计值 M_d，所要求的是截面所能承受的最大弯矩 M'_d，并判断是

否安全。

在进行承载力复核时，首选由式（3.3.1）求得受压区高度，即

$$x = \frac{f_{sd}A_s}{f_{cd}b} \tag{3.3.10}$$

若 $x \leqslant \xi_b h_0$，则可按式（3.3.2）或式（3.3.3）求得截面所能承受的最大弯矩 M'_d 为

$$M'_d = f_{cd}bx\left(h_0 - \frac{x}{2}\right) \tag{3.3.11}$$

或者

$$M'_d = f_{sd}A_s\left(h_0 - \frac{x}{2}\right) \tag{3.3.12}$$

若截面所能承受的弯矩 M'_d 大于实际的组合设计弯矩 M_d，则认为结构是安全的。

例 3.3.1　已知矩形截面尺寸 $b \times h = 250\text{mm} \times 500\text{mm}$，弯矩组合设计值 $M_d = 136\text{kN} \cdot \text{m}$，拟采用 C25 混凝土、HRB335 级钢筋，求所需钢筋截面面积 A_s（桥梁结构重要性系数 $\gamma_0 = 1.1$）。

解　根据给定的材料规格查得 $f_{cd} = 11.5\text{MPa}$，$f_{sd} = 280\text{MPa}$，$f_{td} = 1.23\text{MPa}$，$\xi_b = 0.56$，设 $a_s = 40\text{mm}$，梁的有效高度 $h_0 = 500 - 40 = 460\text{mm}$（钢筋按一排布置估算）。

由公式 $\gamma_0 M_d = f_{cd}bx\left(h_0 - \frac{x}{2}\right)$，可得

$$x = h_0 - \sqrt{h_0^2 - \frac{2\gamma_0 M_d}{f_{cd}b}}$$

代入数值得

$$x = 460 - \sqrt{460^2 - \frac{2 \times 1.1 \times 136 \times 10^6}{11.5 \times 250}}$$

$$= 132.1(\text{mm}) < \xi_b h_0$$

$$= 0.56 \times 460 = 257.6(\text{mm})$$

由式（3.3.1）求得钢筋截面面积

$$A_s = \frac{f_{cd}bx}{f_{sd}} = \frac{11.5 \times 250 \times 132.1}{280} = 1357(\text{mm}^2)$$

查表 3.3.3 选取 3 Φ 25，$A_s = 1473\text{mm}^2$，钢筋按一排布置，所需截面最小宽度为

$$b_{min} = 2 \times 30 + 3 \times 27 + 2 \times 30 = 201(\text{mm}) < b = 250(\text{mm})$$

梁的有效高度为

$$h_0 = 500 - \left(30 + \frac{27}{2}\right) = 456(\text{mm})$$

实际配筋率为

$$\rho_{min} = 45\frac{f_{td}}{f_{sd}}\% = 45\frac{1.23}{280}\% = 0.1976\% < 0.2\%, 取 \rho_{min} = 0.2\%$$

$$\rho = \frac{A_s}{bh_0} = \frac{1473}{250 \times 456} = 0.0129, \rho = 1.29\% > \rho_{min} = 0.2\%$$

配筋率满足 JTG D62—2004 要求。

例 3.3.2　已知某矩形截面梁的弯矩组合设计值 $M_d = 170\text{kN} \cdot \text{m}$，混凝土强度等级为 C25，HRB335 级钢筋，桥梁结构重要性系数 $\gamma_0 = 1.1$。试确定此梁的截面尺寸及所需纵向受拉钢筋截面面积，选择钢筋直径、根数并布置钢筋。

解 根据混凝土和钢筋强度等级查表 2.4.5 和表 2.4.6 得 $f_{cd} = 11.5\text{MPa}, f_{sd} = 280\text{MPa}, f_{td} = 1.23\text{MPa}, \xi_b = 0.56$。

现假设 $\rho = 0.01, b = 300\text{mm}$，则

$$\xi = \rho \frac{f_{sd}}{f_{cd}} = 0.01 \times \frac{280}{11.5} = 0.243 < \xi_b = 0.56$$

由式（3.3.9）计算截面有效高度 h_0，即

$$h_0 = \sqrt{\frac{\gamma_0 M_d}{\xi(1 - 0.5\xi) f_{cd} b}}$$

$$= \sqrt{\frac{1.1 \times 170 \times 10^6}{0.243 \times (1 - 0.5 \times 0.243) \times 11.5 \times 300}} = 504(\text{mm})$$

若设 $a_s = 35\text{mm}$，则 $h = h_0 + a_s = 504 + 35 = 539(\text{mm})$。

现取 $h = 550\text{mm}$，于是 $h_0 = h - a_s = 550 - 35 = 515(\text{mm})$。

由式（3.3.6）可得

$$x = h_0 - \sqrt{h_0^2 - \frac{2\gamma_0 M_d}{f_{cd} b}}$$

代入数值得

$$x = 515 - \sqrt{(515)^2 - \frac{2 \times 1.1 \times 170 \times 10^6}{11.5 \times 300}} = 119(\text{mm})$$

由式（3.3.1）得

$$A_s = \frac{f_{cd} b x}{f_{sd}} = \frac{11.5 \times 300 \times 119}{280} = 1466(\text{mm}^2)$$

查表 3.3.3 取钢筋为 $4 \Phi 22$，外径为 24mm，$A_s = 1520\text{mm}^2$，钢筋按一排布置，所需截面最小宽度

$$b_{min} = 2 \times 30 + 4 \times 24 + 3 \times 30 = 246(\text{mm}) < b = 300(\text{mm})$$

$$a_s = 30 + \frac{24}{2} = 42(\text{mm})$$

则

$$h_0 = 550 - \left(30 + \frac{24}{2}\right) = 508(\text{mm})$$

验算最小配筋率

$$\rho_{min} = 45 \times \frac{1.23}{280}\% = 0.197\ 6\% < 0.2\%, \text{取} \rho_{min} = 0.2\%$$

$$\rho = \frac{A_s}{b h_0} = \frac{1520}{300 \times 508} = 0.009\ 9, \rho = 0.99\% > \rho_{min} = 0.2\%$$

且配筋率在经济配筋范围之内。

例 3.3.3 已知一矩形截面梁，截面尺寸 $b = 400\text{mm}$，$h = 900\text{mm}$，弯矩组合设计值 $M_d = 800\text{kN} \cdot \text{m}$，混凝土强度等级为 C30，钢筋等级为 HRB335，$A_s = 4926\text{mm}^2$，$a_s = 60\text{mm}$。求该截面是否可以安全承载。

解 查表 2.4.5 和表 2.4.6 得

$$f_{cd} = 13.8\text{MPa}, \quad f_{sd} = 280\text{MPa}, \quad \xi_b = 0.56$$

（1）计算混凝土受压度区高度

$$x = \frac{f_{sd}A_s}{f_{cd}b} = \frac{280 \times 4926}{13.8 \times 400} = 250(\text{mm})$$

$$h_0 = h - a_s = 900 - 60 = 840(\text{mm})$$

$x = 250\text{mm} < \xi_b h_0 = 0.56 \times 840 = 470.4\text{mm}$，满足要求。

（2）计算截面所能承担的最大弯矩值，并做比较

$$M'_d = f_{cd}bx\left(h_0 - \frac{x}{2}\right) = 13.8 \times 400 \times 250 \times (840 - 250/2)$$

$$= 986.7 \times 10^6(\text{N} \cdot \text{mm})$$

$$= 986.7(\text{kN} \cdot \text{m})$$

$$M'_d > M_d = 800(\text{kN} \cdot \text{m})$$

因此，结构安全。

第四节　双筋矩形梁正截面承载力计算

双筋截面是指除受拉钢筋外，在截面受压区也布置受压钢筋的截面。当构件的截面尺寸受到了限制，采用单筋截面设计出现 $x \geqslant \xi_b h_0$ 时，则应设置一定的受压钢筋来帮助混凝土承担部分压力，这样就构成双筋截面。当某些构件在不同的作用组合情况下，截面需要承受正负弯矩时，也需采用双筋截面。有时，由于结构本身受力图式的原因，例如连续梁的内支点处截面，将会产生事实上的双筋截面。

应该指出，采用受压钢筋协助混凝土承担压力是不经济的。在实际工程中，由于梁的高度过矮而需要设置受压钢筋的情况也是不多的。但是从使用性能来看，双筋截面受弯构件由于设置了受压钢筋，可提高截面的延性和提高截面的抗震性能，有利于防止结构的脆性破坏。此外，由于受压钢筋的存在和混凝土徐变的影响，可以减少短期和长期作用下构件产生的变形。从这种意义上讲，采用双筋截面还是适宜的。

设计双筋截面在构造上应注意的是必须设置封闭箍筋，其间距一般不超过受压钢筋直径的15倍，以防止纵向受压钢筋压屈，引起保护层混凝土剥落。

一、计算公式

双筋矩形截面梁正截面承载力的计算图式与单筋矩形截面相似，所不同的仅是在受压区增加了纵向受压钢筋的内力，如图3.4.1（a）所示。

双筋矩形截面梁正截面的抗弯承载力可理解为由下列两组抗弯力矩叠加组成。

第一组抗弯内力矩是由受压混凝土的内力 $f_{cd}bx$ 及部分受拉钢筋 A_{s1} 的内力 $f_{sd}A_{s1}$ 所组成，如图3.4.1（b）所示，并以符号 M_{d1} 表示。其表达式与单筋梁完全相同，即

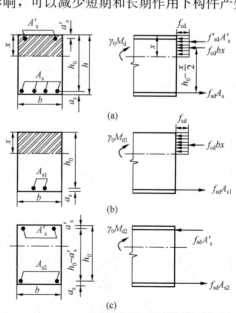

图 3.4.1　双筋矩形截面梁正截面
承载力计算图示

$$\gamma_0 M_{d1} = f_{cd} b x \left(h_0 - \frac{x}{2} \right) \tag{3.4.1}$$

$$f_{cd} b x = f_{sd} A_{s1} \tag{3.4.2}$$

第二组抗弯内力矩是由受压钢筋的内力 $f'_{sd} A'_a$ 与剩余部分受拉钢 $A_{g2}(A_{g2} = A_s - A_{s1})$ 的内力 $f_{sd} A_{g2}$ 组成，并以符号 M_{d2} 表示，此组内力矩的内力偶臂为 $(h_0 - a'_s)$ [见图 3.4.1 (c)]，M_{d2} 的表达式为

$$\gamma_0 M_{d2} = \gamma_0 (M_d - M_{d1}) = f'_{sd} A'_s (h_0 - a'_s) \tag{3.4.3}$$

$$f_{sd} A_{s2} = f'_{sd} A'_s \tag{3.4.4}$$

此两组内力矩同时作用在一个截面上，联合抵抗外部作用（荷载）所产生的弯矩 $\gamma_0 M_d$，于是得到

$$\gamma_0 M_d = \gamma_0 (M_{d1} + M_{d2}) = f_{cd} b x \left(h_0 - \frac{x}{2} \right) + f'_{sd} A'_s (h_0 - a'_s) \tag{3.4.5}$$

由水平力平衡，即 $\sum x = 0$ 得

$$f_{cd} b x + f'_{sd} A'_s = f_{sd} A_s \tag{3.4.6}$$

由所有力对受压钢筋合力作用点取矩的平衡条件，即 $\sum M'_s = 0$ 得

$$\gamma_0 M_d = - f_{cd} b x \left(\frac{x}{2} - a'_s \right) + f_{sd} A_s (h_0 - a'_s) \tag{3.4.7}$$

二、公式适用条件

应用以上公式时，必须满足下列条件

$$x \leqslant \xi_b h_0 \tag{3.4.8}$$

$$x \geqslant 2 a'_s \tag{3.4.9}$$

上述第一个限制条件与单筋梁相同，是为了保证梁的破坏始自受拉钢筋的屈服，防止梁发生脆性破坏；第二个限制条件是为了保证在极限破坏时，受压钢筋的应力达到抗压强度设计值，如果 $x < 2 a'_s$，表明受压钢筋离中性轴太近，梁破坏时，受压钢筋的应变不大，其应力达不到抗压强度设计值。

三、计算方法

利用式（3.4.5）～式（3.4.7）进行双筋截面强度计算，也可分为截面设计和承载力复核两种情况。

（一）截面设计

双筋矩形截面的尺寸，一般是根据构造要求或总体布置预先确定的。因此，双筋截面设计的任务主要是确定受拉钢筋截面面积 A_s 和受压钢筋截面面积 A'_s。有时由于构造的需要，受压钢筋截面面积已选定，仅需要确定受拉钢筋截面面积。

现分别介绍双筋矩形截面设计的计算方法。

（1）已知截面尺寸 b、h，钢筋、混凝土的强度等级，桥梁结构重要性系数 γ_0，弯矩组合设计值 M_d，求受压钢筋截面面积 A'_s 和受拉钢筋截面面积 A_s。

由于式（3.4.5）和式（3.4.6）两个基本公式中含有 x、A_s 和 A'_s 三个未知数，故尚需补充一个条件后方能求解。为了尽量节约钢材，应充分利用混凝土的抗压强度，而且又能满足式（3.4.8）的条件。因此可令 $x = \xi_b h_0$ 计算 A'_s，这样求得的 A'_s 才是最小值，从而可使对应的 $(A_s + A'_s)$ 设计得比较经济。将 $x = \xi_b h_0$ 代入式（3.4.5）即可求得 A'_s 为

$$A'_s = \frac{\gamma M_d - \xi_b f_{cd} bh_0^2 (1 - 0.5\xi_b)}{f_{sd}(h_0 - a'_s)} \tag{3.4.10}$$

然后将所求得的 A'_s 及 $x = \xi_b h_0$ 代入式（3.4.6）求 A_s，则有

$$A_s = \frac{f_{cd}b\xi_b h_0}{f_{sd}} + \frac{f'_{sd}A'_s}{f_{sd}} \tag{3.4.11}$$

（2）已知截面尺寸 b、h，钢筋、混凝土的强度等级，桥梁结构重要性系数 γ_0，弯矩组合设计值 M_d，受拉钢筋截面面积 A_s，求受压钢筋截面面积 A'_s。

此时，由于 A_s 为已知，在基本公式（3.4.5）和式（3.4.6）中，仅 x 和 A'_s 两个未知数，故可直接联立求解。

（二）承载力复核

同单筋矩形截面梁一样，双筋矩形截面梁正截面承载力复核是根据截面的已知条件 b、h，混凝土的强度等级及钢筋的级别，受压钢筋和受拉钢筋的截面面积 A'_s 和 A_s 等，验算截面所能承受的弯矩值 M'_d。

进行承载力复核时，应首先由式（3.4.6）求得混凝土受压区高度，即

$$x = \frac{f_{sd}A_s - f'_{sd}A'_s}{f_{cd}b}$$

若满足 $2a_s \leqslant x \leqslant \xi_b h_0$ 的限制条件，将其代入式（3.4.5）求得截面所能承受的最大弯矩值，即

$$\gamma_0 M'_d = f_{cd}bx\left(h_0 - \frac{x}{2}\right) + f'_{sd}A'_s(h_0 - a'_s)$$

若 $x > \xi_b h_0$，则令 $x = \xi_b h_0$，代入上式。

若 $x < 2a'_s$，因受压钢筋离中性轴太近，变形不能充分发挥，受压钢筋的应力不可能达到抗压设计强度。这时，截面所能承受的最大弯矩可由下列公式求得

$$\gamma_0 M'_d = f_{sd}A_s(h_0 - a'_s)$$

例 3.4.1　有一截面尺寸为 $250\text{mm} \times 600\text{mm}$ 的矩形梁，所承受的弯矩组合设计值 $M_d = 295\text{kN} \cdot \text{m}$，桥梁结构重要性系数 $\gamma_0 = 1.0$，拟采用 C20 混凝土、HRB335 级钢筋。试选择截面配筋，并计算截面承载力。

解　查表 2.4.5 和表 2.4.6 得 $f_{cd} = 9.2\text{MPa}$，$f_{sd} = f'_{sd} = 280\text{MPa}$，$\xi_b = 0.56$，假设 $a_s = 70\text{mm}$，$a'_s = 40\text{mm}$，$h_0 = 600 - 70 = 530\text{mm}$。

（1）从充分利用混凝土抗压强度出发，即取 $x = \xi_b h_0 = 0.56 \times 530 = 296.8(\text{mm})$，分别代入式（3.4.10）和式（3.4.11）得

$$
\begin{aligned}
A'_s &= \frac{\gamma_0 M_d - \xi_b f_{cd} bh_0^2 (1 - 0.5\xi_b)}{f'_{sd}(h_0 - a'_s)} \\
&= \frac{295 \times 10^6 \times 1.0 - 0.56 \times 9.2 \times 250 \times 530^2 \times (1 - 0.5 \times 0.56)}{280 \times (530 - 40)} \\
&= 251.5(\text{mm}^2)
\end{aligned}
$$

$$
\begin{aligned}
A_s &= \frac{f_{cd}b\xi_b h_0}{f_{sd}} + \frac{f'_{sd}A'_s}{f_{sd}} \\
&= \frac{9.2 \times 530 \times 0.56 \times 250}{280} + \frac{280 \times 251.5}{280} \\
&= 2689.5(\text{mm}^2)
\end{aligned}
$$

受压钢筋选 2Φ14，提供的 A_s' ＝308mm²，a_s'＝37mm；受拉钢筋选 6Φ24，提供的 A_s ＝2714mm²，布置成两排，所需最小宽度

$$b_{\min} = 2 \times 30 + 2 \times 30 + 3 \times 24 = 192 (\text{mm}) < b = 250 (\text{mm})$$

$$a_s = 30 + 24 + 30/2 = 69 (\text{mm})$$

$$h_0 = 600 - 69 = 531 (\text{mm})$$

（2）对已设计好的截面进行承载力计算，由式（3.4.6）求得混凝土受压区高度

$$x = \frac{f_{sd}A_s - f_{sd}'A_s'}{f_{cd}b} = \frac{280 \times 2714 - 280 \times 308}{9.2 \times 250}$$

$$= 292.9 (\text{mm}) < \xi_b h_0 = 0.56 \times 531 = 297.36 (\text{mm})$$

截面所能承担的计算弯矩由式（3.4.5）求得

$$M_d' = f_{cd}bx\left(h_0 - \frac{x}{2}\right) + f_{sd}'A_s'(h_0 - a_s')$$

$$= 9.2 \times 250 \times 292.9 \times \left(531 - \frac{292.9}{2}\right) + 280 \times 308 \times (531 - 38)$$

$$= 299.3 \times 10^3 (\text{N} \cdot \text{m})$$

$$= 299.3 (\text{kN} \cdot \text{m}) > 295 (\text{kN} \cdot \text{m})$$

因此，结构是安全的。

第五节　T 形截面承载力计算

一、概述

由于受弯构件在破坏时截面受拉区混凝土早已开裂而不考虑其抗拉作用，拉力全部由钢筋承受。因此，在矩形截面受弯构件的受拉区，混凝土对正截面抗弯承载力计算是不起作用的，如果将受拉区混凝土的一部分挖去，形成 T 形截面，如图 3.5.1 所示，而将原有的纵向受拉钢筋集中布置在梁肋（或腹板）下部，以承担拉力；翼缘受压，梁肋联系受压区混凝土和受拉钢筋，并承担剪力。T 形截面梁与矩形截面梁相比，不仅承载力不会降低，截面的抗弯承载力与原有矩形截面完全相同，而且能够节省混凝土，减轻构件自重。因此，T 形截面梁在工程上应用广泛。除独立 T 形截面梁以外，槽形板、圆形板、箱形截面梁、工字形截面梁等都可按 T 形截面计算。

T 形截面中，板的悬出部分称为翼缘，其中间部分称为梁肋或腹板。有时为了增强翼缘与梁肋之间的联系，在其连接处设置斜托，称为承托，如图 3.5.2 所示。

钢筋混凝土受弯构件常采用肋形结构，例如桥梁结构中的桥面板和支承的梁，浇筑成整体，形成平板下有若干梁肋的结构。在荷载作用下，板与梁共同弯曲。在正弯矩作用下，梁的上部受压，位于受压区的板将参与工作而成为梁有效截面的一部分，梁的截面成为 T 形截面；在负弯矩作用下，位于梁上部的板受拉后混凝土开裂，不起受力作用，梁的有效截面成为与梁肋等宽的矩形截面。换句话说，判断一个截面在计算时是否属于 T 形截面，不是看截面本身的形状，而是看混凝土受压区的形状。从这种意义上讲，空心板、工字形梁、T 形梁、箱形梁等，在承受正弯矩时，混凝土受压区的形状与 T 形截面相同，计算时都可按

等效的 T 形截面处理。

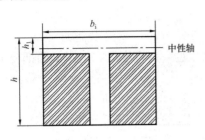

图 3.5.1　T 形截面

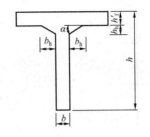

图 3.5.2　有承托的 T 形截面梁

下面以板宽为 b_i 的空心板截面为例，将其换算成等效工字形截面，计算中即可按 T 形截面处理。

设空心板截面高度为 h，圆孔直径为 D，孔洞重心距板截面上、下边缘距离分别为 Y_1 和 Y_2，如图 3.5.3 所示。

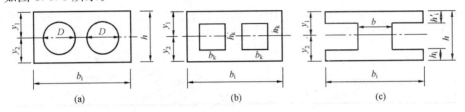

图 3.5.3　空心板截面换算成等效工字形截面

将空心板截面换算成等效的工字形截面的方法，是根据面积、惯性矩和形心位置不变的原则，将空心板的圆孔（直径为 D）换算成 $b_k \times h_k$ 矩形孔，可按下式计算：

按面积相等

$$b_k \times h_k = \frac{\pi}{4}D^2$$

按惯性矩相等

$$\frac{1}{12}b_k h_k = \frac{\pi}{64}D^4$$

联立求解上述两式，可得

$$h_k = \frac{\sqrt{3}}{2}D,\ b_k = \frac{\sqrt{3}}{6}\pi D$$

这样，在空心板截面宽度、高度及圆孔的形心位置都不变的条件下，等效工字形截面尺寸为：

上翼板厚度

$$h'_i = y_1 - \frac{1}{2}h_k = y_1 - \frac{\sqrt{3}}{4}D$$

下翼板厚度

$$h_i = y_2 - \frac{1}{2}h_k = y_2 - \frac{\sqrt{3}}{4}D$$

腹板厚度

$$b = b_i - 2b_k = b_i - \frac{\sqrt{3}}{3}\pi D$$

换算工字形截面见图 3.5.3（c）。当空心板截面孔洞为其他形状时，均可按上述原则换算成相应的等效工字形截面。在异号弯矩作用时，工字形截面总有上翼板或下翼板位于受压区，故正截面承载力可按 T 形截面计算。

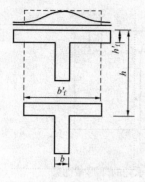

图 3.5.4　T 形截面梁翼缘
板上压应力分布图

二、受压区翼缘的计算宽度及截面类型

根据试验与理论分析，T 形截面梁受力后截面受压区翼缘上的纵向压应力并不是均匀分布的，离梁肋越远则纵向压应力越小（见图 3.5.4）。当翼缘超过一定宽度后，远离梁肋部分的翼缘参加承压工作的作用就很小，其分布规律主要取决于截面与跨径（长度）的相对尺寸、翼缘板厚度、支撑条件等。在设计计算中为了便于计算，根据等效受力原则，将翼缘宽度限制在一定范围内称为受压翼缘的计算宽度或有效宽度，并以符号 b'_i 表示。在 b'_i 范围内的翼板可认为是全部参与工作，其压应力是均匀分布的，在此范围以外的部分，则不考虑其参与工作，如图 3.5.5 所示。

JTG D62—2004 规定，T 形和工字形截面梁的内梁翼缘有效宽度 b'_i，可取用下列三者之最小者。

（1）对于简支梁，取计算跨径的 1/3。对于连续梁，各中间跨和边跨正弯矩区段分别取该跨计算跨径的 0.2 倍和 0.27 倍，各中间支点负弯矩区段则取该支点相邻两跨计算跨径之和的 0.07 倍。

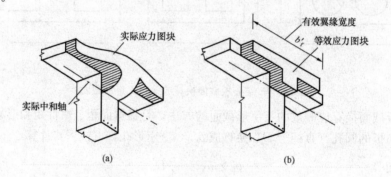

图 3.5.5　T 形截面的应力分布图

（2）$(b+2b_h+12h'_f)$，当 $h_h/b_h \geqslant 1/3$ 时，取 $b_h = 3h_h$，此处 b、b_h、h'_f 如图 3.5.2 所示。

（3）相邻两梁的平均间距。边梁翼缘的有效宽度取相邻内梁腹板间中距的一半，加边梁腹板宽度的一半再加上外侧悬臂板平均厚度的 6 倍或外侧悬臂板实际宽度两者中的较小者。

对超静定结构进行作用（或荷载）效应分析时，T 形和工字形截面梁的翼缘宽度可取全宽。

三、基本计算公式

T 形截面受压区很大，混凝土足够承担压力，一般不需设置受压钢筋，设计成单筋截面即可。T 形截面受弯构件的计算方法随中性轴位置的不同可分为两种类型：中性轴位于翼缘内（$x \leqslant h'_f$）和中性轴位于梁肋内（$x \geqslant h'_f$），如图 3.5.6 所示。

（一）第一类 T 形截面

第一类 T 形截面中性轴位于翼缘内，即受压区高度 $x \leqslant h'_f$，受压区为矩形。因中性轴以下部分的受拉混凝土不起作用，故与正截面承载力计算是无关的。因此，这种截面虽其外形为 T 形，但其受力机理却与宽度为 b'_f、高度为 h 的矩形截面相同，仍可按矩形截面进行正截面承载力计算。

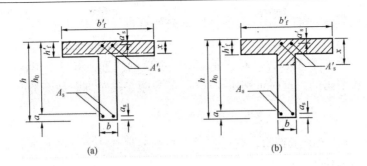

图 3.5.6 两类 T 形截面
(a) 第一类 T 形截面；(b) 第二类 T 形截面

在应用前面介绍的关于矩形截面的计算公式对此种类型 T 形截面梁进行计算时，原则上也应满足 $\rho_{\min} \leqslant \rho \leqslant \rho_{\max}$ 的要求。

因 $x \leqslant h'_f$ 一般均能满足 $x \leqslant \xi_b h_0$ 的条件，故可不必验算 $\rho \leqslant \rho_{\max}$。验算 $\rho \geqslant \rho_{\min}$ 时，应注意此处 ρ 是相对梁肋部分计算的，即 $\rho = A_s / (bh_0)$，而不是相应 $b'_f h_0$ 的配筋率。最小配筋率 $\rho_{\min}$ 是根据开裂后梁截面的抗弯承载能力应等于同样截面素混凝土梁抗弯承载能力这一条件得出的，而素混凝土梁的抗弯承载能力主要取决于受拉区混凝土强度等级，T 形截面素混凝土梁的抗弯承载能力与高度为 h、宽度为 b 的矩形截面素混凝土梁的抗弯承载能力接近，因此，在验算 T 形截面的 $\rho_{\min}$ 值时，近似地取肋宽 b 来计算。

（二）第二类 T 形截面

第二类 T 形截面中性轴位于梁肋内，即受压区高度 $x > h'_f$，受压区为 T 形，见图 3.5.6。对于中性轴位于梁肋部分的 T 形截面，可将受压区混凝土压应力的合力分为两部分求得：一部分宽度为肋宽 b、高度为 x 的矩形，一部分宽度为 $(b'_f - b)$、高度为 h'_f 的矩形，其强度计算公式可由平衡条件求得。

由水平力平衡，即 $\sum x = 0$ 得

$$f_{cd}bx + f_{cd}(b'_f - b)h'_f = f_{sd}A_s \tag{3.5.1}$$

由弯矩平衡，即 $\sum M_{A_s} = 0$ 得

$$\gamma_0 M_d = f_{cd}bx\left(h_0 - \frac{x}{2}\right) + f_{cd}(b'_f - b)h'_f\left(h_0 - \frac{h'_f}{2}\right) \tag{3.5.2}$$

式中 h'_f——T 形截面受压区翼缘厚度；

         b'_f——T 形截面受压区翼缘计算宽度。

对于第二种类型 T 形截面的两个基本公式，同样需要满足 $x \leqslant \xi_b h_0$ 和 $\rho \geqslant \rho_{\min}$ 这两个条件。第二类 T 形截面的配筋率较高，在一般情况下 $\rho \geqslant \rho_{\min}$ 均能满足，可不必验算。

四、计算方法

（一）截面设计

T 形截面梁的截面尺寸一般可根据使用及构造要求、经验等拟定。因此，截面设计的主要内容是通过计算确定钢筋截面面积，选择和布置钢筋。

已知：截面尺寸、材料强度、弯矩组合设计值 M_d，求钢筋截面面积 A_s。

（1）假设 a_s。对于空心板等截面，可根据等效工字形截面下翼板厚度 h_i，实际截面中布置一层或布置两层钢筋来假设值 a_s，这与前述单筋矩形截面相同。对于预制或现浇 T 形

截面梁，往往多用焊接钢筋骨架，由于多层钢筋的叠高一般不超过（0.15～0.2）h，故可假设 $a_s=30\text{mm}+$ （0.07～0.1）h。这样可得到有效高度 $h_0=h-a_s$。

（2）判断 T 形截面类型。计算时首先应确定中性轴位置，但是由于钢筋截面面积未知，受压区高度是无法求出的。这时可利用 $x=h'_f$ 的界限条件来判断截面类型。显然，若满足

$$\gamma_0 M_d \leqslant f_{cd} b'_f h'_f \left(h_0-\frac{h'_f}{2}\right) \tag{3.5.3}$$

则 $x \leqslant h'_f$，中性轴位于翼缘板内，其计算方法与截面尺寸为 $b'_f h$ 的单筋矩形截面受弯构件完全相同，此处不再赘述；反之，若

$$\gamma M_d > f_{cd} b'_f h'_f \left(h_0-\frac{h'_f}{2}\right) \tag{3.5.4}$$

则 $x > h'_f$，中性轴位于梁肋内。

（3）当为第二类设计 T 形截面时，应由式（3.5.2）解一元二次方程求得受压区高度 x。

（4）若 $h'_f < x \leqslant \xi h_0$，可将所得 x 值代入式（3.5.1），求得受拉钢筋截面面积 A_s；若 $x > \xi h_0$，则应修改截面，适当加大翼缘尺寸，或设计成双筋 T 形截面。

（5）选择钢筋直径和数量，按照构造要求进行布置。

（二）承载力复核

已知：受拉钢筋面积 A_s 及钢筋布置、截面尺寸和材料强度，求截面的抗弯承载能力。

（1）检查钢筋布置是否符合规范要求。

（2）判断 T 形截面的类型。一般是先按第一类 T 形截面，即宽度为 b'_f 的矩形截面计算受压区高度 x，若满足

$$x=\frac{f_{sd} A_s}{f_{cd} b'_f} \leqslant h'_f \tag{3.5.5}$$

则属第一类 T 形截面，否则属于第二类 T 形截面。

（3）当为第一类 T 形截面时，可按矩形截面的计算方法进行承载力计算。

（4）若 $x > h'_f$，中性轴位于梁肋内，则应按第二类 T 形截面计算。这时，应采用式（3.5.1）重新确定受压区高度

$$x=\frac{f_{sd} A_s - f_{cd}(b'_f-b) h'_f}{f_{cd} b} \tag{3.3.6}$$

若 $x \leqslant \xi_b h_0$，则可按式（3.5.2）求得截面所能承受的计算弯矩

$$M'_d=\frac{1}{\gamma_0}\left[f_{cd} bx\left(h_0-\frac{x}{2}\right)+f_{cd}(b'_f-b) h'_f\left(h_0-\frac{h'_f}{2}\right)\right]$$

按上式求得的截面所能承受的弯矩大于截面所承受的实际弯矩组合设计值，则认为结构是安全的。

例 3.5.1 已知简支梁的计算跨径 $L=12.6\text{m}$，两主梁中心距为 2.1m，其截面尺寸如图 3.5.7 所示。混凝土为 C30，钢筋级别为 HRB400，桥梁结构的重要性系数 $\gamma_0=1.0$，所承受的弯矩组合设计值 $M_d=2800\text{kN·m}$。试设计配筋。

解 （1）确定翼缘板的计算宽度 h'_f。

1）简支梁计算跨径的 1/3 为：12 600/3＝4200（mm）；

2）主梁中心距为 2100mm；

3）$b+12 h'_f=400+12×130=1960$（mm）。

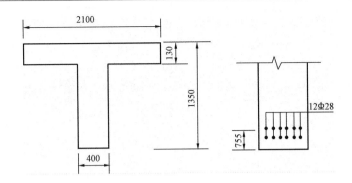

图 3.5.7　截面尺寸图（单位：mm）

所以，取翼缘板的计算宽度 $h'_f = 1960mm$。

（2）判断 T 形截面类型。查表 2.4.5 得 $f_{cd} = 13.8MPa$，$f_{sd} = 330MPa$，$f_{td} = 1.39MPa$，$\xi_b = 0.53$，假定受拉钢筋布置成两排，取 $a_s = 70mm$，$h_0 = h - a_s = 1350 - 70 = 1280mm$，根据式（3.5.3）判断截面类型

$$\frac{1}{\lambda_0} f_{cd} b'_f h'_f \left(h_0 - \frac{h'_f}{2} \right)$$

$$= 13.8 \times 1960 \times 130 \times (1280 - 130/2)/1.0 = 4272.23 \times 10^6 (N \cdot mm)$$

$$= 4272.23 (kN \cdot m) > M_d = 2800 (kN \cdot m)$$

中性轴在翼缘内，属于第 I 类 T 形截面梁，应按 $b'_f h = 1960mm \times 1350mm$ 的矩形截面进行计算。

（3）计算混凝土受压区高度 x。根据式（3.3.6）

$$x = h_0 - \sqrt{h_0^2 - \frac{2\gamma_0 M_d}{f_{cd} b}} = 1280 - \sqrt{1280^2 - \frac{2 \times 1.0 \times 2800 \times 10^6}{13.8 \times 1960}}$$

$$83.61 (mm) < \xi_b h_0 = 0.53 \times 1280 = 678.4 (mm)$$

且 $x < h'_f = 130mm$。

求得所需受拉钢筋截面面积为

$$A_s = \frac{f_{cd} b'_f x}{f_{sd}} = \frac{13.8 \times 1960 \times 83.61}{330} = 6852.98 (mm^2)$$

选 12Φ28，提供的钢筋截面面积 $A_s = 7388.4mm^2$，12 根钢筋布置成两排，每排 6 根，所需截面最小宽度 $b_{min} = 2 \times 30 + 5 \times 30 + 6 \times 30.5 = 393mm < 400mm$，受拉钢筋合力作用点至梁下边缘的距离

$$a_s = 30 + 30.5 + 30/2 = 75.5 (mm)$$

$$h_0 = h - a_s = 1350 - 75.5 = 1274.5 (mm)$$

$$\rho_{min} = 45 \frac{f_{td}}{f_{sd}}\% = 45 \times \frac{1.39}{330}\% = 0.19\% < 0.2\%,$$

取 $\rho_{min} = 0.2\%$

$$\rho = \frac{A_s}{bh_0} = \frac{7388.4}{400 \times 1274.5} = 0.014\,49$$

$$= 1.449\% > \rho_{min} = 0.2\%$$

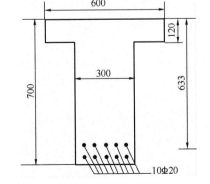

例 3.5.2　T 形截面梁，截面尺寸如图 3.5.8 所示，

图 3.5.8　截面尺寸图（单位：mm）

所承受的弯矩组合设计值 $M_d=520\text{kN}\cdot\text{m}$，拟采用 C30 混凝土、HRB400 级钢筋，桥梁结构重要性系数 $\gamma_0=1.1$。试选择钢筋，并计算截面承载能力。

解 查表 2.4.5，$f_{cd}=13.8\text{MPa}$，$f_{sd}=330\text{MPa}$，$\xi_b=0.53$。假设受拉钢筋排成两排，取 $a_s=70\text{mm}$，梁的有效高度 $h_0=h-a_s=700-70=630\text{mm}$，翼缘计算宽度 $b'_f=b+12h'_f=300+12\times120=1740\text{mm}>600\text{mm}$，故取 $b'_f=600\text{mm}$。

根据式（3.5.4）判断截面类型

$$\frac{1}{\lambda_0}f_{cd}b'_f h'_f\left(h_0-\frac{h'_f}{2}\right)$$

$$=13.8\times600\times120\times(630-120/2)/1.1$$

$$=514.8(\text{kN}\cdot\text{m})<M_d=520(\text{kN}\cdot\text{m})$$

故应按第二类 T 形截面计算。由式（3.5.2）求得混凝土受压区高度

$$M'_d=\frac{1}{\gamma_0}\left[f_{cd}bx\left(h_0-\frac{x}{2}\right)+f_{cd}(b'_f-b)h'_f\left(h_0-\frac{h'_f}{2}\right)\right]$$

代入数据得

$$520\times10^6=\left[13.8\times300x(630-\frac{x}{2})+13.8\times(600-300)\right.$$

$$\left.\times120\times(630-120/2)\right]/1.1x^2-1260x+139\ 528.5=0$$

解方程得

$$x=122.68\ (\text{mm})<\xi_b h_0=0.53\times630=333.9\ (\text{mm})$$

且 $x>h'_f=120\text{mm}$。

由式（3.5.1）求得所需受拉钢筋截面面积为

$$A_s=\frac{f_{cd}bx+f_{cd}(b'_f-b)h'_f}{f_{sd}}$$

$$=\frac{13.8\times300\times122.68+13.8\times(600-300)\times120}{330}$$

$$=3044(\text{mm}^2)$$

选 10 Φ 20，提供的钢筋截面面积 $A_s=3142\text{mm}^2$ 时，10 根钢筋布置成两排，每排 5 根，所需截面最小宽度 $b_{min}=2\times30+4\times30+5\times22=290\text{mm}<h=300\text{mm}$，受拉钢筋合力作用点至梁下边缘距离 $a_s=30+22+30/2=67\text{mm}$，梁的有效高度 $h_0=700-67=633\text{mm}$，实际的受压区高度应由式（3.5.1）求得，即

$$x=\frac{f_{sd}A_s-f_{cd}(b'_f-b)h'_f}{f_{cd}b}$$

$$=\frac{330\times3142-13.8\times(600-300)\times120}{13.8\times300}$$

$$=130.4(\text{mm})>h'_f=120(\text{mm})$$

$$x<\xi_b h_0=0.53\times633=335.49(\text{mm})$$

截面所能承受的计算弯矩为

$$M'_d=\frac{1}{\gamma_0}\left[f_{cd}bx\left(h_0-\frac{x}{2}\right)+f_{cd}(b'_f-b)h'_f\left(h_0-\frac{h'_f}{2}\right)\right]$$

$$\frac{1}{1.1}\left[13.8\times300\times130.4\times\left(633-\frac{130.4}{2}\right)+13.8\times(600-300)\times120\times\left(633-\frac{120}{2}\right)\right]$$

$$=537.5(\text{kN} \cdot \text{m}) > 520(\text{kN} \cdot \text{m})$$

计算结果表明，结构是安全的。

例 3.5.3　预制的钢筋混凝土简支空心板，计算截面尺寸如图 3.5.9（a）所示。计算宽度 $b'_f = 1\text{m}$，截面高度 $h = 450\text{mm}$，混凝土强度等级为 C30，钢筋级别为 HRB400，板所承受的弯矩组合设计值 $M_d = 500\text{kN} \cdot \text{m}$。试进行配筋计算。

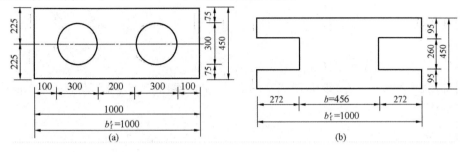

图 3.5.9　截面尺寸图（单位：mm）

解　查表 2.4.5，$f_{cd} = 13.8\text{MPa}$，$f_{sd} = 330\text{MPa}$，$\xi_b = 0.53$，$\gamma_0 = 1.0$。

为了便于进行计算，先将空心板截面换算成等效工字形截面。$y_1 = y_2 = \dfrac{1}{2} \times 450 = 225 \text{ mm}$，等效工字形截面尺寸如图 3.5.9（b）所示。

上翼板厚度

$$h'_f = y_1 - \frac{\sqrt{3}}{4}D = 225 - \frac{\sqrt{3}}{4} \times 300 \approx 95(\text{mm})$$

下翼板厚度

$$h_f = y_2 - \frac{\sqrt{3}}{4}D = 225 - \frac{\sqrt{3}}{4} \times 300 \approx 95(\text{mm})$$

腹板厚度

$$b = b_f - \frac{\sqrt{3}}{3}\pi D \approx 1000 - \frac{\sqrt{3}}{3} \times 3.14 \times 300 = 456(\text{mm})$$

（1）空心板采用绑扎钢筋骨架，一层受拉主筋。假设 $a_s = 40\text{mm}$，则有效高度 $h_0 = h - a_s = 450 - 40 = 410\text{mm}$。

（2）判断 T 形截面类型。由式 $M_d \leqslant \dfrac{1}{\gamma_0} f_{cd} b'_f h'_f \left(h_0 - \dfrac{h'_f}{2}\right)$ 的右边可得

$$\frac{1}{\gamma_0} f_{cd} b'_f h'_f \left(h_0 - \frac{h'_f}{2}\right) = \frac{1}{1.0} \times 13.8 \times 1000 \times 95 \times \left(410 - \frac{95}{2}\right)$$

$$= 475.24(\text{kN} \cdot \text{m}) < M_d = 500(\text{kN} \cdot \text{m})$$

故属于第二类 T 形截面。

（3）求受压区高度 x。由式　$\gamma_0 M_d = f_{cd} b x \left(h_0 - \dfrac{x}{2}\right) + f_{cd}(b'_f - b)h'_f\left(h_0 - \dfrac{h'_f}{2}\right)$ 得

$$1.0 \times 500 \times 10^6 = 13.8 \times 456x\left(410 - \frac{x}{2}\right) + 13.8 \times (1000 - 456) \times 95 \times \left(410 - \frac{95}{2}\right)$$

整理后得到

$$x^2 - 820x + 76\ 745 = 0$$

解得方程的合适解为

$$x = 121 \text{mm} \begin{cases} > h'_\text{f} = 95 \text{mm} \\ < 0.53 h_0 = 217.3 \text{mm} \end{cases}$$

（4）受拉钢筋截面面积计算

$$A_\text{s} = \frac{f_\text{cd} bx + f_\text{cd}(b'_\text{f} - b)h'_\text{f}}{f_\text{sd}}$$

$$= \frac{13.8 \times 456 \times 121 + 13.8 \times 95 \times (1000 - 456)}{330}$$

$$= 4469 (\text{mm}^2)$$

现选择 8 Φ 24 + 4 Φ 18，提供面积 $A_\text{s} = 4637 \text{mm}^2$。混凝土保护层厚度 $c = 25 \text{mm}$，如图 3.5.10 所示。

钢筋净间距 $s_\text{n} = \dfrac{1000 - 2 \times 25 - 8 \times 24 - 4 \times 20}{11} = 61.6 \text{mm} > 30 \text{mm}$ 及 $d = 24 \text{mm}$，故满足要求。

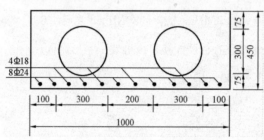

图 3.5.10　截面尺寸图（mm）

思 考 题

1. 受弯构件常用截面形式和尺寸、保护层厚度、受力钢筋直径、间距和配筋率等构造要求分别是什么？

2. 箍筋的一般构造要求是什么？

3. 受弯构件中的适筋梁从加载到破坏经历哪几个阶段？各阶段正截面上应力-应变分布、中心轴位置、梁的跨中最大挠度的变化规律是怎样的？各阶段的主要特征是什么？每个阶段是哪种极限状态的计算依据？

4. 钢筋混凝土梁正截面应力-应变状态与匀质弹性材料梁（如钢梁）有什么主要区别？

5. 受弯构件正截面承载力计算有哪些基本假定？

6. 钢筋混凝土梁正截面有几种破坏形式？各有何特点？

7. 截面尺寸如图思考题图 3.7.1 所示。根据配筋量不同的 4 种情况，回答下列问题：

（1）各截面破坏原因和破坏性质有何不同？

（2）破坏时钢筋应力大小如何？

（3）破坏时钢筋和混凝土强度是否被充分利用？

（4）受压区高度大小有何不同？

（5）开裂弯矩大致相等吗？为什么？

（6）若混凝土强度等级为 C20，钢筋级别为 HPB235，各截面的破坏弯矩怎样？

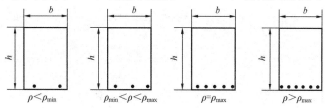

思考题图 3.7.1　截面尺寸

8．什么是配筋率？配筋率对梁的正截面承力有何影响？

9．说明少筋梁、适筋梁与超筋梁的破坏特征有何区别？

10．筋混凝土梁正截面应力、应变发展至第 IIIa 阶段时，受压区的最大压应力在何处？最大压应变在何处？

11．梁、板中混凝土保护层的作用是什么，其最小值是多少？对梁内受力主筋的直径、净距有何要求？

12．适筋梁正截面受力全过程可划分为几个阶段？各阶段的主要特点是什么？与计算有何联系？

13．适筋梁当受拉钢筋屈服后能否再增加荷载？为什么？少筋梁能否这样？为什么？

1．有一单筋矩形截面受弯构件，其截面尺寸 $b=25\text{cm}$，$h=50\text{cm}$，承受的计算弯矩为 $M_d=180\text{kN}\cdot\text{m}$，拟采用 HRB335 级钢筋，C25 混凝土，试求受拉钢筋截面面积 A_s。

2．一单筋矩形截面梁，截面尺寸 $b\times h=25\text{cm}\times50\text{cm}$，混凝土强度等级为 C25，钢筋级别为 4B18，$a_s=4\text{cm}$，试求所能承受的弯矩。

3．已知双筋矩形截面梁，其截面尺寸为 $b=18\text{cm}$，$h=40\text{cm}$，承受的计算弯 $M_d=150\text{kN}\cdot\text{m}$，混凝土强度等级为 C30，受压钢筋采用 HRB335 级钢筋，为 2 Φ 16，受拉钢筋采用 HRB335 级钢筋，求受拉钢筋截面面积 A_s。

4．有一矩形截面梁，截面尺寸 $b=20\text{cm}$，$h=45\text{cm}$，承受的计算弯矩 $M_d=160\text{kN}\cdot\text{m}$；混凝土强度等级为 C25，钢筋级别为 HRB335，试求钢筋截面面积。

5．已知双筋矩形截面梁的截面尺寸为 $b=20\text{cm}$，$h=50\text{cm}$，混凝土强度等级为 C25，钢筋级别为 HRB335，$A_s=18.84\text{cm}^2$，$a_s=62\text{cm}$，$A_s'=7.63\text{cm}^2$，$a_s'=4\text{cm}$。承受的计算弯矩 $M_d=195\text{kN}\cdot\text{m}$。求此梁所能承受的最大计算弯矩，并复核截面强度。

6．已知一双筋矩形截面梁，截面尺寸 $b=20\text{cm}$，$h=55\text{cm}$，采用 C25 混凝土，HRB335 级钢筋，$A_s=19\text{cm}^2$，$a_s=6\text{cm}$，$A_s'=15\text{cm}^2$，$a_s=4\text{cm}$。求承截面所能承受的最大计算弯矩。

7．已知 T 形截面梁的翼缘宽 $b_f'=200\text{cm}$，$h_f'=15\text{cm}$，梁肋 $b=20\text{cm}$，梁高 $h=60\text{cm}$，混凝土强度等级为 C25，钢筋级别为 HRB335，所需承受的最大弯矩 $M_d=28\times10^4\text{N}\cdot\text{m}$。试计算所需纵向受拉钢筋截面面积 A_s。

第四章　钢筋混凝土受弯构件斜截面承载力计算

第一节　概　　述

钢筋混凝土受弯构件在荷载作用下，梁的横截面上除了由弯矩产生正应力外，还有由剪力在该截面上产生的剪应力。在弯曲正应力和剪应力的共同作用下，受弯构件会产生与纵轴斜交的主拉应力与主压应力。由于混凝土材料的抗拉强度很低，当主拉应力达到其抗拉极限强度时，就会出现垂直于主拉应力方向的斜向裂缝，并导致沿斜截面破坏。因此，钢筋混凝土受弯构件除应进行正截面承载力计算外，尚需对弯矩和剪力同时作用的区段，进行斜截面承载力计算。

为了使梁沿斜截面不发生破坏，除了在构造上使梁具有合理的截面尺寸外，通常在梁内设置箍筋和弯起钢筋（斜筋），以增强斜截面的抗拉能力。箍筋、弯起钢筋与纵向受力主钢筋及其他构造钢筋（如架立钢筋）焊接或绑扎在一起，形成钢筋骨架。对于钢筋混凝土板，一般正截面承载力起控制作用，通常不需要设置箍筋和弯起钢筋。

受弯构件斜截面承载力计算包括两方面内容，即斜截面抗剪承载力计算与斜截面抗弯承载力计算。但是在一般情况下，对于斜截面的抗弯承载力，只需通过满足构造要求来保证，而不必进行验算。

第二节　受弯构件斜截面的受力特点和破坏形态

钢筋混凝土梁的箍筋和弯起（斜）钢筋都起抗剪作用，一般把箍筋和弯起（斜）钢筋统称为梁的腹筋或剪力钢筋。把配有纵向受力钢筋和腹筋的梁称为有腹筋梁，把仅有纵向受力钢筋而不设腹筋的梁称为无腹筋梁。

一、斜截面破坏形态

承受作用（荷载）的钢筋混凝土受弯构件的斜截面破坏与弯矩和剪力的组合情况有关，这种关系通常用剪跨比来表示。所谓剪跨比，是指梁承受集中荷载时集中力作用点到支点的距离 a（一般称为剪跨）与梁的有效高度 h_0 之比，即 $m = a/h_0$。显然，剪跨 a 应等于该截面的弯矩与剪力之比，这样，剪跨比也可表示为 $m = M_d/(V_d h_0)$。对于其他荷载情况，也可用 $m = M_d/(V_d h_0)$ 表示，并定义为广义剪跨比。

由于各种因素的影响，钢筋混凝土梁斜裂缝的出现与发展及梁沿斜截面的破坏形态将呈现很大的差异。试验观测表明，梁的斜截面受剪破坏大致可以归纳为下列三种主要破坏形态。

（一）斜拉破坏

斜拉破坏发生在无腹筋梁或腹筋配得很少的有腹筋梁中，一般出现在剪跨比 $m>3$ 的情况。此时，斜裂缝一出现，有一条裂缝很快地斜向伸展到集中荷载作用点处（垂直于主拉应力方向），形成所谓的临界斜裂缝，并迅速延伸到集中荷载作用点，将梁沿斜向拉成两部分而破坏，如图 4.2.1（a）所示。斜拉破坏时所施加的荷载一般仅稍高于斜裂缝出现时的荷载，破坏是在无预兆的情况下突然发生的，属于脆性破坏。由于这种破坏的危险性较大，在设计中应避免。

（二）剪压破坏

当腹筋配置适当或无腹筋梁剪跨比大致在 $1<m<3$ 的情况下，随着荷载的增加，首先出现了一些垂直裂缝和微细的倾斜裂缝。随着荷载的进一步增加，斜裂缝向集中荷载的作用点处伸展，这种斜裂缝可能不只一条。当荷载增加到一定程度时，在众多斜裂缝中形成一条延伸较长、扩展较宽的主要斜裂缝，即临界斜裂缝。此时的临界斜裂缝一般不贯通至梁顶，而在集中荷载作用点下面维持有一定的受压区高度。临界斜裂缝出现后，梁还能继续增加荷载，斜裂缝向上伸展，与斜裂缝相交的腹筋应力迅速增大而达到屈服强度，荷载主要由剪压区的混凝土承受，斜裂缝继续向上延伸，剪压区面积减小，最后使混凝土在弯矩和剪力的作用下，即在压应力和剪应力的复合作用下达到混凝土复合受力时的极限强度而破坏，如图 4.2.1（b）所示。所以，剪压破坏时所施加的荷载明显地大于斜裂缝出现时的荷载。剪压破坏具有明显的破坏征兆，属于塑性破坏，是设计中普遍要求的情况。

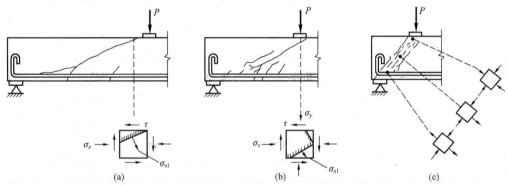

图 4.2.1　斜截面破坏形态
(a) 斜拉破坏；(b) 剪压破坏；(c) 斜压破坏

（三）斜压破坏

当剪跨比较小（$m\leqslant1$）或者腹筋配置过多，腹板很薄时，会由于主压应力过大而造成腹板斜向压坏，如图 4.2.1（c）所示。它的特点是随着荷载的增加，首先在加载点和支座之间出现一条斜裂缝，然后出现若干条大致平行的斜裂缝，梁腹板被一系列平行的斜裂缝分割成许多倾斜的受压短柱，最后，混凝土在弯矩和剪力的复合作用下被压碎而破坏。斜压破坏一般发生在剪力大、弯矩小的区段内，破坏时腹筋的应力尚未达到屈服强度。破坏性质类似于正截面的超筋梁破坏，在设计中应设法避免。

除了上述三种主要的破坏形态以外，还可能出现其他破坏形态，如纵向受拉钢筋的锚固破坏或局部挤压破坏等。

对于上述几种不同的破坏形态，设计时可以采用不同的方法加以考虑，以保证构件在正常工作情况下具有足够的强度。例如，当梁内保持一定的箍筋最小配筋率，且采用的箍筋间距不是过大时，就可防止发生斜拉破坏；当控制了梁的最小截面以后，就可以防止发生小剪跨比时的斜压破坏。然而，剪压破坏是最常遇到的一种斜截面破坏形态，而且其抗剪能力的变化幅度较大，因此，在进行钢筋混凝土受弯构件设计时，应进行必要的斜截面强度计算，以保证构件具有一定的抗剪能力。此外，还应按规定满足纵向受拉承载力要求：

（1）避免发生斜拉破坏，设计时，对有腹筋梁，必须控制箍筋的用量不能太少，即箍筋的配筋率必须不小于规定的最小配筋率。

（2）为避免发生斜压破坏，设计时，必须限制箍筋的用量不能太多，也就是必须对构件的截面尺寸加以验算，控制截面尺寸不能过小。

斜拉破坏和斜压破坏用这些构造规定予以避免后，下面所述及的斜截面承载力计算公式实质上只是针一对剪压破坏建立的。

二、影响钢筋混凝土受弯构件斜截面抗剪承载力的主要因素

影响钢筋混凝土受弯构件斜截面抗剪强度的因素很多，但至今还没有一个被公认为最合理、最适用的计算方法。因此，目前关于斜截面抗剪承载力的计算公式都还是采用半经验半理论的公式。

目前比较普遍的观点是，影响斜截面抗剪承载力的主要因素有剪跨比、混凝土强度等级、箍筋及纵向钢筋的配筋率等。其中最重要的是剪跨比的影响。剪跨比的数值，实际上反映了该截面的弯矩和剪力的数值比例关系。试验研究表明，剪跨比越大，抗剪能力越小，当剪跨比 $m = M_d / (V_d h_0) > 3$ 以后，抗剪能力基本上不再变化。

第三节　受弯构件斜截面抗剪承载力计算

钢筋混凝土梁沿斜截面的主要破坏形态有斜压破坏、斜拉破坏和剪压破坏等。对斜拉破坏和斜压破坏，一般利用构造措施和截面限制条件予以避免。在设计时，通过配置构造箍筋，可避免发生斜拉破坏，控制截面尺寸不致过小时，可以防止发生斜压破坏。对于常见的剪压破坏，由于发生这种破坏形态时，梁的斜截面抗剪能力变化幅度较大，故必须进行斜截面抗剪承载力的计算。JTG D62—2004 的基本公式就是根据这种破坏形态的受力特征而建立的。

一、斜截面抗剪承载力计算的基本公式

配有箍筋和弯起钢筋的简支梁，当发生剪压破坏时，斜截面所承受的总剪力由剪压区混凝土、箍筋和弯起钢筋三者共同承担（见图 4.3.1）。因此，矩形和 T 形截面的受弯构件，当配置有箍筋和弯起钢筋时，其斜截面抗剪承载力应按式（4.3.1）进行验算，即

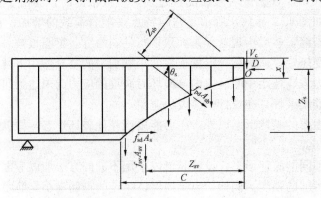

图 4.3.1　斜截面抗剪承载力验算

$$\gamma_0 V_d \leqslant V_c + V_{sb} + V_{sv} = V_{cs} + V_{sb} \tag{4.3.1}$$

式中　V_d——斜截面受压端正截面上由作用（或荷载）产生的最大剪力组合设计值（kN）；

　　　V_c——截面内混凝土的抗剪承载力设计值（kN）；

　　　V_{sv}——斜截面内箍筋的抗剪承载力设计值（kN）；

　　　V_{cs}——斜截面内混凝土和箍筋共同的抗剪承载力设计值（kN）；

　　　V_{sb}——与斜截面相交的弯起钢筋抗剪承载力设计值（kN）。

（一）混凝土和箍筋的抗剪能力

普遍地认为剪跨比、混凝土强度等级和纵向钢筋配筋率是影响混凝土抗剪强度的主要因素。

混凝土强度直接影响斜截面的抗剪强度，混凝土强度越高，其受压、受剪及剪压状态的极限强度就越高。试验表明，混凝土的抗剪强度与混凝土强度的平方根（$\sqrt{f_{cu,k}}$）成正比。纵向钢筋可以约束裂缝的开展，阻止中性轴上升，保证受压区混凝土的抗剪作用，因此纵向钢筋配筋率 ρ 的大小也影响混凝土的抗剪能力。

JTG D62—2004 采用的计算混凝土和箍筋共同抗剪能力的公式为

$$V_{cs} = \alpha_1 \alpha_2 \alpha_3 0.45 \times 10^{-3} b h_0 \sqrt{(2+0.6p)\sqrt{f_{cu,k}} \rho_{sv} f_{sv}} \tag{4.3.2}$$

式中　α_1——异号弯矩影响系数，计算简支梁和连续梁近边支点梁段的抗剪承载力时，α_1=1.0；计算连续梁和悬臂梁近中间支点梁段的抗剪承载力时，α_1=0.9；

　　　α_2——预应力提高系数，对钢筋混凝土受弯构件 α_2=1.0，对预应力混凝土受弯构件，α_2=1.25，但当由钢筋合力引起的截面弯矩与外弯矩的方向相同时，或对于允许出现裂缝的预应力混凝土受弯构件，取 α_2=1.0；

　　　α_3——受压翼缘的影响系数，取 α_3=1.1；

　　　b——斜截面受压端正截面处矩形截面宽度，或 T 形和工字形截面腹板宽度（mm）；

　　　h_0——斜截面受压端正截面的有效高度，自纵向受拉钢筋合力点至受压边缘的距离（mm）；

　　　p——斜截面内纵向受拉钢筋的配筋率，$p=100\rho$，$\rho=(A_p+A_{pb}+A_s)/(bh_0)$，当 $p>2.5$ 时，取 $p=2.5$；

　　　$f_{cu,k}$——边长为 150mm 的混凝土抗压强度标准值（MPa），即为混凝土强度等级；

　　　ρ_{sv}——斜截面内箍筋配筋率，如图 4.3.2 所示，$\rho_{sv}=A_{sv}/(s_v b)$；

　　　f_{sv}——箍筋抗拉强度设计值，按表 2.4.6 采用，但取值不宜大于 280MPa；

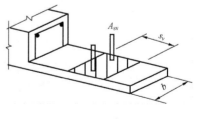

图 4.3.2　箍筋配筋率面积

　　　A_{sv}——斜截面内配置在同一截面的箍筋各肢总截面面积（mm²）；

　　　s_v——斜截面内箍筋的间距（mm）。

（二）弯起钢筋的抗剪能力 V_{sb}

弯起钢筋对斜截面的抗剪作用，应为弯起钢筋抗拉承载能力在竖直方向的分量，再乘以应力不均匀系数 0.75，其数值为

$$V_{sb} = 0.75 \times 10^{-3} f_{sd} \sum A_{sb} sin\theta_s \tag{4.3.3}$$

式中　A_{sb}——斜截面内在同一弯起平面的普通弯起钢筋截面面积（mm²）；

　　　　θ_s——普通弯起钢筋（在斜截面受压端正截面处）的切线与水平线的夹角。

　　于是，配有箍筋和弯起钢筋的受弯构件，其斜截面抗剪强度计算公式为

$$\gamma_0 V_d \leqslant V_{cs} + V_{sb} \tag{4.3.4}$$

二、计算公式的适用条件

　　式（4.3.4）是根据混凝土梁剪压破坏时的受力特点及试验研究资料拟定的，因此它仅在一定的条件下才适用。应用式（4.3.4）时，必须确定该公式的适用范围，即公式的上、下限值。

　　（一）上限值—截面最小尺寸

　　试验表明，当梁内抗剪钢筋的配筋率达到一定程度后，即使再增加抗剪钢筋，梁的抗剪能力也不再增加，破坏时箍筋的应力也达不到屈服强度，混凝土却受斜压或劈裂而导致破坏，这种梁的抗剪承载力取决于混凝土的抗压强度等级及梁的截面尺寸，且这种破坏属于突发性的脆性破坏。为了防止此类破坏，JTG D62—2004 规定了截面尺寸的限制条件，抗剪上限值的限制。

　　矩形、T 形和工字形截面的钢筋混凝土受弯构件的抗剪强度计算公式为

$$\gamma_0 V_d \leqslant 0.51 \times 10^{-3} \sqrt{f_{cu,k}} b h_0 \tag{4.3.5}$$

式中　V_d——验算截面处由作用（或荷载）产生的剪力组合设计值（kN）；

　　　　b——相应于剪力组合设计值处的矩形截面宽度或 T 形、工字形截面腹板宽度（mm）；

　　　　h_0——相应于剪力组合设计值处的截面有效高度，即自纵向受拉钢筋合力点至受压边缘的距离（mm）。

　　对变高度（承托）连续梁，除验算近边支点梁段的截面尺寸外，尚应验算截面急剧变化处的截面尺寸。

　　如果不能满足式（4.3.5），则应增大构件的截面尺寸。

　　（二）下限值与最小配箍率 $\rho_{sv,min}$

　　试验表明，在混凝土尚未出现斜裂缝以前，梁内的主拉应力主要由混凝土所承受，箍筋的应力很小；当斜裂缝出现后，斜裂缝处的主拉应力将全部转由箍筋承受。如果箍筋配置过少，一旦斜裂缝出现，箍筋的拉应力就可能立即达到屈服强度，以至于不能进一步抑制斜裂缝的延展，甚至会出现因箍筋被拉断而导致混凝土梁的斜拉破坏。这种破坏是一种无预兆的脆性破坏。当混凝土梁内配置一定数量的箍筋，而且箍筋的间距又不太大时，就可以避免发生斜拉破坏。

　　JTG D62—2004 规定，矩形、T 形和工字形截面的受弯构件，当符合下列公式要求时，则不需要进行斜截面抗剪承载力计算，而仅按构造要求配置箍筋，即

$$\gamma_0 V_d \leqslant 0.50 \times 10^{-3} \alpha_2 f_{td} b h_0 \tag{4.3.6}$$

式中　f_{td}——混凝土的抗拉强度设计值（MPa）；其余符号意义同前。

　　式（4.3.6）实际上是规定了梁的抗剪承载力的下限值。对于板式受弯构件，混凝土的抗剪下限值可按式（4.3.6）提高 25%。

当受弯构件的设计剪力 V_d 符合式（4.3.6）的条件时，按构造要求配置箍筋，并应满足最小配箍率 $\rho_{sv,min}$ 的要求。这是因为混凝土在出现斜裂缝前，主拉应力主要由混凝土承受，箍筋内应力很小，但当裂缝一旦出现，箍筋内应力骤增，箍筋过少不足以抵抗由开裂截面转移过来的斜拉应力，因此必须规定最小箍筋配筋率，考虑在意外荷载下出现斜裂缝时，应由箍筋来负担这时的剪力（主拉应力）。JTG D62—2004 规定的最小配箍率为：

$$R235 \qquad \rho_{sv,min} \geqslant 0.001\ 8 \qquad\qquad (4.3.7a)$$

$$HRB335 \qquad \rho_{sv,min} \geqslant 0.001\ 2 \qquad\qquad (4.3.7b)$$

在实际设计中，斜截面抗剪承载力计算可分为斜截面抗剪配筋设计和承载力复核两种情况。

三、受弯构件斜截面抗剪配筋设计

受弯构件斜截面抗剪配筋设计，一般是在正截面承载力计算完成后进行的。受弯构件正截面承载力计算包括选用材料、确定截面尺寸、布置纵向主钢筋等，但是，它们并不一定满足混凝土的抗剪上限值的要求，即应利用式（4.3.5）对正截面承载力计算结果已选定的混凝土强度等级与截面尺寸作进一步验算。验算通过后，按式（4.3.6）计算分析受弯构件是否需要配置抗剪腹筋。本节将介绍对于受弯构件的剪力设计值 V_d 大于受弯构件斜截面抗剪承载力下限值 $0.5 \times 10^{-3}\alpha_2 f_{td}bh_0$ 条件下进行箍筋和弯起钢筋的设计计算方法。

（一）计算剪力的取值规定

此规定仅适用于简支梁梁段，其他种类的梁段见 JTG D62—2004 中的相关规定。

钢筋混凝土受弯构件，按抗剪要求，箍筋、弯起钢筋的布置方式为：箍筋垂直于梁纵轴方向布置；弯起钢筋一般与梁纵轴成 45°角，简支梁第一排（对支座而言）弯起钢筋的末端弯折点应位于支座中心截面处，见图 4.3.3（a），以后各排弯起钢筋的末端弯折点应落在或超过前一排弯起钢筋弯起点截面。

在进行受弯构件斜截面抗剪配筋设计计算时，首先计算出受弯构件支座中心和跨中截面的最大剪力组合设计值 V_d^0 及 $V_d^{1/2}$，以这两点之间的剪力设计值，取沿构件跨径按直线规律变化，绘出图 4.3.3（b）所示的剪力包络图。计算用的剪力取值按下列规定采用：

（1）最大剪力取用距支座中心 $h/2$（梁高一半）处截面的数值，其中混凝土与箍筋共同承担不少于 60%；弯起钢筋（按 45°弯起）承担不超过 40%。

（2）计算第一排（对支座而言）弯起钢筋时，取用距支座中心 $h/2$ 处由弯起钢筋承担的那部分剪力值。

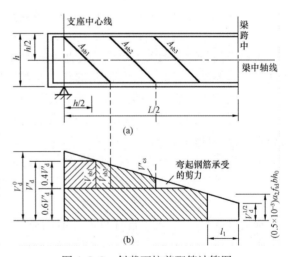

图 4.3.3　斜截面抗剪配筋计算图

V_d^0—由作用（或荷载）引起的支点截面处最大剪力组合设计值；V_d'—用于配筋设计的最大剪力组合设计值，对简支梁，取距支点中心 $h/2$ 处的量值；$V_d^{1/2}$—跨中截面剪力组合设计值；V_{cs}'—由混凝土和箍筋承担的总剪力设计值；V_{sb}'—由弯起钢筋承担的总剪力设计值；V_{sb1}、V_{sb2}、V_{sbi}—由距支座中心 $h/2$ 处第一排弯起钢筋、第二排弯起钢筋、第 i 排弯起钢筋分别承担的剪力设计值；A_{sb1}、A_{sb2}、A_{sbi}—从支点算起的第一排、第二排、第 i 排弯起钢筋截面面积；h—梁全高

（3）计算以后每一排弯起钢筋时，取用前一排弯起钢筋弯起点处由弯起钢筋承担的那部分剪力值。

（二）箍筋和弯起钢筋的设计计算

1. 箍筋设计计算

根据计算剪力的取值规定及式（4.3.2），可得混凝土与箍筋所承担的剪力公式

$$V_{cs} = \alpha_1 \alpha_3 0.45 \times 10^{-3} bh \sqrt{(2+0.6p)\sqrt{f_{cu,k}}\rho_{sv}f_{sv}} \geqslant 0.6\gamma_0 V_d' \qquad (4.3.8)$$

由式（4.3.8）可求得配箍率 ρ_{sv}，根据 $\rho_{sv} = A_{sv}/(S_v b)$，预先选定箍筋种类和直径，可按下式计算箍筋间距

$$s_v = \frac{\alpha_1^2 \alpha_3^2 \times 0.2 \times 10^{-6} \times (2+0.6p)\sqrt{f_{cu,k}}A_{sv}f_{sv}bh_0^2}{(\xi\gamma_0 V_d')^2} \qquad (4.3.9)$$

式中　ξ——抗剪配筋设计的最大剪力设计值分配于混凝土和箍筋共同承担的分配系数，取 $\xi \geqslant 0.6$；

　h_0——抗剪配筋设计的最大剪力截面的有效高度（mm）；

　b——抗剪配筋设计的最大剪力截面的梁腹宽度（mm），当梁的腹板厚度有变化时，取设计梁段最小腹板厚度；

　A_{sv}——配置在同一截面内箍筋总截面面积（mm²）。

同样也可以先假定箍筋的间距 s_v 而求箍筋的截面面积 A_{sv}，最后根据 $A_{sv} = n_{sv} a_{sv}$ 选定箍筋的肢数 n_{sv} 及箍筋的直径 d_{sv} 和每一肢的截面面积 a_{sv}。

箍筋直径不得小于 8mm 或主钢筋直径的 1/4，且应满足斜截面内箍筋的最小配箍率要求，[HPB235 级钢筋不应小于 0.18%]，并宜优先选用螺纹钢筋，以避免出现较宽的斜裂缝。

箍筋的间距不大于梁高的 1/2 且不大于 400mm。当所箍钢筋为按受力需要的纵向受压钢筋时，箍筋间距应不大于受压钢筋直径的 15 倍，且不应大于 400mm，以免受压钢筋失稳屈曲，挤碎混凝土保护层；在钢筋绑扎搭接接头范围内的箍筋间距，当绑扎搭接钢筋受拉时，不应大于主钢筋直径的 5 倍，且不大于 100mm；当搭接钢筋受压时，不应大于主钢筋直径的 10 倍，且不大于 200mm。支点向跨径方向长度相当于不小于一倍梁高范围内，箍筋间距不大于 100mm。

近梁端第一根箍筋应设置在距端面一个混凝土保护层的距离处。梁与梁或梁与柱的交叉范围内，不设梁的箍筋；靠近交接面的箍筋，其与交接面的距离不宜大于 50mm。

2. 弯起钢筋设计计算

根据式（4.3.3）及上述计算剪力值的取值原则"弯起钢筋承担计算剪力的 40%"，则第 i 个弯起钢筋平面内的截面面积可按下式计算

$$A_{sbi} = \frac{\gamma_0 V_{sbi}}{0.75 \times 10^{-3} f_{sd} \sin\theta_s} (\text{mm}^2) \qquad (4.3.10)$$

式中，对于第一排（距支座中心，参见图 4.3.3）弯起钢筋的作用（荷载）效应为

$$V_{sb1} = V_d' - 0.6V_d' = 0.4 \times V_d' \qquad (4.3.11)$$

这里需要注意的是 V_d' 为距支座中心 $h/2$（梁高之半）处的计算剪力。以后各排弯起钢筋的截面面积 A_{sb} 可按照计算剪力的取值规定依次求出，并符合弯起规定。

四、斜截面抗剪承载力复核

对已设计好的受弯构件进行斜截面抗剪承载力复核，通常选择在几个控制截面处进行，

这些截面通常是构件的薄弱环节，或是应力剧变的截面，或是易于产生斜裂缝的地方。JTG D62—2004 规定，受弯构件斜截面抗剪承载力验算的位置应按下列规定采用，如图 4.3.4 所示。

1. 简支梁和连续梁近边支点梁段

（1）距支座中心 $h/2$（梁高一半）处的截面 ［图 4.3.4（a）截面 1-1］。因为越靠近支座，直接支承的压力影响越大，混凝土的抗力越高，不致破坏，而距支座中心 $h/2$ 以外，混凝土抗力急剧降低。

（2）受拉区弯起钢筋弯起点处的截面图 ［4.3.4（a）截面 2-2、3-3］。

（3）锚于受拉区的纵向钢筋开始不受力处的截面 ［图 4.3.4（a）截面 4-4］。

（4）箍筋数量或间距改变处的截面 ［图 4.3.4（a）截面 5-5］。

（5）构件腹板宽度改变处的截面，这里与箍筋数量或间距改变一样，都受到应力剧变、应力集中的影响，都有可能形成构件的薄弱环节，首先出现裂缝。

2. 连续梁和悬臂梁近中间支点梁段

（1）支点横隔梁边缘处截面 ［图 4.3.4（b）截面 6-6］。

（2）变高度梁高度突变处截面 ［图 4.3.4（b）截面 7-7］。

（3）参照简支梁的要求，需要进行验算的截面。

对于此类承载力复核问题，只需将各已知参数代入式（4.3.1）即可求得解答。如不符合这一条件，则应重新设计抗剪钢筋或改变截面尺寸。

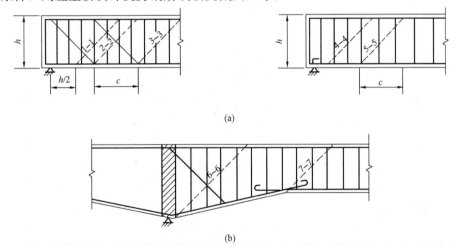

图 4.3.4　斜截面抗剪承载力验算位置示意图

（a）简支梁和连续梁近边支点梁段；（b）连续梁和悬臂梁近中间支点梁段

第四节　受弯构件斜截面抗弯承载力计算

在钢筋混凝土受弯构件中，斜裂缝的产生与开展除了可能引起斜截面受剪破坏外，还可能引起斜截面受弯破坏，因此还应进行斜截面抗弯承载力计算。

如图 4.3.1 所示，受弯构件沿斜截面弯曲破坏时，斜裂缝左右的两部分环绕裂缝顶端的压力中心 O（铰）转动。破坏时纵向受拉钢筋、箍筋及弯起钢筋基本上都可以达到抗拉强度设计值，只有靠近斜裂缝顶端的少数箍筋与弯起钢筋的应力较小。但这两种钢筋发生的抵抗力矩相对来说影响较小，为简化计算，都不考虑应力不均匀系数。

受弯构件斜截面抗弯承载力计算的基本公式，由对受压区压力作用点 O 的弯矩平衡条件 $\sum M_0 = 0$ 可得（见图 4.3.1）

$$\gamma_0 M_d \leqslant M_R = f_{sd} A_s Z_s + \sum f_{sd} A_{sb} Z_{sb} + \sum f_{sv} A_{sv} Z_{sv} \qquad (4.3.12)$$

式中　M_d——斜截面受压端正截面的最大弯矩组合设计值；

　　　Z_s——纵向普通受拉钢筋合力点至受压区中心点 O 的距离；

　　　Z_{sb}——与斜截面相交的同一弯起平面内普通弯起钢筋合力点至受压区中心点 O 的距离；

　　　Z_{sv}——与斜截面相交的同一平面内箍筋合力点至斜截面受压端的水平距离；

　　　M_R——斜截面所能承受的力矩。

其他符号意义同前。

受压区中心点 O 由受压区高度 x 决定。受压区高度 x 可利用所有作用于斜截面上的力对构件纵轴的投影之和为零的平衡条件 $\sum H = 0$ 求得，即

$$f_{sd} A_s + \sum f_{sd} A_{sb} \cos\alpha = f_{cd} A_c \qquad (4.3.13)$$

式中　α——与斜截面相交的弯起钢筋与构件纵轴的夹角；

　　　A_c——受压区混凝土面积，矩形截面 $A_c = bx$，T 形截面 $A_c = bx + (b'_f - b) h'_f$。

沿斜截面弯曲破坏的位置，通常都认为是在构件最薄弱的地方，一般是对受拉区抗弯薄弱处，自下向上沿斜向计算几个不同角度的斜截面，按下列公式试算确定最不利的斜截面水平投影长度，即

$$\gamma_0 V_d = \sum f_{sd} A_{sb} \sin\theta_s + \sum f_{sv} A_{sv} \qquad (4.3.14)$$

式中　V_d——斜截面受压端正截面相应于最大弯矩组合设计值的剪力组合设计值。

根据设计经验，在正截面抗弯承载力得到保证的情况下，一般受弯构件斜截面抗弯承载力仅按 JTG D62—2004 中的有关构造措施就可得到保证而不需按式（4.3.12）进行计算。

第五节　全梁承载力校核

一、弯矩叠合图

在工程实践中设计钢筋混凝土受弯构件，通常只需要对若干控制截面进行承载力计算，至于其他截面的承载力能否满足要求，可通过图解法来校核。

为了合理地布置钢筋，需要绘制出设计弯矩图和正截面抗弯承载力图。

（1）设计弯矩图，即是由永久作用和各种不利位置的基本可变作用沿梁跨径，在各正截面产生的弯矩组合设计值 M_{dr} 的变化图形。设计弯矩图又称弯矩包络图，其线形为二次或高次抛物线。在均布荷载作用下，简支梁的弯矩包络图一般是以支点弯矩 $M_{d(0)}$、跨中弯矩 $M_{d(\frac{1}{2})}$ 作为控制点，按二次抛物线 $M_{dr} = M_{d(\frac{1}{2})} \left(1 - \dfrac{4x^2}{L^2}\right)$ 绘出（见图 4.5.1）。

（2）正截面抗弯承载力图是指梁沿跨径各正截面实际具有的抵抗力矩 M_u 的分布图形，如图 4.5.1 中的阶梯形图线。正截面抗弯承载力图又称抵抗弯矩图，抵抗弯矩图构成：首先在跨中截面将其最大抵抗力矩 $M_{d(\frac{1}{2})}$ 根据纵向主钢筋数量改变处的截面实有抵抗力矩 $M_{u(i)}$

分段，也可近似地由各组钢筋（如图
4.5.1中钢筋①2 Φ 25、②1 Φ 25、③1
Φ 25）的截面面积按比例进行分段，然
后作平行于横轴的水平线。又如图 4.5.1
中钢筋①2 Φ 25 通过支点，不弯起，水
平线贯穿全跨；钢筋②1 Φ 25 在点 B 处
弯起，该钢筋在点 B 将开始退出工作，
水平线终止；又因弯起钢筋②与梁纵轴
相交于点 C 后才完全退出工作，故 BC
段用斜线相连。钢筋③1 Φ 25 在点 E 处
截断，该钢筋在点 E 处将完全退出工作，
线形发生突变，呈阶梯形状。

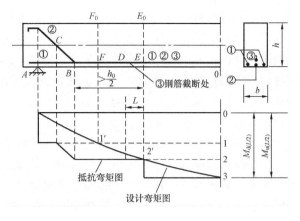

图 4.5.1 设计弯矩图与抵抗弯矩图的叠合图

工程上，均将设计弯矩图与抵抗弯矩图置于同一坐标系中，并采用同一比例，即两图叠
合（见图 4.5.1），此叠合图用来确定纵向主钢筋的弯起或截断，或校核全梁正截面抗弯承
载力。在叠合图中，如果抵抗弯矩图形切入设计弯矩图形时，表明"切入"处正截面抗弯承
载力不足，此时就必须限制纵筋在该点弯起或截断。因此，为了保证梁的正截面抗弯承载
力，必须要求抵抗弯矩图将设计弯矩图全部包含在内。当然，如果抵抗弯矩图形离开设计弯
矩图形，且离开的距离较大，说明纵筋较多，它所对应的正截面抗弯承载力尚有富余，此
时，可以从此截面向跨中方向移动适当位置将纵筋弯起或截断。

二、构造要求

（一）纵向钢筋弯起的构造要求

弯起钢筋是由纵向主钢筋弯起而成，纵向主钢筋弯起必须保证受弯构件具有足够的抗弯
和抗剪承载力。

1. 保证正截面抗弯承载力的构造要求

保证正截面抗弯承载力要求是根据设计弯矩图与抵抗弯矩图的叠合图进行比较分析而确
定的。由图 4.5.1 可以看出，一部分纵向钢筋弯起后，所剩下的纵向钢筋数量减少，正截面
抗弯承载力就相应减小。从纯理论观点而言，若承载力图与弯矩包络图相切，则表明此梁设
计是最经济合理的。

2. 保证斜截面抗剪承载力的构造要求

弯起钢筋的数量（包括根数和直径）是通过斜截面抗剪承载力计算确定的。而弯起钢筋
的弯起位置，还需满足 JTG D62—2004 的有关要求，即简支梁第一排（对支座而言）弯起
钢筋的弯终点应位于支座中心截面处，以后各排弯起钢筋的弯终点应落在或超过前一排弯起
钢筋弯起点截面。这样布置可以保证可能出现的任一条斜裂缝，至少能遇到一排弯起钢筋与
之相交。当纵筋弯起形成的弯起钢筋不足以承担梁的剪力时，可采用两次弯起或补充附加斜
筋，但不得采用不与主钢筋焊接的斜筋（浮筋）。

3. 保证斜截面抗弯承载力的构造要求

受弯构件沿斜截面的破坏形式，除了上述由最大剪力引起的剪切破坏以外，还可能发生
沿斜截面由最大弯矩引起的弯曲破坏，这种破坏容易发生在抗剪钢筋较强而抗弯钢筋过弱或
纵向受拉钢筋锚固不牢、中断或弯起纵向受拉钢筋的位置不当等情况中。因此，对于受弯构

件，除了要进行斜截面抗弯承载力计算之外，还应在构造上采取一定措施。

JTG D62—2004 规定，当钢筋由纵向受拉钢筋弯起时，从该钢筋充分发挥抗力点即充分利用点（按正截面抗弯承载力计算充分利用该钢筋强度的截面与弯矩包络图的交点）到实际弯起点之间距离不得小于 $h_0/2$，也就是说当满足此规定时，由于与斜截面相交的纵筋减少所损失的抗弯能力完全可由弯起钢筋来补偿，因此，可不必再进行斜截面抗弯承载力计算。弯起钢筋可在按正截面受弯承载力计算不需要该钢筋截面面积之前弯起，但弯起钢筋与梁中心线的交点应位于按计算不需要该钢筋的截面之外，如图 4.5.1 所示。

上述按正截面承载力计算不需要该钢筋截面所在位置，被称为不需要点；按计算充分利用该钢筋的截面所在位置者，被称为充分利用点。确定钢筋的充分利用点和不需要点的位置与梁的设计弯矩图与抵抗弯矩图的叠合图、纵筋的根数及每根纵筋所能承担的弯矩等因素有关，通常是在叠合图上用作图方法解决。

如图 4.5.1 所示的简支梁，跨中截面已根据正截面抗弯强度的要求配置了①（2 Φ 25）、②（1 Φ 25）、③（1 Φ 25）3 组钢筋，共同组成抵抗弯矩 $M_{d(\frac{1}{2})}$，具体到每组钢筋所能发挥的承载力，可近似地按每组钢筋的截面面积按比例进行分配。线段 01、12、23 等分别表示①、②、③号筋的承载力。过点 2 作水平线交设计弯矩图线于点 2′，此时，点 2′所对应的截面 EE_0 已不需要③号筋，而②号筋的承载力在点 2′开始充分发挥，所以点 2′称为③号筋的不需要点，又称②号筋的充分利用点，同理，点 1′为②号筋的不需要点、①号筋的充分利用点，依此类推。

依照前述对保证斜截面抗弯承载力的构造要求。对于图 4.5.1 中②号筋，点 2′为其充分利用点，这根钢筋必须从点 2′所对应的点 E 向支座 A 方向移动一个距离至点 B，使 BE 距离大于或等于 $h_0/2$ 后才可弯起，而且②号筋弯起后与梁中心线的交点 C 应位于其不需要点 1′以左。

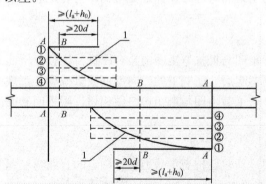

图 4.5.2　纵向钢筋截断时的延伸长度

A-A：钢筋①、②、③、④强度充分利用截面；B-B：
按计算不需要钢筋①的截面；①、②、③、④—钢
批号；1—弯矩图

2. 纵筋的锚固

为防止伸入支座的纵筋因锚固不足而发生滑动，甚至从混凝土中拔出来，造成破坏，应采取锚固措施。实践证明，锚固措施的加强对斜截面抗剪承载力与抗弯承载力的保证，都是极其必要的。纵向钢筋在支座的锚固措施有两个：

（二）纵筋的截断与锚固

1. 纵筋的截断

钢筋混凝土梁内纵向受拉钢筋不宜在受拉区截断；如需截断，应从按正截面抗弯承载力计算充分利用该钢筋强度的截面至少延伸 (l_a+h_0) 长度，如图 4.5.2 所示，此处 l_a 为受拉钢筋最小锚固长度，h_0 为梁截面有效高度；同时，尚应考虑从正截面抗弯承载力计算不需要该钢筋的截面至少延伸 $20d$（环氧树脂涂层钢筋 $25d$），此处 d 为钢筋直径。纵向受压钢筋如在跨间截断，应延伸至按计算不需要该钢筋的截面以外至少 $15d$（环氧树脂涂层钢筋 $20d$）。

（1）在钢筋混凝土梁的支点处，至少应有两根并不少于总数 1/5 的下层受拉主钢筋通过。

（2）梁底两侧的受拉主钢筋应伸出端支点截面以外，并弯成直角且顺梁高延伸至顶部，与顶部层架立钢筋相连。两侧之间不向上弯曲的受拉主筋伸出支点截面的长度，不应小于 $10d$（环氧树脂涂层钢筋为 $12.5d$）；Q235 钢筋应带半圆钩。

弯起筋的末端（弯终点以外）应留有锚固长度：受拉区不应小于 $20d$，受压区不应小于 $10d$，环氧树脂涂层钢筋增加 25%。此处 d 为钢筋直径。光圆钢筋尚应设置半圆弯钩。

例 4.5.1　某钢筋混凝土 T 形截面简支梁，标准 $L_b=13\text{m}$，计算跨径 $L=12.6\text{m}$。按正截面抗弯承载力计算所确定的跨中截面尺寸与钢筋布置见图 4.5.3，主钢筋为 HRB335 级钢筋，4 Φ 32＋4 Φ 16，$A_s=4021\text{mm}^2$；架立钢筋为 HRB335 级钢筋，2 Φ 22。焊接成多层钢筋骨架，混凝土强度等级为 C30。该梁承受支点剪力 $V_{d(0)}=310\text{kN}$，跨中剪力 $V_{d(L/2)}=65\text{kN}$，支点弯矩 $M_{d(0)}=0$，跨中弯矩 $M_{d(L/2)}=910\text{kN·m}$，结构重要性系数 $\gamma_0=1.1$。试按梁斜截面抗剪配筋设计方法配置该梁的箍筋和弯起钢筋。

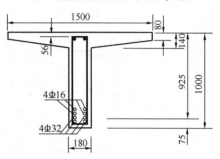

图 4.5.3　跨中截面钢筋布置图（单位：mm）

解　（1）计算各截面的有效高度。主钢筋为 4 Φ 32＋4 Φ 16 时，主钢筋合力作用点至梁截面下边缘的距离为

$$a_s=\frac{280\times3217\times(30+35.8)+280\times804\times(30+35.8\times2+18.4)}{280\times3217+280\times804}\approx77(\text{mm})$$

截面有效高度

$$h_0=h-a_s=1000-77=923(\text{mm})$$

主钢筋为 4 Φ 32＋2 Φ 16 时，主钢筋合力作用点至梁截面下边缘的距离为

$$a_s=\frac{280\times3217\times(30+35.8)+280\times402\times(30+35.8\times2+9.2)}{280\times3217+280\times402}=70.8(\text{mm})$$

截面有效高度

$$h_0=h-a_s=1000-70.8=929.2(\text{mm})$$

主钢筋为 4 Φ 32 时，主钢筋合力作用点至梁截面下边缘的距离为

$$a_s=30+35.8=65.8(\text{mm})$$

截面有效高度

$$h_0=h-a_s=1000-65.8=934.2(\text{mm})$$

主钢筋为 2 Φ 32 时，主钢筋合力作用点至梁截面下边缘的距离为

$$a_s=30+\frac{35.8}{2}=47.9(\text{mm})$$

截面有效高度

$$h_0=h-a_s=1000-47.9=952.1(\text{mm})$$

（2）核算梁的截面尺寸，由式（4.3.5）得：

支点截面　$0.51\times10^{-3}\sqrt{f_{cu,k}}bh_0=0.51\times10^{-3}\times\sqrt{30}\times180\times952.1$

$$=478.7(\text{kN})>\gamma_0 V_{\text{d(0)}}=341(\text{kN})$$

跨中截面 $\quad 0.51\times10^{-3}\times\sqrt{f_{\text{cu,k}}}bh_0=0.51\times10^{-3}\times\sqrt{30}\times180\times923$

$$=464.1(\text{kN})>\gamma_0 V_{\text{d(L/2)}}=71.5(\text{kN})$$

故按正截面抗弯承载力计算所确定的截面尺寸满足抗剪方面的构造要求。

（3）分析梁内是否需要配置剪力钢筋。由式（4.3.6）得

$$0.5\times10^{-3}\alpha_2 f_{\text{td}}bh_0=0.5\times10^{-3}\times1\times1.39\times180\times952.1$$

$$=119.1(\text{kN})<\gamma_0 V_{\text{d(0)}}=341(\text{kN})$$

故梁内需要按计算配置剪力钢筋。

（4）确定计算剪力。

1）绘制此梁半跨剪力包络图（见图4.5.4），并计算不需要设置剪力钢筋的区段长度：

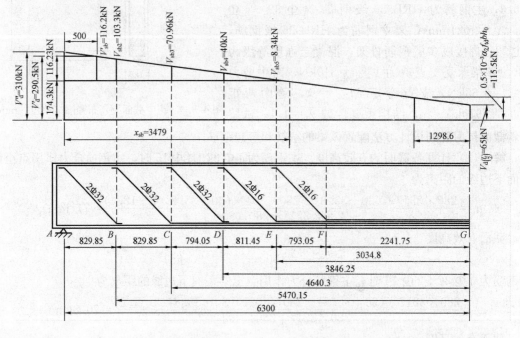

图 4.5.4　按抗剪强度要求计算各排弯起钢筋的用量（单位：mm）

对于跨中截面

$$0.5\times10^{-3}0.5\alpha_2 f_{\text{td}}bh_0=0.5\times10^{-3}\times1.39\times180\times923$$

$$=115.5(\text{kN})>\gamma_0 V_{\text{d(L/2)}}=71.5(\text{kN})$$

不需要设置剪力钢筋的区段长度

$$x_{\text{c}}=\frac{(115.5-65)\times6300}{310-65}=1298.6(\text{mm})$$

2）按比例关系，依剪力包络图求距支座中心 $h/2$ 处截面的最大剪力值

$$V'_{\text{d}}=65+\frac{(115.5-65)\times(6300-500)}{1298.6}=290.5(\text{kN})$$

3）最大剪力的分配。按JTG D62—2004的规定：由混凝土与箍筋共同承担不少于最大剪力 V'_{d} 的60%，即

$$V'_{\text{cs}}\geqslant0.6V'_{\text{d}}=0.6\times290.5=174.3(\text{kN})$$

由弯起钢筋承担不多于最大剪力 V_d' 的 40%，即

$$V_{sb}' \leqslant 0.4V_d' = 0.4 \times 290.5 = 116.2(\text{kN})$$

（5）配置弯起钢筋。

1）按比例关系，依剪力包络图计算需设置弯起钢筋的区段长度

$$x_{sb} = \frac{(310 - 174.3) \times 500}{310 - 290.5} = 3479(\text{mm})$$

2）计算各排弯起钢筋截面面积。

a. 计算第一排（对支座而言）弯起钢筋截面面积 A_{sb1}。取距支座中心 $h/2$ 处由弯起钢筋承担的剪力值

$$V_{sb1}' = V_{sb}' = 116.2(\text{kN})$$

梁内第一排弯起钢筋拟用补充斜筋 2Φ32，$f_{sd} = 280\text{MPa}$，该排弯起钢筋截面面积需要量为

$$
\begin{aligned}
A_{sb1}' &= \frac{\gamma_0 V_{sb1}}{0.75 \times 10^{-3} f_{sd} \sin 45°} \\
&= \frac{1.1 \times 116.2}{0.75 \times 10^{-3} \times 280 \times 0.707} \\
&= 869.09(\text{mm}^2)
\end{aligned}
$$

而 2Φ32 钢筋实际截面面积 $A_{sb1} = 1069\text{mm}^2$，满足抗剪要求。其弯起点为 B，弯终点落在支座中心 A 截面处，弯起钢筋与主钢筋的夹角 $\alpha = 45°$，弯起点 B 至 A 的距离为

$$AB = 1000 - \left(56 + \frac{25.1}{2} + \frac{35.8}{2} + 30 + 35.8 + \frac{35.8}{2}\right) = 829.85(\text{mm})$$

b. 计算第二排弯起钢筋截面面积 A_{sb2}。按比例关系，依剪力包络图计算第一排弯起钢筋弯起点 B 处由第二排弯起钢筋承担的剪力值

$$V_{sb2} = \frac{(3479 - 829.85) \times 116.2}{3479 - 500} = 103.3(\text{kN})$$

第二排弯起钢筋拟由主钢筋 2Φ32（$f_{sd} = 280\text{MPa}$）弯起形成，该排弯起钢筋截面积需要量为

$$
\begin{aligned}
A_{sb2}' &\frac{\gamma_0 V_{sb2}}{0.75 \times 10^{-3} f_{sd} \sin 45°} \\
&= \frac{1.1 \times 103.3}{0.75 \times 10^{-3} \times 280 \times 0.707} \\
&= 765(\text{mm}^2)
\end{aligned}
$$

而 Φ232 钢筋实际截面面积 $A_{sb2} = 1609\text{mm}^2 > A_{sb2}' = 765\text{mm}^2$，满足抗剪要求。其弯起点为 C，弯终点落在第一排弯起钢筋弯起点 B 截面处，弯起钢筋与主钢筋的夹角 $\alpha = 45°$，其弯起点 C 至点 B 的距离为

$$BC = AB = 829.85(\text{mm})$$

c. 计算第三排弯起钢筋截面面积 A_{sb3}。按比例关系，依剪力包络图计算第二排弯起钢筋弯起点 C 处由第三排弯起钢筋承担的剪力值

$$V_{sb3} = \frac{(3479 - 829.85 - 829.85) \times 116.2}{3479 - 500} = 70.96(\text{kN})$$

第三排弯起钢筋拟用补充斜筋 2Φ32（$f_{sd} = 280\text{MPa}$），该排弯起钢筋截面面积需要

量为

$$A'_{sb3} = \frac{\gamma_0 V_{sb3}}{0.75 \times 10^{-3} \times f_{sd} \sin 45°}$$

$$= \frac{1.1 \times 70.96}{0.75 \times 10^{-3} \times 280 \times 0.707}$$

$$= 525.7 (mm^2)$$

而 $2\Phi32$ 钢筋实际截面面积 $A_{sb3} = 1609mm^2 > A'_{sb3} = 525.7mm^2$，满足抗剪要求。其弯起点为 D，弯终点落在第二排弯起钢筋弯起点 C 截面处，弯起钢筋与主钢筋的夹角 $\alpha = 45°$，弯起点 D 至点 C 的距离为

$$CD = 1000 - \left(56 + \frac{25.1}{2} + \frac{35.8}{2} + 30 + 35.8 + 35.8 + \frac{35.8}{2}\right) = 794.05 (mm)$$

d. 计算第四排弯起钢筋截面面积 A_{sb4}。按比例关系，依剪力包络图计算第三排弯起钢筋弯起点 D 处由第四排弯起钢筋承担的剪力

$$V_{sb4} = \frac{(3479 - 829.85 - 829.85 - 794.05) \times 116.2}{3479 - 500} = 40 (kN)$$

第四排弯起钢筋拟用主钢筋 $2\Phi16$（$f_{sd} = 280MPa$），该排弯起钢筋截面面积需要量为

$$A'_{sb4} = \frac{\gamma_0 V_{sb4}}{0.75 \times 10^{-3} f_{sd} \sin 45°}$$

$$= \frac{1.1 \times 40}{0.75 \times 10^{-3} \times 280 \times 0.707}$$

$$= 296.4 (mm^2)$$

而 $2\Phi16$ 钢筋实际截面面积 $A_{sb4} = 402mm^2 > A'_{sb4} = 296.4mm^2$，满足抗剪要求。其弯起点为 E，弯终点落在第三排弯起钢筋弯起点 D 截面处，弯起钢筋与主钢筋的夹角 $\alpha = 45°$，弯起点 E 至点 D 的距离为

$$DE = 1000 - \left(56 + \frac{25.1}{2} + \frac{18.4}{2} + 30 + 35.8 + 35.8 + \frac{18.4}{2}\right) = 811.45 (mm)$$

e. 计算第五排弯起钢筋截面面积 A_{sb5}。按比例关系，依剪力包络图计算第四排弯起钢筋弯起点 E 处由第五排弯起钢筋承担的剪力值

$$V_{sb5} = \frac{(3479 - 829.85 - 829.85 - 794.05 - 811.45) \times 116.2}{3479 - 500} = 8.34 (kN)$$

第五排弯起钢筋拟由主钢筋 $2\Phi16$（$f_{sd} = 280MPa$）弯起形成，该排弯起钢筋截面面积需要量为

$$A'_{sb5} = \frac{\gamma_0 V_{sb5}}{0.75 \times 10^{-3} f_{cd} \sin 45°}$$

$$= \frac{1.1 \times 8.34}{0.75 \times 10^{-3} \times 280 \times 0.707}$$

$$= 61.8 (mm^2)$$

而 $2\Phi16$ 钢筋实际截面面积 $A_{sb5} = 402mm^2 > A'_{sb5} = 61.8mm^2$，满足抗剪要求。其弯起点为 F，弯终点落在第四排弯起钢筋弯起点 E 截面处，弯起钢筋与主钢筋的夹角 $\alpha = 45°$，弯起点 F 至点 E 的距离为

$$EF = 1000 - \left(56 + \frac{25.1}{2} + \frac{18.4}{2} + 30 + 35.8 + 35.8 + 18.4 + \frac{18.4}{2}\right) = 793.05 (mm)$$

第五排弯起钢筋弯起点 F 至支座中心 A 的距离为

$$AF = AB + BC + CD + DE + EF$$
$$= 829.85 + 829.85 + 794.05 + 811.45 + 793.05$$
$$= 4058.25(\text{mm}) > x_{sb} = 3479(\text{mm})$$

这说明第五排弯起钢筋弯起点 F 已超过需设置弯起钢筋的区段长 x_{sb} 以外579mm。弯起钢筋数量已满足抗剪承载力要求。

各排弯起钢筋弯起点至跨中截面 G 的距离（见图4.5.5）

$$x_B = BG = L/2 - AB = 6300 - 829.85 = 5470.15(\text{mm})$$
$$x_C = CG = BG - BC = 5470.15 - 829.85 = 4640.3(\text{mn})$$
$$x_D = DG = CG - CD = 4640.3 - 794.05 = 3846.25(\text{mm})$$
$$x_E = EG = DG - DE = 3846.25 - 811.45 = 3034.8(\text{mm})$$
$$x_F = FG = EG - EF = 3034.8 - 793.05 = 2241.75(\text{mm})$$

（6）检验各排弯起钢筋的弯起点是否符合构造要求。

1）保证斜截面抗剪承载力方面。从图4.5.4可以看出，对支座而言，梁内第一排弯起钢筋的弯终点已落在支座中心截面处，以后各排弯起钢筋的弯终点均落在前一排弯起钢筋的弯起点截面上，这些都符合 JTG D62—2004 的有关规定，即能满足斜截面抗剪承载力方面的构造要求。

2）保证正截面抗弯承载力方面。

a. 计算各排弯起钢筋弯起点的设计弯矩。跨中弯矩 $M_{d(\frac{1}{2})} = 910\text{kN} \cdot \text{m}$，支点弯矩 $M_{d(0)} = 0$，其他截面的设计弯矩可按二次抛物线公式 $M_{dr} = M_{d(\frac{1}{2})}\left(1 - \frac{4x^2}{L^2}\right)$ 计算，如表4.5.1所示。

表4.5.1　　　　　　　　　　各排弯起钢筋弯起点的设计弯矩计算表

弯起钢筋序号	弯起点符号	弯起点至跨中截面距离 x_i（mm）	各弯起点的设计弯矩 $M_{dr} = M_{d(1/2)}\left(1 - \dfrac{4x^2}{L^2}\right)$ （kN·m）
跨中截面			$M_G = M_{d(1/2)} = 910$
5	F	$x_F = 2241.75$	$M_F = 910 \times \left(1 - \dfrac{4 \times 2241.75^2}{12\,600^2}\right) = 794.8$
4	E	$x_E = 3034.8$	$M_E = 910 \times \left(1 - \dfrac{4 \times 3034.8^2}{12\,600^2}\right) = 698.8$
3	D	$x_D = 3846.25$	$M_D = 910 \times \left(1 - \dfrac{4 \times 3846.25^2}{12\,600^2}\right) = 570.8$
2	C	$x_C = 4640.3$	$M_C = 910 \times \left(1 - \dfrac{4 \times 4640.3^2}{12\,600^2}\right) = 416.3$
1	B	$x_B = 5470.15$	$M_B = 910 \times \left(1 - \dfrac{4 \times 5470.15^2}{12\,600^2}\right) = 223.9$

根据 M_x 值绘出设计弯矩图，见图 4.5.5。

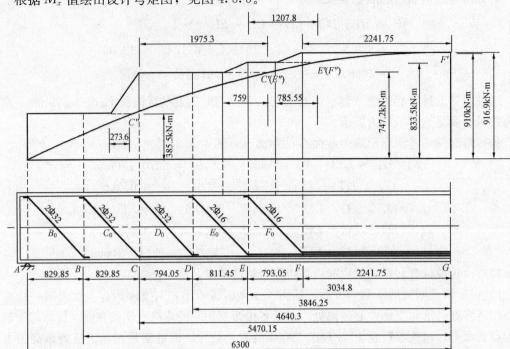

图 4.5.5　按抗弯承载力要求检验各排弯起钢筋弯起点的位置（单位：mm）

b. 计算各排弯起钢筋弯起点和跨中截面的抵抗弯矩（抗弯承载力）。首先判别 T 形截面类型：

对于跨中截面 $f_{sd}A_s=(280\times3217)+(280\times804)=1125.9(\text{kN})$

$$f_{cd}b_f'h_f'=13.8\times1500\times110=2277(\text{kN})$$

$f_{cd}b_f'h_f'>f_{sd}A_s$，说明跨中截面中性轴在翼缘内，属第一种 T 形截面，即可按单筋矩形截面 $b_f'\times h$ 计算。

其他截面的主钢筋截面面积均小于跨中截面的主钢筋截面面积，故各截面均属第一种 T 形截面，均按单筋矩形截面 $b_f'\times h$ 计算。

随后计算各梁段抵抗弯矩，如表 4.5.2 所示。根据材根据 $M_{u(i)}$ 值绘出抵抗弯矩图（见图 4.5.5）。

表 4.5.2　　　　　　　　　　　　各梁段抵抗弯矩计算表

梁段符号	主筋截面积 $A_s(\text{mm}^2)$	截面有效高度 $h_0(\text{mm})$	混凝土受压区高度系数 $\xi=\dfrac{A_s}{b_f'h_0}\times\dfrac{f_{sd}}{f_{cd}}$	$1-0.5\xi$	各梁段抵抗弯矩 $M_{u(i)}=\dfrac{1}{\gamma_0}f_{sd}A_sh_0(1-0.5\xi)(\text{kN}\cdot\text{m})$
FG	$4\,\Phi\,32+4\,\Phi\,16$ $A_s(\frac{1}{2})=4021$	923	$\xi(\frac{1}{2})=\dfrac{4021}{1500\times923}\times\dfrac{280}{13.8}$ $=0.058\,9$	0.970 6	$M_u(\frac{1}{2})=\dfrac{1}{1.1}\times280\times4021\times923\times0.970\,6$ $=916.9$
EF	$4\,\Phi\,32+2\,\Phi\,16$ $A_{s(EF)}=3619$	929.2	$\xi_{(EF)}=\dfrac{3619}{1500\times929.2}\times\dfrac{280}{13.8}$ $=0.052\,6$	0.973 7	$M_{u(EF)}=\dfrac{1}{1.1}\times280\times3619\times929.2\times0.973\,7$ $=833.5$

梁段符号	主筋截面积 A_s (mm²)	截面有效高度 h_0 (mm)	混凝土受压区高度系数 $\xi=\dfrac{A_s}{b'_f h_0}\times\dfrac{f_{sd}}{f_{cd}}$	$1-0.5\xi$	各梁段抵抗弯矩 $M_{u(i)}=\dfrac{1}{\gamma_0}f_{sd}A_s h_0\,(1-0.5\xi)$ (kN·m)
CE	4 Φ 32 $A_{s(CE)}=3217$	934.2	$\xi_{(CE)}=\dfrac{3217}{1500\times934.2}\times\dfrac{280}{13.8}$ $=0.046\,5$	0.976 7	$M_{u(CE)}=\dfrac{1}{1.1}\times280\times3217\times934.2\times0.976\,7$ $=747.2$
AC	2 Φ 32 $A_{s(AC)}=1609$	952.1	$\xi_{(AC)}=\dfrac{1609}{1500\times952.1}\times\dfrac{280}{13.8}$ $=0.022\,8$	0.988 6	$M_{u(AC)}=\dfrac{1}{1.1}\times280\times1609\times952.1\times0.988\,6$ $=385.5$

从图 4.5.5 所示的设计弯矩图与抵抗弯矩图的叠合图可以看出，设计弯矩图完全被包含在抵抗弯矩图之内，即 $M_d<M_u$，这表明正截面抗弯承载力能得到保证。

3) 保证斜截面抗弯承载力方面。各层纵向钢筋的充分利用点和不需要点位置计算，如表 4.5.3 所示。

表 4.5.3　　　　　　　各层纵向钢筋的充分利用点和不需要点位置计算表

各层纵向钢筋序号	对应充分利用点号	各充分利用点至跨中截面距离 $x'_i=\dfrac{L}{2}=\sqrt{1-\dfrac{M_{w(i)}}{M_{d(L/2)}}}$ (mm)	对应不需要点号	各不需要点至跨中截面距离 x_i (mm)
4	f'	$x_{f'}=0$	F''	$x_{F''}=x_{F'}=1827$
3	E'	$x_{E'}=6300\times\sqrt{1-\dfrac{833.5}{910}}=1827$	E''	$x_{E''}=x_{E'}=2665$
2	C'	$x_{C'}=6300\times\sqrt{1-\dfrac{747.2}{910}}=2665$	C''	$x_{C''}=6300\times\sqrt{1-\dfrac{385.5}{910}}=4783$

计算各排弯起钢筋与梁中心线的交点 C_0、E_0、F_0 的位置

$$x_{C_0}=4640.3+[500-(30+35.8+35.8/2)]=5056.6(\text{mm})$$
$$x_{E_0}=3034.8+[500-(30+2\times35.8+18.4/2)]=3424(\text{mm})$$
$$x_{F_0}=2241.75+[500-(30+2\times35.8+18.4+18.4/2)]=2612.55(\text{mm})$$

计算各排弯起钢筋弯起点至对应的充分利用点的距离、各排弯起钢筋与梁中心线交点至对应不需要点的距离，如表 4.5.4 所示。

表 4.5.4　　　　　　　保证斜截面抗弯承载力构造要求分析表

各排弯起钢筋序号	弯起点至充分利用点距离 $x_i=x'_i$ (mm)	$\dfrac{h_0}{2}$ (mm)	$(x_i-x_p)-\dfrac{h_0}{2}$ (mm)	弯起钢筋与梁中心线交点至不需要点距离 $x_{ai}-x''_i$ (mm)
5	$x_F-x_{F'}=2241.75-0=2241.75$	$\dfrac{923}{2}=461.5$	1780.25	$x_{F_0}-x_{F''}=2612.55-1827=785.55$
4	$x_E-x_{E'}=3034.8-1827=1207.8$	$\dfrac{929.2}{2}=464.6$	743.2	$x_{E_0}-x_{E''}=3424-2665=759$
2	$x_C-x_{C'}=4640.3-2665=1975.3$	$\dfrac{934.2}{2}=467.1$	1508.2	$x_{C_0}-x_{C''}=5056.6-4783=273.6$

由表 4.5.4 可知，各排弯起钢筋弯起点均在该层钢筋充分利用点以外不小 $h_0/2$ 处，而且各排弯起钢筋与梁中心线的交点均在该层钢筋不需要点以外，即均能保证斜截面抗弯承载力。

另外，如图 4.5.5 所示，在梁底两侧有 2 根Φ32 主钢筋不弯起，通过支座中心 A，这 2 根主钢筋截面面积 $A=1609mm^2$，与主钢筋 4Φ32+4Φ16 总截面面积 $A_s=4021mm^2$ 之比为 0.4，大于 1/5，这符合 JTG D62—2004 规定的构造要求。

（7）配置箍筋。根据 JTG D62—2004 关于"钢筋混凝土梁应设置直径不小于 8mm 且不小于 1/4 主钢筋直径的箍筋"的规定，采用封闭式双肢箍筋，$n=2$，HPB235 级钢筋（$f_{sv}=195MPa$）直径为 8mm，每肢箍筋截面面积 $a_{sv}=50.3mm^2$。

JTG D62—2004 中还规定：箍筋间距不大于梁高的 1/2 且不大于 400mm，支承截面处，支座中心向跨径方向长度相当于不小于一倍梁高范围内，箍筋间距不大于 100mm。按照这些规定，梁段箍筋最大间距不超过上述结果（见表 4.5.5）。对梁端而言，第 1～11 组箍筋间距为 100mm，其他箍筋间距均为 200mm。相应的最小配箍率：$\rho_{av}=\dfrac{A_{sv}}{bs_v}=\dfrac{2\times50.3}{180\times200}=0.0028>0.18\%$，这也符合 JTG D62—2004 的构造要求。

表 4.5.5   各梁段箍筋的最大间距计算表

梁段符号	主筋截面积 $A_s(mm^2)$	截面有效高度 (h_0) (mm)	主筋配筋率 $\rho=100\times\dfrac{A_s}{bh_0}$	箍筋最大间距 $s_v=\dfrac{\alpha_1^2\alpha_3^2\times0.2\times10^{-6}(2+0.6p)\sqrt{f_{cu,k}}A_{sv}f_{sv}bh_0^2}{(\gamma_0 V_d')^2}$ (mm)
FG	4Φ32+4Φ16 $A_{s(L/2)}=4021$	923	$\rho(L/2)=100\times\dfrac{4021}{180\times923}=2.42$	$s_v(L/2)=\dfrac{1.1^2\times0.2\times10^{-6}\times(2+0.6\times2.42)\sqrt{30}\times100.6\times195\times180\times923^2}{(0.6\times1.1\times290.5)^2}$ $=374.4$
EF	4Φ32+2Φ16 $A_{s(EF)}=3619$	929.2	$\rho(EF)=100\times\dfrac{3619}{180\times929.2}=2.16$	$s_v(EF)=\dfrac{1.1^2\times0.2\times10^{-6}\times(2+0.6\times2.16)\sqrt{30}\times100.6\times195\times180\times929.2^2}{(0.6\times1.1\times290.5)^2}$ $=362.3$
CE	4Φ32 $A_{s(CE)}=3217$	934.2	$\rho(CE)=100\times\dfrac{3217}{180\times934.2}=1.91$	$s_v(CE)=\dfrac{1.1^2\times0.2\times10^{-6}\times(2+0.6\times1.91)\sqrt{30}\times100.6\times195\times180\times934.2^2}{(0.6\times1.1\times290.5)^2}$ $=349.6$
AC	2Φ32 $A_{s(AC)}=1609$	952.1	$\rho(AC)=100\times\dfrac{1609}{180\times952.1}=0.94$	$s_v(AC)=\dfrac{1.1^2\times0.2\times10^{-6}\times(2+0.6\times0.94)\sqrt{30}\times100.6\times195\times180\times952.1^2}{(0.6\times1.1\times290.5)^2}$ $=295.9$

思 考 题

1. 什么是有腹筋梁和无腹筋梁？
2. 钢筋混凝土梁在承受作用时，为什么产生斜裂缝？
3. 剪跨比是指什么？
4. 受弯构件沿斜截面破坏的形态有哪些？各有什么特点？
5. 影响受弯构件斜截面抗剪承载力的主要因素有哪些？
6. 受弯构件斜截面抗剪承载力由哪几部分组成？

7. 写出斜截面抗剪承载力的计算公式，并解释式中各字母的含义。

8. 斜截面抗剪承载力计算公式的上限和下限值各说明了什么？写出它们的表达式，并说明。

9. 为什么受弯构件内一定要配置箍筋？

10. 对于简支梁，其斜截面抗剪承载力计算用的剪力如何取用？

11. 写出箍筋设计计算步骤。

12. 写出弯起钢筋抗剪的设计计算步骤。

13. 在进行受弯构件斜截面抗剪承载力复核前，如何确定其验算截面？

14. 受弯构件斜截面只要抗剪承载力满足要求即可，对吗？为什么？

15. 什么是设计弯矩图？如何绘制？

16. 什么是抵抗弯矩图？如何绘制？

17. 在进行全梁承载力校核时，如何使用设计弯矩图和抵抗弯矩图？

18. 纵向钢筋弯起的条件是什么？

19. 画图说明纵向主钢筋的不需要点和充分利用点。

20. 纵筋可在不需要点后的任意位置截断，对吗？为什么？

21. 纵筋在支座处的锚固措施有哪些？

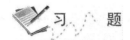

习　　题

1. 承受均布荷载的简支梁，净跨为 $l_0 = 4.8$m，截面尺寸 $b = 200$mm，$h = 500$mm，纵向受拉钢筋采用 HRB335 级钢筋，4 Φ18，混凝土强度等级为 C20，箍筋为 R235 级钢筋，已知沿梁长配有双肢Φ8 的箍筋，箍筋间距为 150mm。计算该斜截面受剪承载力。结构重要性系数 $\gamma_0 = 1.0$。

2. 如习题图 4.2.1 所示简支梁，$b = 250$mm，$h = 550$mm，混凝土强度等级为 C25，箍筋为 R235 级钢筋，纵向受拉钢筋用 HRB335 级钢筋，集中荷载设计值 $P = 135$kN，均布荷载设计值 $q = 6.5$kN/m（包括自重）。请对下列两种情况进行受剪承载力计算（结构重要性系数 $\gamma_0 = 1.0$）：

(1) 仅配置箍筋，并选定箍筋直径和间距；

(2) 箍筋按双肢Φ6，间距为 200mm 配置，计算弯起钢筋用量，并绘制腹筋配置草图。

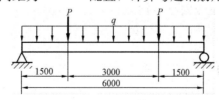

习题图 4.2.1　简支梁

第五章　钢筋混凝土受弯构件在施工阶段的应力计算

公路桥涵结构按承载能力极限状态设计的主要目的，是确保结构或构件在设计基准期内不致发生承载力破坏或失稳破坏。在前面几章里已经详细介绍了钢筋混凝土受弯构件承载力计算及设计方法。但对于钢筋混凝土受弯构件，还要根据使用条件进行施工阶段的混凝土和钢筋的应力验算。

第一节　换　算　截　面

钢筋混凝土受弯构件受力进入第二工作阶段，其特征是弯曲竖向裂缝已形成并开展，中性轴以下部分混凝土已退出工作，由钢筋承受拉力，应力为 σ_s，但它还远小于钢筋的屈服强度。受压区混凝土的压应力图形大致是抛物线形，而受弯构件的作用（荷载）-挠度（跨中）关系曲线是一条接近于直线的曲线，因此，钢筋混凝土受弯构件的第二工作阶段又可称为开裂后弹性阶段。

由于钢筋混凝土是由钢筋和混凝土两种受力性能完全不同的材料组成，因此，钢筋混凝土受弯构件的应力计算就不能直接采用材料力学的方法，而需要通过换算截面的计算手段，把钢筋混凝土转换成匀质弹性材料，这样就可以借助材料力学的方法进行计算。

一、基本假定

根据钢筋混凝土受弯构件在施工阶段及正常使用时的主要受力特征，可作如下假定：

（1）平截面假定。梁的正截面在弯曲变形时，其截面仍保持平面。

（2）弹性体假定。钢筋混凝土受弯构件在第二工作阶段时，混凝土受压区的应力分布是曲线形，但此时曲线并不丰满，与直线形相差不大，可以近似地看作直线分布，即受压区混凝土的应力与平均应变成正比。

（3）受拉区出现裂缝后，受拉区的混凝土不参加工作，拉应力全部由钢筋承担。

二、截面变换

由上述基本假定作出的钢筋混凝土受弯构件在第二工作阶段的计算图式，如图 5.1.1 所示。钢筋混凝土受弯构件的正截面是由钢筋和混凝土组成的组合截面，并非均质的弹性材料，不能直接用材料力学公式进行截面计算。如果用虚拟的混凝土块等效地代替钢筋，如图

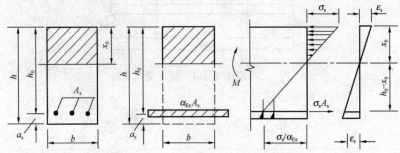

图 5.1.1　单筋矩形截面应力计算图式

5.1.1 所示，于是两种材料组成的组合截面就变成单一材料（混凝土）的截面，称为"换算截面"。上述等效变换的条件是：

（1）虚拟混凝土块仍居于钢筋的重心处，它们的应变相同，即 $\varepsilon_t = \varepsilon_s$；

（2）虚拟混凝土块与钢筋承担的内力相同，即 $\sigma_s A_s = \sigma_t A_t$。

综上所述，由虎克定律得

$$\varepsilon_s = \sigma_s / E_s \ , \ \varepsilon_t = \sigma_t / E_c$$

根据 $\varepsilon_t = \varepsilon_s$　得

$$\sigma_s / E_s = \sigma_t / E_c$$

即

$$\sigma_s = \frac{E_s}{E_c} \sigma_t = \alpha_{Es} \sigma_t \tag{5.1.1}$$

根据 $\sigma_s A_s = \sigma_t A_t$　得

$$A_t = \frac{\sigma_s}{\sigma_t} A_s = \alpha_{Es} A_s \tag{5.1.2}$$

式中　E_s ——普通钢筋的弹性模量；

E_c ——混凝土的弹性模量；

α_{Es} ——钢筋的弹性模量与混凝土的弹性模量比；

ε_t ——等效混凝土块的应变；

ε_s ——钢筋的应变；

σ_s、A_s ——钢筋的应力及截面面积；

σ_t、A_t ——等效混凝土块的应力及面积。

可见，虚拟混凝土块的面积 A_t 为主钢筋截面面积的 A_s 的 α_{Es} 倍。

三、开裂截面换算截面的几何特征表达式

1. 单筋矩形截面

（1）开裂截面换算截面面积

$$A_{cr} = b x_0 + \alpha_{Es} A_s \tag{5.1.3}$$

式中　b ——矩形截面的宽度；

x_0 ——受压区的高度。

（2）开裂截面换算截面对中性轴的静矩（或面积矩）：

受压区

$$S_{cra} = \frac{1}{2} b x_0^2 \tag{5.1.4}$$

受拉区

$$S_{crl} = \alpha_{Es} A_s (h_0 - x_0) \tag{5.1.5}$$

（3）开裂截面换算截面的惯性矩

$$I_{cr} = \frac{1}{3} b x_0^3 + \alpha_{Es} A_s (h_0 - x_0)^2 \tag{5.1.6}$$

式中　I_{cr} ——构件截面开裂后的换算截面的惯性矩（又称开裂截面换算截面惯性矩），注意：虚拟混凝土块对其自身重心轴的惯性矩极小，通常略去不计。

（4）开裂截面换算截面的抵抗矩 W_{cr}：

对混凝土受压边缘

$$W_{cr} = \frac{I_{cr}}{x_0} \tag{5.1.7}$$

对受拉钢筋重心处

$$W_{cr} = \frac{I_{cr}}{h_0 - x_0}$$ (5.1.8)

(5) 受压区高度 x_0。承受平面弯曲的受弯构件，其截面的中性轴通过它的重心，而任意平面图形对重心的静矩总和等于零。因此，受压区对中性轴的静矩与受拉区对中性轴的静矩的代数和等于零，即

$$S_{cra} - S_{crl} = 0$$

由式（5.1.4）和式（5.1.5）得

$$\frac{1}{2}bx_0^2 - \alpha_{Es}A_s(h_0 - x_0) = 0$$

化简后得

$$bx_0^2 + 2\alpha_{Es}A_s x_0 - 2\alpha_{Es}A_s h_0 = 0$$

解得

$$x_0 = \frac{\alpha_{Es}A_s}{b}\left(\sqrt{1 + \frac{2bh_0}{\alpha_{Es}A_s}} - 1\right)$$ (5.1.9)

2. 双筋矩形截面

对于双筋矩形截面，截面变换的方法就是将受拉钢筋的截面 A_s 和受压钢筋截面 A_s' 分别用两个虚拟的混凝土块代替，形成换算截面。它跟单筋矩形截面的不同之处，仅仅是受压区配置有受压钢筋，因此，双筋矩形截面几何特征值的表达式可在单筋矩形截面的基础上，再计入受压区钢筋换算截面 $\alpha_{Es}'A_s'$ 上就可以了。

JTG D62—2004 规定，当受压区配有纵向钢筋时，在计算受压区高度 x 和惯性矩 I_{cr} 公式中的受压钢筋的应力应符合 $\alpha_{Es}\sigma_{cc}^t \leqslant f_{sd}'$ 的条件：当 $\alpha_{Es}\sigma_{cc}^t > f_{sd}'$ 时，则各公式中所含的 $\alpha_{Es}A_s'$ 应以 $\dfrac{f_{sd}'}{\sigma_{cc.}^t}A_s'$ 代替。此处，f_{sd}' 为受压钢筋强度设计值，σ_{cc}^t 为受压钢筋合力点相应的混凝土压应力，见式（5.2.1）。

3. 单筋 T 形截面

单筋 T 形截面的换算截面几何特征，根据受压区高度 x 值的大小不同，可分为两种情况：

（1）如果 $x_0 \leqslant h_f'$（T 形截面受压区高度与翼缘厚度），表明中性轴位于翼缘内，此时，单筋 T 形截面可以按受压区翼缘宽度 b_f' 为宽度，以 T 形截面高度 h 为高度的单筋矩形截面的有关公式进行计算。

（2）如果 $x_0 > h_f'$，则表明中性轴位于翼缘之外的梁肋内，此时梁肋有一部分在受压区（见图 5.1.2）。

单筋 T 形截面换算截面的几何特征表达式如下：

（1）开裂截面换算截面面积 A_{cr}

$$A_{cr} = bx_0 + (b_f' - b)h_f' + \alpha_{Es}A_s$$ (5.1.10)

式中　b_f'——T 形截面受压区翼缘计算宽度；

　　　h_f'——T 形截面受压区翼缘计算厚度；

　　　b——T 形截面腹板宽度。

其余符号意义同前。

（2）开裂截面换算截面对中性轴的静矩（或面积矩）。

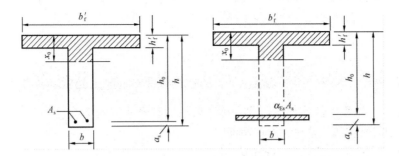

图 5.1.2　单筋 T 形截面

受压区
$$S_{\text{cra}} = \frac{1}{2}bx_0^2 + (b'_{\text{f}} - b)h'_{\text{f}}\left(x_0 - \frac{1}{2}h'_{\text{f}}\right) \tag{5.1.11}$$

或
$$S_{\text{cra}} = \frac{1}{2}b'_{\text{f}}x_0^2 - \frac{1}{2}(b'_{\text{f}} - b)(x_0 - h'_{\text{f}})^2$$

受拉区
$$S_{\text{crl}} = \alpha_{\text{Es}}A_{\text{s}}(h_0 - x_0) \tag{5.1.12}$$

（3）开裂截面换算截面的惯性矩 I_{cr}
$$I_{\text{cr}} = \frac{1}{3}b'_{\text{f}}x_0^3 - \frac{1}{3}(b'_{\text{f}} - b)(x_0 - h'_{\text{f}})^3 + \alpha_{\text{Es}}A_{\text{s}}(h - x_0)^2 \tag{5.1.13}$$

注意：

1）虚拟混凝土块对其自身重心轴的惯性矩极小，通常略去不计。

2）当受拉区配置有多层钢筋时，在计算开裂截面换算截面惯性矩的公式中所含 $\alpha_{\text{Es}}A_{\text{s}}(h - x_0)^2$ 项，应用 $\alpha_{\text{Es}}\sum\limits_{i=1}^{n}A_{\text{s}i}(h_{0i} - x_0)^2$ 代替，此处 n 为受拉钢筋层数，$A_{\text{s}i}$ 为第 i 层全部钢筋的截面面积，h_{0i} 为第 i 层钢筋 $A_{\text{s}i}$ 重心至受压区边缘的距离。

（4）开裂截面换算截面的抵抗矩 W_{cr}：

对混凝土受压边缘
$$W_{\text{cr}} = \frac{I_{\text{cr}}}{x_0} \tag{5.1.14}$$

对受拉钢筋重心处
$$W_{\text{cr}} = \frac{I_{\text{cr}}}{h_0 - x_0} \tag{5.1.15}$$

（5）受压区高度 x。承受平面弯曲的受弯构件，其截面的中性轴通过它的重心，而任意平面图形对重心的静矩总和等于零。因此，受压区对中性轴的静矩与受拉区对中性轴的静矩之代数和等于零，即
$$S_{\text{cra}} - S_{\text{crl}} = 0$$
$$\frac{1}{2}b'_{\text{f}}x_0^2 - \frac{1}{2}(b'_{\text{f}} - b)(x_0 - h'_{\text{f}})^2 = \alpha_{\text{Es}}A_{\text{s}}(h_0 - x_0) \tag{5.1.16}$$

化简后得
$$x_0^2 + 2Ax_0 - B = 0$$

其中
$$A = \frac{\alpha_{\text{Es}}A_{\text{s}} + h'_{\text{f}}(b'_{\text{f}} - b)}{b}$$

$$B = \frac{h_f'^{2}(b_f' - b) + 2\alpha_{Es} A_s h_0}{b}$$

解得
$$x_0 = \sqrt{A^2 + B} - A \tag{5.1.17}$$

或通过式 $x_0 = \dfrac{S_{cra}}{A_{cr}}$ ，求得受压区高度（ S_{cra} 为换算截面对混凝土受压区上边缘的静矩）。

在钢筋混凝土受弯构件的使用阶段和施工阶段的计算中，有时会遇到全截面换算截面的概念，即 JTG D62—2004 提到的换算截面。

换算截面是混凝土全截面面积和钢筋的换算面积所组成的截面。对于图 5.1.1 所示的矩形截面，换算截面的几何特性计算式如下：

换算截面面积 A_0
$$A_0 = bh + (\alpha_{Es} - 1)A_s \tag{5.1.18}$$

受压区高度 x_0
$$x_0 = \frac{\frac{1}{2}bh^2 + (\alpha_{Es} - 1)A_s h_0}{A_0} \tag{5.1.19}$$

换算截面对中性轴的惯性矩 I_0
$$I_0 = \frac{1}{12}bh^3 + bh\left(\frac{1}{2}h - x_0\right)^2 + (\alpha_{Es} - 1)A_s (h_0 - x_0)^2 \tag{5.1.20}$$

第二节　受弯构件在施工阶段的应力计算

对于钢筋混凝土梁在施工阶段，特别是梁在运输、安装过程中，梁的支承条件、受力图示都会发生变化。例如，图 5.2.1 (b) 所示简支梁的吊装，吊点的位置并不在梁设计的支座截面上，当吊点位置 a 较大时，将会在吊点截面处引起较大的负弯矩。又如图 5.2.1 (c) 所示，采用"钓鱼法"架设简支梁，在安装过程中，其受力简图不再是简支梁。因此，应该根据受弯构件在施工中的实际受力体系进行应力计算。

钢筋混凝土受弯构件，在施工阶段，可以利用前述方法把构件正截面换算成换算截面，

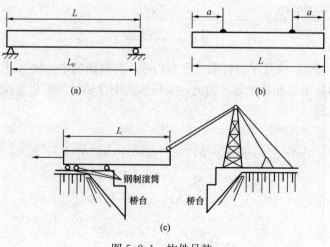

图 5.2.1　构件吊装

这样就变成了材料力学所研究的匀质弹性材料，即可用材料力学的方法进行计算。

JTG D62—2004 规定构件在吊装、运输时，构件质量应乘以动力系数 1.2 或 0.85，并可视构件具体情况作适当调整。

一、正截面应力计算

JTG D62—2004 规定，钢筋混凝土受弯构件按短暂状况设计，正截面应力按下列公式计算，并应符合下列规定：

1. 受压区混凝土边缘的压应力

$$\sigma_{cc}^{t} = \frac{M_k^t x_0}{I_{cr}} \leqslant 0.80 f_{ck}' \tag{5.2.1}$$

2. 受拉钢筋的应力

$$\sigma_{si}^{t} = \alpha_{Es} \frac{M_k^t (h_{0i} - x_0)}{I_{cr}} \leqslant 0.75 f_{sk} \tag{5.2.2}$$

式中　M_k^t ——由临时的施工荷载标准值产生的弯矩值；

$\quad\quad x_0$ ——换算截面的受压区高度，按换算截面受压区和受拉区对中性轴面积矩相等的原则求得；

$\quad\quad I_{cr}$ ——开裂截面换算截面的惯性矩，根据已求得的受压区高度 x_0，按开裂换算截面对中性轴惯性矩之和求得；

$\quad\quad \sigma_{si}^{t}$ ——按短暂情况计算时受拉区第 i 层钢筋的应力；

$\quad\quad h_{0i}$ ——受压区边缘至受拉区第 i 层钢筋截面重心的距离；

$\quad\quad f_{ck}'$ ——施工阶段相应于混凝土立方体抗压强度 $f_{cu,k}$ 的混凝土轴心抗压强度标准值，按表 2.4.5 以直线内插取用；

$\quad\quad f_{sk}$ ——普通钢筋抗拉强度标准值，按表 2.4.1 以直线内插取用。

对于多层焊接骨架配筋的构件，应算最外排钢筋的应力。

二、斜截面应力计算

由材料力学分析得知，受弯构件在承受作用时，除由弯矩产生的法向应力外，同时还伴随着剪力产生的剪应力。由于法向应力和剪应力的结合，又产生斜向主应力，即主拉应力和主压应力。当主拉应力达到混凝土抗拉强度极限值时，构件就会出现斜裂缝，最终导致梁的斜截面破坏。

1. 钢筋混凝土梁的剪应力

由材料力学得知，均质弹性体的剪应力按下式计算

$$\tau = \frac{VS}{Ib} \tag{5.2.3}$$

在梁宽 b 保持不变的情况下，剪应力是随面积矩 S 而变化的。在梁的上、下边缘处 $S=0$，剪应力 $\tau=0$；在中性轴处 S 最大，故 τ 最大。

钢筋混凝土梁的剪应力计算以第 Ⅱ 阶段应力图作为计算的基础。按前述换算截面原理，只要将式（5.2.3）中惯性矩 I 和面积矩 S 改为开裂的换算截面惯性矩 I_{cr} 和截面面积矩 S_0，即可用于计算钢筋混凝土梁的剪应力

$$\tau = \frac{VS_0}{I_{cr} b} \tag{5.2.4}$$

式中　V ——作用（荷载）标准值产生的剪力；

I_{cr} ——换算截面惯性矩；

S_0 ——所求应力的水平纤维以上（或以下）部分换算截面对换算截面重心轴的面积矩；

b ——所求应力的水平纤维处的截面宽度。

按式（5.2.4）计算的钢筋混凝土矩形梁的剪应力沿截面高度方向的变化情况示于图 5.2.2 (a) 中。

在受压区 S_0 仅随梁高而变，在受压区边缘处，$S_0=0$，$\tau=0$；在中性轴处 S_0 最大，故 τ 值也最大，中间按二次抛物线规律变化。在受拉区不考虑混凝土的抗拉作用，任何一层纤维处的面积矩为一常数，其值为 $\alpha_{Es}A_s(h_0-x_0)$，所以图 5.2.2 中 (h_0-x_0) 高度范围内，τ 值不变。

钢筋混凝土 T 形截面梁剪应力沿截面高度方向的分布情况示于图 5.2.2 (b)、(c) 中。

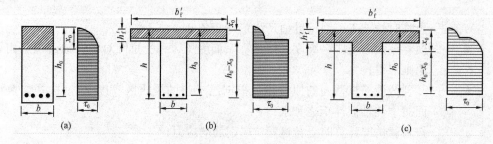

图 5.2.2　钢筋混凝土梁的剪力图

由图 5.2.2 可以看出，钢筋混凝土梁在中性轴处剪应力最大，一般记为 τ_0，并在整个受拉区保持这一最大值。

2. 钢筋混凝土梁的主应力

由材料力学得知，当法向应力 σ 和剪应力 τ 同时作用在梁内某一小单元体上，则在单元体的某一方向上将出现主拉应力，在与主拉应力方向垂直的方向上将出现主压应力，其大小和方向为

主压应力　　　　　　　　　　$\sigma_{cp}=\dfrac{\sigma}{2}-\sqrt{\dfrac{\sigma^2}{2}+\tau^2}$

主拉应力　　　　　　　　　　$\sigma_{tp}=\dfrac{\sigma}{2}+\sqrt{\dfrac{\sigma_2}{2}+\tau^2}$

主拉应力方向　　　　　　　　$\tan2\alpha=-\dfrac{2\tau}{\sigma}$

式中，σ 值以压应力为正，拉应力为负。

在匀质梁中因受压区和受拉区的各层纤维的法向应力 σ 和剪应力 τ 都是变化的，故其主应力方向也是变化的。其主应力轨迹线如图 5.2.3 (a) 所示。

对处于第 II 应力阶段（带裂缝工作）的钢筋混凝土梁，其主应力与轨迹线有如下特点 [见图 5.2.3 (b)]：

（1）在受压区内法向应力 σ 和剪力 τ 的分布，均与匀质梁相同，故主应力轨迹线的变化规律与匀质梁相同。

（2）在中性轴处，由于 $\sigma=0$，$\tau=\tau_0$，代入公式可得 $\sigma_{tp}=\sigma_{cp}=\tau_0$，主平面方向 $\tan2\alpha$

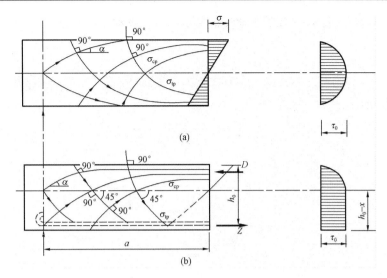

图 5.2.3　主应力轨迹图

(a) 匀质梁；(b) 钢筋混凝土梁

$=\infty$，$\alpha=45°$。主拉应力与梁轴线成 45°的交角。

（3）在受拉区，由于不考虑混凝土的抗拉作用，$\sigma=0$，$\tau=\tau_0$，数值不变，所以 $\sigma_{tp}=\sigma_{cp}=\tau_0$，主应力轨迹成直线，主拉应力与梁轴线成 45°的交角，均不变。

由此得出一个重要的结论：在钢筋混凝土梁中性轴处及整个受拉区主应力达到最大值，主拉应力在数值上等于主压应力，且等于最大剪应力，其方向与梁轴线呈 45°交角，即

$$\sigma_{tp}=\sigma_{cp}=\tau_0=\frac{V}{bz} \tag{5.2.5}$$

由于主拉应力与主压应力及最大剪应力在数值上相等，且混凝土的抗拉强度很低，所以，在钢筋混凝土结构中只验算主拉应力，不必验算主压应力和剪应力。

这样，钢筋混凝土受弯构件按短暂情况设计斜截面应力验算，就是计算中性轴处的主拉应力并符合下列规定

$$\sigma_{tp}^t=\frac{V_k^t}{bz_0}\leqslant f_{tk}' \tag{5.2.6}$$

式中　V_k^t——由施工荷载标准值产生的剪力值；

　　b——矩形截面宽度、T 形、工字形截面腹板宽度；

　　z_0——受压区合力点至受拉钢筋合力点的距离，按受压区应力图形为三角形计算确定；

　　f_{tk}'——施工阶段的混凝土轴心抗拉强度标准值。

对于某些需要按短暂状况计算荷载或其他需要按弹性分析允许应力法进行抗剪配筋设计的情况，就应按下列方法处理。

钢筋混凝土受弯构件中性轴处的主拉应力，若符合下列条件

$$\sigma_{tp}^t\leqslant 0.25f_{tk}' \tag{5.2.7}$$

则该区段的主拉应力全部由混凝土承受，此时抗剪钢筋按构造要求配置。

中性轴处的主拉应力不符合式（5.2.7）的区段，则主拉应力全部由箍筋和弯起钢筋承

受。箍筋、弯起钢筋可按剪应力图配置（见图 5.2.4），并按下列公式计算：

（1）箍筋

$$\tau_{\mathrm{v}}^{\mathrm{t}} \leqslant \frac{n a_{\mathrm{sv}} \lfloor \sigma_{\mathrm{sv}}^{\mathrm{t}} \rfloor}{b s_{\mathrm{v}}} \tag{5.2.8}$$

（2）弯起钢筋

$$A_{\mathrm{sb}} \geqslant \frac{b M_{\mathrm{b}}}{\lceil \sigma_{\mathrm{sb}}^{\mathrm{t}} \rceil \sin\theta_{\mathrm{s}}} \tag{5.2.9}$$

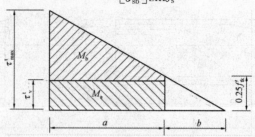

图 5.2.4　钢筋混凝土受弯构件剪应力沿梁长方向分布图

式中　　$\tau_{\mathrm{v}}^{\mathrm{t}}$ ——由箍筋承担的主拉应力（剪应力）值；

　　　　n ——同一截面内箍筋的肢数；

　　$\lceil \sigma_{\mathrm{sv}}^{\mathrm{t}} \rceil$ ——按短暂状况设计时，箍筋钢筋应力限值取 $\lceil \sigma_{\mathrm{sv}}^{\mathrm{t}} \rceil = 0.75 f_{\mathrm{sk,v}}$；

　　　a_{sv} ——一肢钢筋的截面面积；

　　　s_{v} ——箍筋的间距；

　　　b ——矩形截面宽度，T 形和 I 形截面的腹板宽度；

　　　A_{sb} ——弯起钢筋的总截面面积；

　　$\lceil \sigma_{\mathrm{sb}}^{\mathrm{t}} \rceil$ ——按短暂状况设计时，弯起钢筋应力限值，取 $\lceil \sigma_{\mathrm{sb}}^{\mathrm{t}} \rceil = 0.75 f_{\mathrm{sk,b}}$；

　　　M_{b} ——相应于由弯起钢筋承受的剪应力图的面积；

　　　θ_{s} ——弯起钢筋与构件轴线的夹角。

例 5.2.1　某装配式钢筋混凝土简支 T 形截面梁，其计算跨径 $L=19.5\mathrm{m}$，截面尺寸见图 5.2.5，采用 C30 号混凝土（$f_{\mathrm{tk}}=2.01\mathrm{MPa}$，$f_{\mathrm{ck}}'=20.1\mathrm{MPa}$），主钢筋采用 HRB400 级钢筋（$8\,\Phi\,32$，$A_{\mathrm{s}}=6434\mathrm{mm}^{2}$，$f_{\mathrm{sk}}=400\mathrm{MPa}$），焊接钢筋骨架。由恒荷载标准值产生的弯矩 $M_{\mathrm{k}}=766\mathrm{kN \cdot m}$，试进行正截面应力计算。

解　C30 混凝土的弹性模量 $E_{\mathrm{c}}=3\times10^{4}\mathrm{MPa}$；HRB400 级钢筋的弹性模量 $E_{\mathrm{c}}=2\times10^{5}$ MPa，$\alpha_{\mathrm{Es}}=E_{\mathrm{s}}/E_{\mathrm{c}}=6.67$；翼缘平均厚度

$$h_{\mathrm{f}}'=(140+80)/2=110(\mathrm{mm})$$

$$h_0=1350-(30+2\times35.8)=1248.4(\mathrm{mm})$$

$$h_{01}=1350-(30+35.8/2)=1302.1(\mathrm{mm})$$

（1）确定受压区高度。由式（5.1.17）得

$$x_0=\sqrt{A^2+B}-A$$

$$A=\frac{\alpha_{\mathrm{Es}}A_{\mathrm{s}}+h_{\mathrm{f}}'(b_{\mathrm{f}}'-b)}{b}=\frac{6.67\times6434+110\times(1500-180)}{180}=1045.1$$

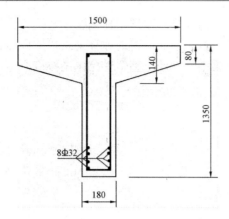

图 5.2.5 T 形截面梁（单位：mm）

$$B = \frac{h_f'^2(b_f' - b) + 2\alpha_{Es}A_sh_0}{b}$$

$$= \frac{110^2 \times (1500 - 180) + 2 \times 6.67 \times 6434 \times 1248.4}{180}$$

$$= 684\ 009.02$$

则 $x_0 = 288$mm。由于 $x_0 = 288$mm $> h_f' = 110$mm，说明中性轴位于梁肋之内，属于第二类 T 形截面。

（2）求开裂截面换算截面的惯性矩

$$I_{cr} = \frac{1}{3}b_f'x_0^3 - \frac{1}{3}(b_f' - b)(x_0 - h_f')^3 + \alpha_{Es}A_s(h - x_0)^2$$

$$= \frac{1}{3} \times 1500 \times 288^3 - \frac{1}{3} \times (1500 - 180) \times (288 - 110)^3 + 6.67 \times$$

$$6434 \times (1248.4 - 288)^2 = 490.5 \times 10^8\ (\text{mm})^4$$

（3）正截面应力验算。受压区混凝土边缘的压应力

$$\sigma_{cc}^t = \frac{M_k^t x_0}{I_{cr}} = \frac{766 \times 10^6 \times 288}{490.5 \times 10^8} = 4.5(\text{MPa}) \leqslant 0.8\ f_{ck}' = 0.8 \times 20.1 = 16.08\ (\text{MPa})$$

最外一层受拉钢筋应力

$$\sigma_{si}^t = \alpha_{Es}\frac{M_k^t(h_{0i} - x_0)}{I_{cr}} = 6.67 \times \frac{766 \times 10^6 \times (1302.1 - 288)}{490.5 \times 10^8}$$

$$= 105.6(\text{MPa})$$

$$\leqslant 0.75\ f_{sk} = 0.75 \times 400 = 300(\text{MPa})$$

因此，构件满足要求。

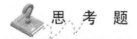

思 考 题

1. 受弯构件在施工阶段的计算是以哪个受力阶段为计算图式的？
2. 受弯构件在施工阶段进行计算有哪些假定？
3. 什么是换算截面？
4. 截面变换的条件是什么？式（5.1.1）说明了什么？

5. 受弯构件在施工阶段应力计算的原理是什么?

6. 写出受弯构件在施工阶段正截面应力的计算公式,并说明各字母的含义。

7. 为什么在钢筋混凝土梁中性轴处及整个受拉区主拉应力等于最大剪应力?

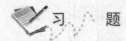 习　　题

1. 某装配式钢筋混凝土实体板桥,每块板宽 $b=1000\text{mm}$,板厚 $h_f=300\text{mm}$,采用 C25 混凝土,HRB335 级钢筋,配筋 8 Φ 16($A_s=1609\text{mm}^2$)受拉钢筋,$a_s=33\text{mm}$,承受计算弯矩 $M_k^t=90\text{kN}\cdot\text{m}$,试验算正截面应力。

第六章 钢筋混凝土受弯构件变形和裂缝宽度计算

钢筋混凝土构件除了可能由于材料强度破坏或失稳等原因达到承载能力极限状态以外，还可能由于构件变形或裂缝过大影响了构件的适用性及耐久性，而达不到结构正常使用要求。对于钢筋混凝土受弯构件，JTG D62—2004 规定必须进行使用阶段的变形和最大裂缝宽度验算。

第一节 受弯构件的变形（挠度）计算

在荷载作用下的受弯构件，如果变形过大，将影响结构的正常使用。如桥梁在使用阶段上部结构的挠度过大，梁端的转角也大，车辆通过时，冲击、破坏伸缩装置处的桥面，影响结构的耐久性；桥面铺装的过大变形将会引起车辆的颠簸和冲击，起着对桥梁结构不利的加载作用，所以在设计这些构件时，持久状况正常使用极限状态下计算受弯构件的变形为一项主要内容，要求受弯构件具有足够刚度，使得构件在使用荷载作用下的最大变形计算值不得超过容许的限值。

一、短期荷载效应组合作用下的挠度

普通的匀质弹性梁在不同荷载作用下的变形（挠度）计算公式，对于等截面梁，结构力学中用图乘法计算。

在均布荷载作用下，简支梁的最大挠度为

$$f = \frac{5ML^2}{48EI} \text{ 或 } f = \frac{5qL^4}{384EI} \tag{6.1.1}$$

集中荷载作用在简支梁跨中时，梁的最大挠度为

$$f = \frac{ML^2}{12EI} \text{ 或 } f = \frac{PL^3}{48EI} \tag{6.1.2}$$

由式（6.1.1）和式（6.1.2）可以看出，不论荷载的形式和大小如何，梁的挠度 f 总是与 EI 值成反比。EI 值反映了梁的抵抗弯曲变形的能力，故 EI 又称为受弯构件的抗弯刚度。

钢筋混凝土是由两种不同性质的材料所组成。混凝土是一种非匀质的弹塑性体，受力后除弹性变形外，还会产生塑性变形。钢筋混凝土受弯构件在使用荷载作用下会产生裂缝，其受拉区成为非连续体，这就决定了钢筋混凝土受弯构件的变形（挠度）计算中涉及的抗弯刚度不能直接采用匀质弹性梁的抗弯刚度 EI。钢筋混凝土受弯构件的抗弯刚度通常用 B 表示，即用 B 来代替式（6.1.1）和式（6.1.2）中的 EI。

JTG D62—2004 规定，钢筋混凝土和预应力混凝土受弯构件，在正常使用极限状态下的挠度，可根据给定的构件刚度用结构力学的方法计算。钢筋混凝土受弯构件的刚度可按下式计算

$$B = \frac{B_0}{\left(\frac{M_{cr}}{M_s}\right)^2 + \left[1 - \left(\frac{M_{cr}}{M_s}\right)^2\right]\frac{B_0}{B_{cr}}} \tag{6.1.3}$$

$$B_0 = 0.95E_c I_0$$

$$B_{cr} = E_c I_{cr}$$

$$M_{cr} = \gamma f_{tk} W_0$$

$$\gamma = 2S_0 / W_0$$

式中　　B——开裂构件等效截面的抗弯刚度；

　　　　B_0——全截面的抗弯刚度；

　　　　B_{cr}——开裂截面的抗弯刚度；

　　　　E_c——混凝土的弹性模量；

　　　　I_0——全截面换算截面惯性矩；

　　　　I_{cr}——开裂截面的换算截面惯性矩；

　　　　M_s——按短期效应组合计算的弯矩值；

　　　　M_{cr}——开裂弯矩；

　　　　f_{tk}——混凝土轴心抗拉强度标准值；

　　　　γ——构件受拉区混凝土塑性影响系数；

　　　　S_0——全截面换算截面重心轴以上（或以下）部分面积对重心轴的面积矩；

　　　　W_0——全截面换算截面抗裂验算边缘的弹性抵抗矩。

二、受弯构件在使用阶段的长期挠度

　　钢筋混凝土受弯构件在使用阶段随着时间的增长，构件的刚度要降低，挠度要增大。这是因为：受压区混凝土发生徐变；受拉区裂缝间混凝土与钢筋之间的黏结力逐渐退出工作，钢筋平均应变增大；受压区与受拉区混凝土收缩不一致，构件曲率增大；混凝土弹性模量降低等。所以受弯构件在使用阶段的挠度应考虑作用（或荷载）长期效应的影响，即按作用短期效应组合和给定的刚度计算的挠度值，再乘以挠度长期增大系数 η_θ。受弯构件在使用阶段的长期挠度为

$$f_l = \eta_\theta f_s \tag{6.1.4}$$

式中　　f_l——使用阶段的长期挠度值；

　　　　η_θ——挠度长期增大系数，采用 C40 以下混凝土时，$\eta_\theta = 1.6$，采用 C40～C80 混凝土时，$\eta_\theta = 1.45～1.35$，中间强度等级可按直线内插法取用；

　　　　f_s——按短期荷载效应组合作用下计算的挠度值。

　　JTG D62—2004 规定，钢筋混凝土受弯构件按上述计算的长期挠度值，在消除结构自重产生的长期挠度后，梁式桥主梁的最大挠度处不应超过计算跨径的 1/600；梁式桥主梁的悬臂端不应超过悬臂长度的 1/300，即

$$\eta_\theta (f_s - f_G) \leqslant l / 600 \; (l_1 / 300) \tag{6.1.5}$$

式中　　f_G——结构自重产生的挠度；

　　　　l——受弯构件的计算跨径；

　　　　l_1——悬臂长度。

三、预拱度的设置

　　在使用荷载作用下，受弯构件的变形（挠度）是由两部分组成：一部分是由永久作用产生的挠度；另一部分是由基本可变作用所产生的挠度。永久作用产生的挠度，可以认为是在长期荷载作用下所引起的构件变形，它可以通过在施工时设置预拱度的办法来消除；基本可

变作用产引的挠度，则需要通过验算来分析是否符合要求。

JTG D62—2004 规定：当由作用（或荷载）短期效应组合并考虑作用（或荷载）长期效应影响产生的长期挠度不超过计算跨径的 1/1600 时，可不设预拱度；当不符合上述规定时则应设预拱度。钢筋混凝土受弯构件预拱度值按结构自重和 1/2 可变荷载频遇值计算的长期挠度值之和采用，即

$$\Delta = f_G + \frac{1}{2} f_Q \qquad\qquad (6.1.6)$$

式中　　Δ——预拱度值；

　　　　f_G——结构重力产生的长期竖向挠度；

　　　　f_Q——可变荷载频遇值产生的长期竖向挠度。

需要注意的是，汽车荷载频遇值为汽车荷载标准值的 0.7 倍，人群荷载频遇值为其标准值。预拱度的设置按最大的预拱度值沿桥向作成平顺的曲线。

第二节　受弯构件裂缝宽度计算

混凝土的抗拉强度很低，在不大的拉应力作用下就可能出现裂缝。过多的裂缝或过大的裂缝宽度会影响结构的外观，给使用者带来不安全因素。水分的侵入会导致钢筋的锈蚀，将影响结构的使用寿命。

一、裂缝的类型

钢筋混凝土结构的裂缝，按其成因可分为以下几类：

（1）作用效应（如弯矩、剪力、扭矩及拉力等）引起的裂缝。这类裂缝是由于构件下边缘拉应力早已超过混凝土抗拉强度而使受拉区混凝土产生的垂直裂缝。由直接作用引起的裂缝一般是与受力钢筋以一定角度相交的横向裂缝。

（2）由外加变形或约束变形引起的裂缝。外加变形一般有地基的不均匀沉降、混凝土的收缩及温度差等。约束变形越大，裂缝宽度也越大。例如，在钢筋混凝土薄腹 T 形截面梁的肋板表面上出现中间宽两端窄的竖向裂缝，这是混凝土结硬时，肋板混凝土受到四周混凝土及钢筋骨架约束而引起的裂缝。

（3）钢筋锈蚀裂缝。由于保护层混凝土碳化或冬季施工中掺氯盐（一种混凝土促凝、早强剂）过多导致钢筋锈蚀。锈蚀产物的体积比钢筋被侵蚀的体积大 2～3 倍，这种体积膨胀使外围混凝土产生相当大的拉应力，引起混凝土开裂，甚至保护层混凝土剥落。钢筋锈蚀裂缝是沿钢筋长度方向劈裂的纵向裂缝。

在正常使用阶段，钢筋混凝土结构出现裂缝是不可避免的。因而，习惯上称这种裂缝（第一种）为正常裂缝，而后两种裂缝就称为非正常裂缝，主要是由于混凝土收缩、养护不周，拆模时间不当，构造形式不妥引起应力集中等造成的。这类裂缝只要在设计施工中采取一定的措施，大部分是可以克服和加以限制的。正常裂缝则需要进行裂缝宽度的验算。

二、裂缝宽度的计算

对于钢筋混凝土受弯构件弯曲裂缝宽度问题，各国均做了大量的试验和理论研究工作，提出了各种不同的裂缝宽度计算理论和方法，大致可以归纳为两大类：第一类是以黏结-滑移理论为基础的半经验半理论公式。按照这种理论，裂缝的间距取决于钢筋与混凝土间黏结

应力的分布，裂缝的开展是由于钢筋与混凝土间的变形不再维持协调，出现相对滑动而产生。第二类是以数理统计为基础的经验计算方法，分析影响裂缝宽度的主要因素，给出简单适用而又有一定可靠性的经验计算公式。

1. 影响裂缝宽度的因素

根据试验结果分析，影响裂缝宽度的主要因素有受拉钢筋应力、钢筋直径、受拉钢筋配筋率、钢筋保护层厚度、钢筋外形、荷载作用性质（短期、长期、重复作用）、构件受力性质（受弯、受拉、偏心受拉等）。

（1）受拉钢筋应力。在国外文献中，一致认为受拉钢筋应力是影响裂缝开展宽度的最主要因素。但裂缝宽度与 σ_s 的关系则有不同的表达形式。采用在使用荷载作用下最大裂缝宽度 W_{fk} 与 σ_s 呈线性关系的形式是最简单的表达形式。

（2）钢筋直径。试验表明，在受拉钢筋配筋率和钢筋应力大致相同的情况下，裂缝宽度随钢筋直径的增大而增大。

（3）受拉钢筋配筋率。试验表明，当钢筋直径相同、钢筋应力大致相同的情况下，裂缝宽度随着 ρ 值的增加而减小，当 ρ 接近某一数值（$\geqslant 0.02$）时，裂缝宽度接近不变。

（4）钢筋保护层厚度。钢筋保护层厚度对裂缝间距和表面裂缝宽度均有影响。保护层越厚，裂缝宽度越宽。但是，从另一方面讲，保护层越厚，钢筋锈蚀的可能性越小。因此，保护层厚度对计算裂缝宽度和容许裂缝宽度的影响可大致抵消，故在裂缝宽度计算公式中，暂时也可以不考虑保护层厚度的影响。

（5）钢筋外形。在裂缝宽度计算公式中，引用不同的系数来考虑钢筋外形的影响，对带肋钢筋取 $C_1 = 1.0$；对光圆钢筋取 $C_1 = 1.4$。

（6）荷载作用性质。中国建筑科学研究院所做的试验指出，重复荷载作用下不断发展的裂缝宽度是初始使用荷载下裂缝宽度的 $1.0 \sim 1.5$ 倍。因而，在裂缝宽度计算中取用扩大系数 C_2 来考虑长期或重复荷载的影响。对短期荷载作取 $C_2 = 1.0$。

（7）构件受力性质。用不同的参数 C_3 来考虑构件受力性质对最大裂缝宽度的影响，对受弯构件取 $C_3 = 1.0$。

国内外资料大多认为，混凝土强度（或抗拉强度）对裂缝宽度影响不大，计算公式中可不考虑此项因素。

2. 裂缝宽度计算公式

JTG D62—2004 规定，矩形、T 形和 I 形截面的钢筋混凝土构件，其最大裂缝宽度 W_{fk} 可按下式计算

$$W_{fk} = C_1 C_2 C_3 \frac{\sigma_{ss}}{E_s} \left(\frac{30+d}{0.28+10\rho} \right) \text{(mm)} \tag{6.2.1}$$

式中　C_1——钢筋表面形状系数，对于光圆钢筋 $C_1 = 1.4$，对于带肋钢筋 $C_1 = 1.0$；

　　　C_2——作用（或荷载）长期效应影响系数，$C_2 = 1 + 0.5 \dfrac{N_l}{N_s}$，其中 N_l 和 N_s 分别按作用（或荷载）长期效应组合和短期效应组合计算的内力值（弯矩或轴向力）；

　　　C_3——与构件受力性质有关的系数，当为钢筋混凝土板式受弯构件时，$C_3 = 1.15$，其他受弯构件时 $C_3 = 1.0$，轴心受拉构件时 $C_3 = 1.2$，偏心受拉构件时 $C_3 = 1.1$，偏心受压构件时 $C_3 = 0.9$；

d ——纵向受拉钢筋的直径（mm），当用不同直径的钢筋时，d 改用换算直径 d_e，

$d_e = \dfrac{\sum n_i d_i^2}{\sum n_i d_i}$，其中对钢筋混凝土构件，$n_i$ 为受拉区第 i 种普通钢筋的根数，d_i 为

受拉区第 i 种普通钢筋的公称直径，对混合配筋的预应力混凝土构件，预应力
钢筋为由多根钢丝或钢绞线组成的钢丝束或钢绞线束，式中 d_i 为普通钢筋公
称直径、钢丝束或钢绞线束的等代直径 d_{pe}，$d_{pe} = \sqrt{n}d$，此处，n 为钢丝束中钢
丝根数或钢绞线束中钢绞线根数，d 为单根钢丝或钢绞线的公称直径，对于钢
筋混凝土构件中的焊接钢筋骨架，公式中的 d 或 d_e，应乘以 1.3 系数；

ρ ——纵向受拉钢筋配筋率，对矩形及 T 形截面 $\rho = \dfrac{A_s}{bh_0}$，对带有受拉翼缘的 T 形截

面 $\rho = \dfrac{A_s}{bh_0 + (b_f - b)h_f}$，对钢筋混凝土构件，当 $\rho > 0.02$ 时，取 $\rho = 0.02$，

当 $\rho < 0.006$ 时，取 $\rho = 0.006$，对于轴心受拉构件，ρ 按全部受拉钢筋截面面
积 A_s 的一半计算；

b_f ——受拉翼缘的宽度；

h_f ——受拉翼缘的厚度；

h_0 ——截面的有效高度；

σ_{ss} ——由作用（或荷载）短期效应组合引起的开裂截面纵向受拉钢筋在使用荷载作

用下的应力（MPa），对于钢筋混凝土受弯构件，$\sigma_{ss} = \dfrac{M_s}{0.87 A_s h_0}$，其他受力性

质构件的 σ_{ss} 计算式参见 JTG D62—2004；

M_s ——按作用（或荷载）短期效应组合计算的弯矩值；

A_s ——受拉区纵向钢筋截面面积；

E_s ——钢筋弹性模量（MPa）。

3. 裂缝宽度限值

JTG D62—2004 规定，钢筋混凝土构件，其计算的最大裂缝宽度不应超过下列规定的
限值：在Ⅰ类和Ⅱ类环境条件下不应超过 0.2mm，处于Ⅲ类和Ⅳ类环境下不应超
过 0.15mm。

在正常使用极限状态下钢筋混凝土构件的裂缝宽度，应按作用（或荷载）短期效应组合
并考虑长期效应组合影响进行验算，且不得超过规范规定的裂缝限值。

例 6.2.1 装配式钢筋混凝土简支 T 形截面梁，全长 $L = 16$m，计算跨径为 15.5m；横
截面尺寸如图 6.2.1 所示；采用 C30 级混凝土，$E_c = 3.0 \times 10^4$ MPa；受拉主钢筋为
HRB335 级钢筋，钢筋截面面积 $A_s =$
6158mm² （10 Φ 28），$a_s = 77$mm，E_s
$= 2 \times 10^5$MPa；Ⅰ类环境条件。安全
等级为二级。T 形截面梁跨中截面使
用阶段汽车荷载标准值产生的弯矩为
$M_{Q1} = 321.15$kN·m（未计入汽车冲
击系数），人群荷载标准值产生的弯矩

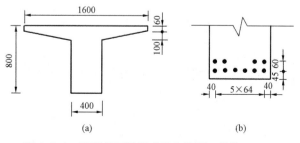

图 6.2.1　T 形截面梁尺寸及布筋图（单位：mm）

$M_{Q2}=41.20 \text{kN} \cdot \text{m}$，永久作用（恒荷载）标准值产生的弯矩 $M_G=389.47 \text{kN} \cdot \text{m}$。试计算此 T 形截面梁的跨中挠度及裂缝宽度。

解 （1）T 形截面梁换算截面的惯性矩几何特性。

1）T 形截面的类型判别。$b'_f=1600 \text{mm}$，而受压翼板平均厚度为 110mm。有效高度 $h_0=800-77=723 \text{mm}$，$\alpha_{Es}=\dfrac{E_s}{E_c}=\dfrac{20\times10^5}{3.0\times10^4}=6.667$。

对 T 形截面梁的开裂截面，计算开裂截面的受压区高度 x 为

$$\frac{1}{2}\times1600\times x^2 = 6.667\times6158\times(723-x)$$

$$x=169\text{mm}>h'_f(110\text{mm})$$

故梁的跨中截面为第二类 T 形截面。

2）第二类 T 形截面的几何特性。开裂截面受压区 x 高度

$$A=\frac{\alpha_{Es}A_s+h'_f(b'_f-b)}{b}=\frac{6.667\times6158+110\times(1600-400)}{400}=432.6$$

$$B=\frac{h'^2_f(b'_f-b)+2\alpha_{Es}A_sh_0}{b}=\frac{110^2\times(1600-400)+2\times6.667\times6158\times723}{400}=184\,715.2$$

$$x=\sqrt{A^2+B}-A=\sqrt{432.6^2+184\,715.2}-432.6=177\text{mm}>h'_f$$

开裂截面的换算截面惯性矩为

$$I_{cr}=\frac{b'_f x^3}{3}-\frac{(b'_f-b)(x-h'_f)^3}{3}+\alpha_{Es}A_s(h_0-x)^2$$

$$=\frac{1600\times177^3}{3}-\frac{(1600-400)\times(177-110)^3}{3}+6.667\times6158\times(723-177)^2$$

$$=1.5076\times10^{10}(\text{mm}^4)$$

梁的全截面换算截面面积为

$$A_0=bh+(b'_f-b)h'_f+(\alpha_{Es}-1)A_s$$

$$=400\times800+(1600-400)\times110+(6.667-1)\times6158$$

$$=486\,897\ (\text{mm}^2)$$

全截面换算截面的受压区高度为

$$x=\frac{\frac{1}{2}bh^2+\frac{1}{2}(b'_f-b)(h'_f)^2+(\alpha_{Es}-1)A_sh_0}{A_0}$$

$$=\frac{\frac{1}{2}\times400\times800^2+\frac{1}{2}(1600-400)\times110^2+(6.667-1)\times6158\times723}{486\,897}$$

$$=330(\text{mm})$$

全截面换算截面的惯性矩为

$$I_0=\frac{1}{12}bh^3+bh\left(\frac{h}{2}-x\right)^2+\frac{1}{12}(b'_f-b)(h'_f)^3+(b'_f-b)h'_f\left(\frac{h'_f}{2}-x\right)^2+(\alpha_{Es}-1)A_s(h_0-x)^2$$

$$=\frac{1}{12}\times400\times800^3+400\times800\times\left(\frac{800}{2}-330\right)^2+\frac{1}{12}(1600-400)\times110^3$$

$$+(1600-400)\times110\times\left(\frac{110}{2}-330\right)^2+(6.667-1)\times6158\times(723-330)^2$$

$$=3.414\times10^{10}(\text{mm}^4)$$

（2）抗弯刚度计算。

全截面抗弯刚度 $B_0=0.95E_cI_0=0.95\times3.0\times10^4\times3.414\times10^{10}=9.73\times10^{14}(\text{N}\cdot\text{mm}^2)$

开裂截面抗弯刚度 $B_{cr}=E_cI_{cr}=3.0\times10^4\times1.5076\times10^{10}=4.52\times10^{14}(\text{N}\cdot\text{mm}^2)$

全截面换算截面受拉区边缘的弹性抵抗矩为

$$W_0=\frac{I_0}{h-x}=\frac{3.414\times10^{10}}{800-330}=7.26\times10^7(\text{mm}^3)$$

全截面换算截面的面积矩为

$$S_0=\frac{1}{2}b'_fx^2-\frac{1}{2}(b'_f-b)(x-h'_f)^2$$

$$=\frac{1}{2}\times1600\times330^2-\frac{1}{2}(1600-400)(330-110)^2$$

$$=5.81\times10^7(\text{mm}^3)$$

塑性影响系数为

$$\gamma=2S_0/W_0=2\times5.81\times10^7/7.26\times10^7=1.60$$

开裂弯矩

$$M_{cr}=\gamma f_{tk}W_0=1.60\times2.01\times7.26\times10^7=2.3348\times10^8(\text{N}\cdot\text{mm})=233.48(\text{kN}\cdot\text{m})$$

作用短期效应组合

$$M_s=M_G+0.7M_{Q1}+M_{Q2}=389.47+0.7\times321.15+41.20=655.48(\text{kN}\cdot\text{m})$$

开裂构件的抗弯刚度为

$$B=\frac{B_0}{\left(\frac{M_{cr}}{M_s}\right)^2+\left[1-\left(\frac{M_{cr}}{M_s}\right)^2\right]\frac{B_0}{B_{cr}}}$$

$$=\frac{9.73\times10^{14}}{\left(\frac{233.48}{655.48}\right)^2+\left[1-\left(\frac{233.48}{655.48}\right)^2\right]\frac{9.73\times10^{14}}{4.52\times10^{14}}}$$

$$=4.85\times10^{14}(\text{N}\cdot\text{mm}^2)$$

（3）T 形截面梁的跨中截面处的长期挠度。C30 混凝土，长期挠度增长系数 $\eta_\theta=1.60$。

使用阶段的跨中截面的长期挠度值为

$$f_1=\frac{5}{48}\times\frac{M_sL^2}{B}\times\eta_\theta=\frac{5}{48}\times\frac{655.48\times10^6\times(15.5\times10^3)^2}{4.96\times10^{14}}\times1.60=53(\text{mm})$$

自重作用下跨中截面的长期挠度值为

$$f_G=\frac{5}{48}\times\frac{M_GL^2}{B}\times\eta_\theta=\frac{5}{48}\times\frac{389.47\times10^6\times(15.5\times10^3)^2}{4.96\times10^{14}}\times1.60=31(\text{mm})$$

消除结构自重产生的长期挠度值跨中挠度为

$$f_1 - f_G = 53 - 31 = 22 \ (\text{mm}) < L/600 \ (15.5/600 \times 10^3 = 26\text{mm})$$

满足规范要求。

裂缝宽度作用短期效应组合

$$M_s = M_G + 0.7M_{Q1} + M_{Q2} = 389.47 + 0.7 \times 321.15 + 41.20 = 655.48(\text{kN} \cdot \text{m})$$

作用长期效应组合

$$M_1 = M_G + 0.4(M_{Q1} + M_{Q2}) = 389.47 + 0.4 \times (321.15 + 41.20) = 534.41(\text{kN} \cdot \text{m})$$

带肋钢筋 $C_1 = 1.0$, $C_2 = 1 + 0.5\dfrac{M_1}{M_s} = 1 + 0.5 \times \dfrac{534.41}{655.48} = 1.41$, $C_3 = 1.0$

配筋率

$$\rho = \frac{A_s}{bh_0} = \frac{6158}{400 \times 723} = 0.021\,3 > 0.02,\text{取}\,\rho = 0.02$$

$$\sigma_{ss} = \frac{M_s}{0.87A_s h_0} = \frac{655.48 \times 10^6}{0.87 \times 6158 \times 723} = 169.22(\text{MPa})$$

代入式（6.2.1）得

$$W_{fk} = C_1 C_2 C_3 \frac{\sigma_{ss}}{E_s}\left(\frac{30 + d}{0.28 + 10\rho}\right)$$

$$= 1.0 \times 1.41 \times 1.0 \times \frac{169.22}{2.0 \times 10^5} \times \left(\frac{30 + 28}{0.28 + 10 \times 0.02}\right)$$

$$= 0.14(\text{mm}) < [W_{fk}] = 0.2(\text{mm})$$

满足规范要求。

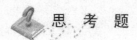

思 考 题

1. 什么是预拱度？预拱度如何设置？

2. 为什么钢筋混凝土受弯构件的变形计算中涉及的抗弯刚度不能直接采用匀质弹性梁的抗弯刚度 EI？

3. 为什么受弯构件在使用阶段的挠度要考虑作用（或荷载）长期效应的影响？

4. JTG D62—2004 中对挠度限值如何规定？

5. 影响钢筋混凝土构件裂缝宽度的主要因素有哪些？

6. JTG D62—2004 中对裂缝宽度如何规定？

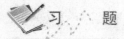

习 题

1. 钢筋混凝土简支 T 形截面梁，计算跨径 $L = 19.50\text{m}$。采用 C25 级混凝土，Ⅰ类环境条件，安全等级为二级。$b'_f = 1500\text{mm}$，$h'_f = 110\text{mm}$，$h = 1300\text{mm}$，$b = 180\text{mm}$，跨中截面主钢筋为 HRB335 级钢筋，钢筋截面面积 $A_s = 6836\text{mm}^2$（8 Φ 32 + 2 Φ 16），$a_s = 111\text{mm}$，$E_s = 2 \times 10^5\text{MPa}$。使用阶段汽车荷载标准值产生的弯矩为 $M_{Q1} = 596.04\text{kN} \cdot \text{m}$（未计入汽车冲击系数），人群荷载标准值产生的弯矩 $M_{Q2} = 55.30\text{kN} \cdot \text{m}$，永久作用标准值产生的弯矩 $M_G = 751\text{kN} \cdot \text{m}$。试计算此 T 形截面梁的跨中最大裂缝宽度及跨中挠度。

2. 钢筋混凝土简支 T 形截面梁，计算跨径 $L = 19.50\text{m}$。采用 C25 级混凝土，$b'_f = 1600\text{mm}$，$h'_f = 120\text{mm}$，$h = 1350\text{mm}$，$b = 180\text{mm}$，配有 10 Φ 28 纵向钢筋，$h_0 = 1240\text{mm}$。Ⅰ类环境条件，汽车荷载标准值产生的弯矩为 $M_{Q1} = 600\text{kN} \cdot \text{m}$（包括汽车冲击系数 1.19），人群荷载标准值产生的弯矩 $M_{Q2} = 60\text{kN} \cdot \text{m}$，永久作用标准值产生的弯矩 $M_G = 750\text{kN} \cdot \text{m}$。试计算此 T 形截面梁的跨中最大裂缝宽度及跨中挠度。

第七章　轴心受压构件承载力计算

第一节　概　述

受压构件是以承受轴向压力为主的构件。当纵向外压力作用线与受压构件轴线相重合时，此受压构件为轴心受压构件。在实际结构中，严格的轴心受压构件是很少的，通常由于作用位置的偏差、混凝土组成的非均匀性、纵向钢筋的布置及施工中的误差等原因，轴心受压构件截面都或多或少存在弯矩的作用。

如果偏心距很小，设计中可以略去不计，近似简化为按轴心受压构件计算。

钢筋混凝土轴心受压构件按照箍筋的功能和配置方式的不同可分为两种：

（1）配有纵向钢筋和普通箍筋的轴心受压构件（普通箍筋柱），如图 7.1.1（a）所示。

（2）配有纵向钢筋和螺旋箍筋的轴心受压构件（螺旋箍筋柱），如图 7.1.1（b）所示。

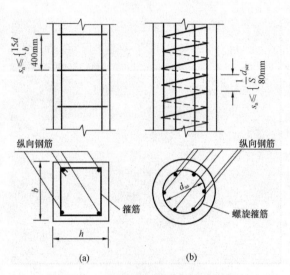

图 7.1.1　两种钢筋混凝土轴受压构件
(a) 普通箍筋柱；(b) 螺旋箍筋柱

第二节　普 通 箍 筋 柱

一、构造要求

普通箍筋柱的截面形状多为正方形、矩形和圆形等。纵向钢筋为对称布置，沿构件高度设置等间距的箍筋。轴心受压构件的承载力主要由混凝土提供，设置纵向钢筋的目的是协助混凝土承受压力，可减少构件截面尺寸；承受可能存在的不大的弯矩；防止构件的突然脆性破坏。

普通箍筋作用是防止纵向钢筋局部压屈，并与纵向钢筋形成钢筋骨架，便于施工。

1. 混凝土的强度等级

轴心受压构件的正截面承载力主要由混凝土来提供，一般多采用 C25～C40 级混凝土。

2. 截面尺寸

轴心受压构件截面尺寸不宜过小，因长细比越大，φ 值越小，承载力降低很多，不能充分利用材料强度。构件截面尺寸不宜小于 250mm，通常按 50mm 一级增加。超过 800mm 以上时，则采用 100mm 为一级增加。

3. 纵向钢筋

纵向受力钢筋一般采用 HRB335 级和 HRB400 级等热轧钢筋。纵向受力钢筋的直径应不小于 12mm。在构件截面上，纵向受力钢筋至少应有 4 根并且在截面每一角隅处必须布置 1 根。

纵向受力钢筋的净距不应小于 50mm，也不应大于 350mm；普通钢筋的最小混凝土保护层厚度不应小于钢筋公称直径。对水平浇筑混凝土预制构件，其纵向钢筋的最小净距采用受弯构件的规定要求，并应满足施工要求，能使振捣器可以顺利插入。

对于纵向受力钢筋的配筋率要求，一般是根据轴心受压构件中不可避免地存在混凝土徐变、可能存在的较小偏心弯矩等非计算因素而提出的。

若纵向钢筋配筋率很小，纵向钢筋对构件承载力影响很小，此时接近素混凝土柱，徐变使混凝土的应力降低得很少，纵筋将起不到防止脆性破坏的缓冲作用，同时为了承受可能存在的较小弯矩及混凝土收缩、温度变化引起的拉应力，JTG D62—2004 规定了纵向钢筋的最小配筋率 ρ_{min}，轴心受压构件、偏心受压构件全部纵向钢筋配筋率不应小于 0.5%，当混凝土强度等级为 C50 及以上时应不小于 0.6%，同时，一侧钢筋的配筋率不应小于 0.2%。受压构件的配筋率按构件的全截面面积计算。构件的全部纵向钢筋配筋率不宜超过 5%，一般纵向钢筋的配筋率为 1%～2%。

4. 箍筋

普通箍筋柱中的箍筋必须作成封闭式，箍筋直径应不小于纵向钢筋直径的 1/4，且不小于 8mm。

箍筋的间距应不大于纵向受力钢筋直径的 15 倍，且不大于构件截面的较小尺寸（圆形截面采用 0.8 倍直径）并不大于 400mm。

在纵向钢筋搭接范围内，箍筋的间距应不大于纵向钢筋直径的 10 倍，且不大于 200mm。

当纵向钢筋截面面积超过混凝土截面面积 3% 时，箍筋间距应不大于纵向钢筋直径的 10 倍，且不大于 200mm。

JTG D62—2004 将位于箍筋折角处的纵向钢筋定义为角筋。沿箍筋设置的纵向钢筋离角筋间距 s 不大于 150mm 或 15 倍箍筋直径（取较大者）范围内，若超过此范围设置纵向受力钢筋，应设复合箍筋（见图 7.2.1）。

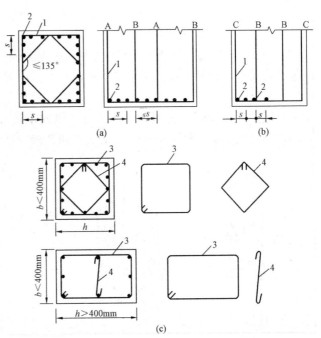

图 7.2.1 柱内复合箍筋布置

(a) s 内设三根纵向受力钢筋；(b) s 内设三根纵向受力钢筋；

(c) 受压柱箍筋配置

1—箍筋；2—角筋；3—正常箍筋；4—附加箍筋；A、B、C、D—箍筋编号

二、破坏形态

按照构件的长细比不同，轴心

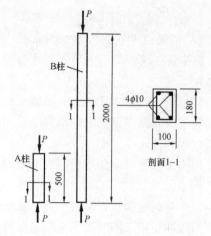

图 7.2.2　轴心受压构件试件

（单位：mm）

受压构件可分为短柱和长柱两种，它们受力后的侧向变形和破坏形态各不相同。下面结合有关试验研究来分别介绍。

在轴心受压构件试验中，试件的材料强度级别、截面尺寸和配筋率均相同，但柱长度不同（见图 7.2.2）。轴向力 P 用油压千斤顶施加，并用电子秤量测压力大小。由平衡条件可知，压力 P 的读数就等于试验柱截面所受到的轴心压力 N 值。同时，在柱长度一半处设置百分表，测量其横向挠度 u。通过对比试验的方法，观察长细比不同的轴心受压构件的破坏形态。

（1）短柱。当轴向力 P 逐渐增加时，试件 A 柱（见图 7.2.2）也随之缩短，测量结果证明混凝土全截面和纵向钢筋均发生压缩变形。

当轴向力 P 达到破坏荷载的 90% 左右时，柱中部四周混凝土表面出现纵向裂缝，部分混凝土保护层剥落，最后是箍筋间的纵向钢筋发生屈曲，向外鼓出，混凝土被压碎而整个试验柱破坏（见图 7.2.3）。破坏时，测得的混凝土压应变大于 1.8×10^{-3}，而柱中部的横向挠度很小。钢筋混凝土短柱的破坏是一种材料破坏，即混凝土压碎破坏。

许多试验证明，钢筋混凝土短柱破坏时混凝土的压应变均在 2×10^{-3} 附近，这时，混凝土已达到其轴心抗压强度；同时，采用普通热轧的纵向钢筋，均能达到抗压屈服强度。对于高强度钢筋，混凝土应变到达 2×10^{-3} 时，钢筋可能尚未达到屈服强度，在设计时如果采用这样的钢材，则它的抗压强度设计值仅为 $0.002E_s = 0.002 \times 2.0 \times 10^5 = 400\text{MPa}$，因而在短柱设计中，一般都不宜采用高强度钢筋作为受压纵筋。

（2）长柱。试件 B 柱在压力 P 不大时，是全截面受压，但随着压力增大，长柱不仅发生压缩变形，同时长柱中部产生较大的横向挠度，凹侧压应力较大，凸侧较小。在长柱破坏前，横向挠度增加得很快，使长柱的破坏来得比较突然，导致失稳破坏。破坏时，凹侧的混凝土首先被压碎，混凝土表面有纵向裂缝，纵向钢筋被压弯而向外鼓出，混凝土保护层脱落；凸侧则由受压突然转变为受拉，出现横向裂缝（见图 7.2.4）。

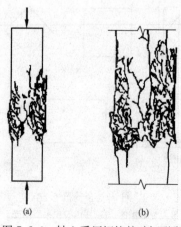

图 7.2.3　轴心受压短柱的破坏形态

（a）短柱的破坏；（b）局部放大图

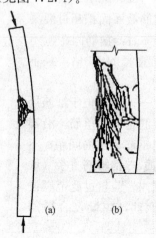

图 7.2.4　轴心受压长柱的破坏形态

图 7.2.5 所示为短柱和长柱轴心受压构件的横向挠度 u 与轴向力 P 的关系。

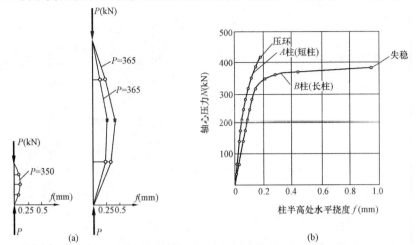

图 7.2.5　短柱和长柱轴心受压构件的横向挠度 u 与轴向力 P 关系
（a）横向挠度沿柱长的变化；（b）横向挠度 u 与轴向力 P 的关系

由图 7.2.5 及大量的其他试验可知，短柱总是受压破坏，长柱则是失稳破坏；长柱的承载力要小于相同截面、配筋率、材料的短柱承载力。

在实际结构中，轴心受压构件的荷载大部分为长期作用的恒荷载。在恒荷载的长期作用下，混凝土要产生徐变，由于混凝土徐变的作用及钢筋和混凝土的变形必须协调，在混凝土和钢筋之间将会出现应力重分布现象，即随着荷载持续时间的增加，混凝土的压应力逐渐减小，钢筋的压应力逐渐增大，造成实际上混凝土受拉，而钢筋受压。若纵向钢筋配筋率过大，可能使混凝土的拉应力达到其抗拉强度后而拉裂，会出现若干条与构件轴线垂直的贯通裂缝，故在设计中要限制纵向钢筋的最大配筋率。

三、稳定系数 φ

如上所述，钢筋混凝土轴心受压构件，长柱失稳破坏时的临界压力 P_l 与短柱压坏时的轴向力 P_s 的比值，称为轴心受压构件的稳定系数，用符号 φ 表示。表示长柱承载力降低的程度。

稳定系数 φ 主要与构件的长细比有关，混凝土强度等级及配筋率对其影响较小。长细比（又称压杆的柔度）是一个没有单位的参数，它综合反映了杆长、支承情况、截面尺寸和截面形状对临界力的影响。在结构设计中，为了提高压杆的稳定性，往往采取措施降低压杆的长细比。长细比的表达式：一般截面为 l_0/i，对矩形截面可用 l_0/b 表示，圆形截面可用 $l_0/2r$ 表示。

JTG D62—2004 根据国内试验资料，考虑长期荷载作用的影响和荷载初偏心影响，规定了稳定系数 φ 值（见表 7.2.1）。

表 7.2.1　　　　　　　　　　　钢筋混凝土轴心受压构件的稳定系数

l_0/b	≤8	10	12	14	16	18	20	22	24	26	28
$l_0/2r$	≤7	8.5	10.5	12	14	15.5	17	19	21	22.5	24
l_0/i	≤28	35	42	48	55	62	69	76	83	90	97

φ	1.0	0.98	0.95	0.92	0.87	0.81	0.75	0.70	0.65	0.60	0.56
l_0/b	30	32	34	36	38	40	42	44	46	48	50
$l_0/2r$	26	28	29.5	31	33	34.5	36.5	38	40	41.5	43
l_0/i	104	111	118	125	132	139	146	153	160	167	174
φ	0.52	0.48	0.44	0.40	0.36	0.32	0.29	0.26	0.23	0.21	0.19

注 表中 l_0 为构件的计算长度；b 为矩形截面的短边尺寸；r 为圆形截面的半径；i 为截面最小回转半径，$i = \sqrt{I/A}$（I 为截面惯性矩，A 为截面面积）。

查表7.2.1求 φ 值时，必须知道构件的计算长度 l_0，可参照表7.2.2取用。在实际桥梁设计中，应根据具体构造选择构件端部约束条件，进而获得符合实际的计算长度 l_0 值。

表 7.2.2 构件纵向弯曲计算长度 l_0 值

杆件	构件及其两端固定情况	计算长度 l_0
直杆	两端固定	$0.5l$
	一端固定，另一端为不移动铰	$0.7l$
	两端均为不移动铰	$1.0l$
	一端固定，另一端自由	$2.0l$

注 l 为构件支点间长度。

由表7.2.1可以看到，长细比越大，即柱子越长细，φ 值越小，承载能力越低。当 $\dfrac{l_0}{b} \leqslant 8$ 时，$\varphi \approx 1$，构件的承载力没有降低，即为短柱。

四、正截面承载力计算

JTG D62—2004规定，配有纵向受力钢筋和普通箍筋的轴心受压构件正截面承载力计算式为

$$\gamma_0 N_d \leqslant 0.9\varphi(f_{cd}A + f'_{sd}A'_s) \tag{7.2.1}$$

式中 γ_0——结构的重要性系数，对应于结构设计安全等级，当为一级、二级和三级时分别取1.1、1.0和0.9；

N_d——轴向力组合设计值；

φ——轴心受压构件稳定系数，按表7.2.1取用；

A——构件毛截面面积，当纵向钢筋配筋率大于3%时，混凝土截面净面积 $A_n = A - A'_s$；

A'_s——全部纵向钢筋截面面积；

f_{cd}——混凝土轴心抗压强度设计值；

f'_{sd}——纵向普通钢筋抗压强度设计值。

普通箍筋柱的正截面承载力计算分为截面设计和强度复核两种情况。

(1) 截面设计。已知截面尺寸、计算长度、混凝土轴心抗压强度和钢筋抗压强度设计值、轴向力组合设计值 N_d，求全部纵向钢筋所需面积 A'_s。

计算步骤：首先计算长细比，由表7.2.1查得相应的稳定系数 φ，再由式（7.2.1）计算所需钢筋截面面积，即

$$A'_s = \frac{\gamma_0 N_d - 0.9\varphi f_{cd} A}{0.9\varphi f'_{cd}} \qquad (7.2.2)$$

由 A'_s 计算值及构造要求选择并布置钢筋。

若截面尺寸未知，可在适宜的配筋率范围（$\rho = 0.8\% \sim 1.5\%$）内，选取一个 ρ 值，并暂设 $\varphi = 1$。这时，可将 $A'_s = \rho A$ 代入式（7.2.1）得

$$\gamma_0 N_d \leqslant 0.9\varphi(f_{cd} A + f'_{sd}\rho A)$$

则

$$A \geqslant \frac{\gamma_0 N_d}{0.9\varphi(f_{cd} + f'_{sd}\rho)} \qquad (7.2.3)$$

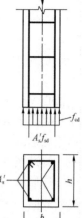

图 7.2.6　普通箍筋柱
正截面承载力
计算图式

构件的截面面积确定后，结合构造要求选取截面尺寸（截面的边长要取整数）。然后，按构件的实际长细比，确定稳定系数 φ，再由式（7.2.1）计算所需的钢筋截面面积 A'_s，最后按构造要求选择并布置钢筋。

（2）截面复核。已知截面尺寸、计算长度、全部纵向钢筋截面面积 A'_s、混凝土轴心抗压强度和钢筋抗压强度设计值，轴向力组合设计值 N_d，求截面承载力 N_u。

计算步骤：首先应检查纵向钢筋及箍筋布置构造是否符合要求。

由已知截面尺寸和计算长度 l_0 计算长细比，由表 7.2.1 查得相应的稳定系数 φ。由式（7.2.1）计算轴心受压构件正截面承载力 N_u，如果 $N_u \geqslant \gamma_0 N_d$，说明构件的承载能力是足够的。

例 7.2.1　有一现浇的钢筋混凝土轴心受压柱，柱高 5m，底端固定，顶端铰接。承受的轴向力组合设计值 $N_d = 620\text{kN}$，结构重要性系数 $\gamma_0 = 1.0$。拟采用 C20 级混凝土，$f_{cd} = 9.2\text{MPa}$，HPB235 级钢筋，$f'_{sd} = 195\text{MPa}$。试设计柱的截面尺寸及配筋。

解　设 $\rho = 0.01$，暂取 $\varphi = 1$，由式（7.2.3）求得柱的截面面积为

$$A \geqslant \frac{\gamma_0 N_d}{0.9\varphi(f_{cd} + f'_{cd}\rho)}$$

$$A \geqslant \frac{1.0 \times 620 \times 10^3}{0.9(9.2 + 195 \times 0.01)} = 61\,783.8(\text{mm}^2)$$

选取正方形截面，$b = \sqrt{61\,783.8} = 248.6\text{mm}$，取 $b = 250\text{mm}$。因截面尺寸小于 300mm，混凝土的抗压强度设计值应取 $f_{cd} = 0.8 \times 9.2 = 7.36\text{MPa}$。

柱的计算长度 $l_0 = 0.7l = 0.7 \times 5000 = 3500\text{mm}$，$l_0/b = 3500/250 = 14$，查表 7.2.1 得，$\varphi = 0.92$。

所需钢筋截面面积由式（7.2.2）求得

$$A'_s \geqslant \frac{\gamma_0 N_d - 0.9\varphi f_{cd} A}{0.9\varphi f'_{cd}}$$

$$= \frac{620 \times 10^3 - 0.9 \times 0.92 \times 7.36 \times 250^2}{0.9 \times 0.92 \times 195} = 1481(\text{mm}^2)$$

选 8 Φ 16，供给的钢筋截面面积 $A'_s = 1608\text{mm}^2$，实际的配筋率 $\rho = 1608/250 \times 250 = 0.025\ 7 < \rho_{max} = 0.05$。箍筋选 $\phi 8$，间距 $s = 200\text{mm} < 15d = 15 \times 16 = 240\text{mm}$，满足构造要求。

第三节　螺　旋　箍　筋　柱

当轴心受压构件承受很大的轴向压力，而截面尺寸受到限制不能加大，或采用普通箍筋柱，即使提高了混凝土强度等级和增加了纵向钢筋用量也不足以承受该轴向压力时，可以考虑采用螺旋箍筋柱以提高柱的承载力。

一、构造要求

螺旋箍筋柱的截面形状多为圆形或正多边形，纵向钢筋外围设有连续环绕的间距较密的螺旋箍筋或间距较密的焊接环式箍筋。螺旋箍筋的作用是使截面中间部分（核心）混凝土成为约束混凝土，从而提高构件的承载力和延性。

螺旋箍筋柱的纵向钢筋应沿圆周均匀分布，其截面积应不小于箍筋圈内核心截面面积的0.5%。常用的配筋率 $\rho' = A'_s/A_{cor}$ 在 0.8%～1.2% 之间。构件核心截面面积 A_{cor} 应不小于构件整个截面面积 A 的 2/3。

螺旋箍筋的直径不应小于纵向钢筋直径的 1/4，且不小于 8mm，一般采用 8～12mm。为了保证螺旋箍筋的作用，螺旋箍筋的间距 s 应满足：

（1）s 应不大于核心直径 d_{cor} 的 1/5，即 $s \leqslant \frac{1}{5} d_{cor}$；

（2）s 应不大于 80mm，且不应小于 40mm，以便混凝土施工。

二、受力特点与破坏特性

对于配有纵向钢筋和螺旋箍筋的轴心受压短柱，沿柱高连续缠绕的、间距很密的螺旋箍筋犹如一个套筒，将核心部分的混凝土约束住，有效地限制了核心混凝土的横向变形，从而提高了柱的承载力。

由图 7.3.1 中所示的螺旋箍筋柱轴向压力-混凝土压应变曲线可见，在混凝土压应变 $\varepsilon_c = 0.002$ 以前，螺旋箍筋柱的轴向压力-混凝土压应变变化曲线与普通箍筋柱基本相同。当轴

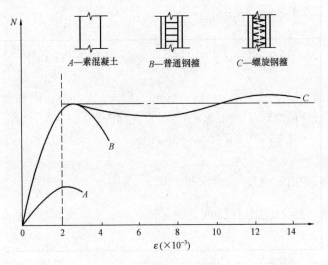

图 7.3.1　轴心受压柱的轴向压力-混凝土应变曲线

向压力继续增加，直至混凝土和纵筋的压应变 ε 达到 $0.003\sim0.0035$ 时，纵筋已经开始屈服，箍筋外面的混凝土保护层开始崩裂剥落，混凝土的截面面积减小，轴向压力略有下降。这时，核心部分混凝土由于受到螺旋箍筋的约束，仍能继续受压，核心混凝土处于三向受压状态，其抗压强度超过了轴心抗压强度 f_c，补偿了剥落的外围混凝土所承担的压力，曲线逐渐回升。随着轴向压力的不断增大，螺旋箍筋中的环向拉力也不断增大，直至螺旋箍筋达到屈服，不能再约束核心混凝土横向变形，混凝土被压碎，构件即告破坏。这时，荷载达到第二次峰值，柱的纵向压应变可达 0.01 以上。

由图 7.3.1 可知，螺旋箍筋柱具有很好的延性，在承载力不降低的情况下，其变形能力比普通箍筋柱提高很多。考虑螺旋箍筋柱承载能力的提高，是通过螺旋箍筋或焊接环式箍筋受拉而间接达到的，故常将螺旋箍筋或焊接环式箍筋称为间接钢筋，相应地也称螺旋箍筋柱为间接钢筋柱。

三、正截面承载力计算

螺旋箍筋柱的正截面破坏时核心混凝土被压碎、纵向钢筋已经屈服，而在破坏之前，柱的混凝土保护层早已剥落。

如图 7.3.2 所示，螺旋箍筋柱的正截面抗压承载能力由三部分组成：①核心混凝土承载能力；②纵向受力钢筋的承载能力；③螺旋箍筋增加的承载能力。其正截面承载力的计算式为

$$\gamma_0 N_d \leqslant 0.9(f_{cd}A_{cor} + f'_{sd}A'_s + kf_{sd}A_{s0})$$

$$(7.3.1)$$

$$A_{s0} = \frac{\pi d_{cor}A_{s01}}{s}$$

$$d_{cor} = d - 2c$$

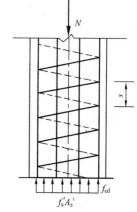

式中　A_{cor}——螺旋箍筋圈内的核心混凝土截面面积；

　　　A_{s0}——螺旋箍筋的换算截面面积；

　　　A_{s01}——单根螺旋箍筋的截面面积；

　　　s——螺旋箍筋的间距；

　　　d_{cor}——截面核心混凝土的直径；

　　　c——纵向钢筋至柱截面边缘的径向混凝土保护层厚度；

　　　k——间接钢筋影响系数，混凝土强度等级为 C50 及以下时，取 $k=2.0$，C50～C80 取 $k=2.0\sim1.70$，中间值直线插入取用。

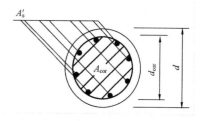

图 7.3.2　螺旋箍筋柱受力计算图式

对于式（7.3.1）的使用，是针对长细比较小的螺旋箍筋柱。对于长细比较大的螺旋箍筋柱有可能发生失稳破坏。构件破坏时核心混凝土的横向变形不大，螺旋箍筋的约束作用不能有效发挥，甚至不起作用。换句话说，螺旋箍筋的作用只能提高核心混凝土的抗压强度，而不能增加柱的稳定性。因此，JTG D62—2004 有如下规定条件：

（1）为了保证在使用荷载作用下，螺旋箍筋混凝土保护层不致过早剥落，螺旋箍筋柱的

承载力按式（7.3.1）计算时，不应比按式（7.2.1）计算的普通箍筋柱承载力大50%，即满足

$$0.9(f_{cd}A_{cor} + kf_{sd}A_{s0} + f'_{cd}A'_s) \leqslant 1.35\varphi(f_{cd}A + f'_{cd}A'_s) \tag{7.3.2}$$

（2）当遇到下列任意一种情况时，不考虑螺旋箍筋的作用，而按式（7.2.1）计算构件的承载力。

1）当构件长细比 $\lambda = \dfrac{l_0}{l_i} \geqslant 48$（$i$ 为截面最小回转半径）时，对圆形截面柱，长细比 $\lambda = \dfrac{l_0}{d} \geqslant 12$（$d$ 为圆形截面直径时）。这是受长细比较大的影响，螺旋箍筋不能发挥其作用。

2）当按式（7.3.1）计算的承载力小于按式（7.2.1）计算的承载力时，因为式（7.3.1）中只考虑了混凝土核心面积，当柱截面外围混凝土较厚时，核心面积相对较小，会出现这种情况，这时就应按式（7.2.1）进行柱的承载力计算。

3）当 $A_{s0} < 0.25A'_s$ 时，螺旋钢筋配置得太少，不能起显著作用。

螺旋箍筋柱的正截面承载力计算分为截面设计和强度复核两种情况。

例 7.3.1 圆形截面轴心受压构件直径 $d = 400\text{mm}$，计算长度 $l_0 = 2.75\text{m}$。混凝土强度等级为 C25，纵向钢筋采用 HRB335 级钢筋，箍筋采用 HPB235 级钢筋，轴向压力组合设计值 $N_d = 1640\text{kN}$。I 类环境条件，安全等级为二级，试按照螺旋箍筋柱进行设计和截面复核。

解 混凝土抗压强度设计值 $f_{cd} = 11.5\text{MPa}$，HRB335 级钢筋抗压强度设计值 $f'_{sd} = 280\text{MPa}$，HPB235 级钢筋抗拉强度设计值 $f_{sd} = 195\text{MPa}$。轴向压力计算值 $N = \gamma_0 N_d = 1.0 \times 1640\text{kN} = 1640\text{kN}$。

（1）截面设计。由于长细比 $\lambda = l_0/d = 2750/400 = 6.88 < 12$，故可以按螺旋箍筋柱设计。

1）计算所需的纵向钢筋截面面积。设纵向钢筋的混凝土保护层厚度为 $c = 30\text{mm}$，则可得到

核心面积直径　　　$d_{cor} = d - 2c = 400 - 2 \times 30 = 340(\text{mm})$

柱截面面积　　　$A = \dfrac{\pi d^2}{4} = \dfrac{3.14 \times (400)^2}{4} = 125\,600(\text{mm}^2)$

核心面积　　　$A_{cor} = \dfrac{\pi (d_{cor})^2}{4} = \dfrac{3.14\,(340)^2}{4} = 90\,746(\text{mm}^2) > \dfrac{2}{3}A(= 83\,733\text{mm}^2)$

假定纵向钢筋配筋率 $\rho' = 0.012$，则可得到

$$A'_s = \rho'A_{cor} = 0.012 \times 90\,746 = 1089(\text{mm}^2)$$

现选用 6 Φ 16，$A'_s = 1206\text{mm}^2$。

2）确定箍筋的直径和间距 s。由式（7.3.1）且取 $N_u = N = 1640\text{kN}$，可得到螺旋箍筋换算截面面积 A_{s0} 为

$$A_{s0} = \dfrac{N/0.9 - f_{cd}A_{cor} - f'_{sd}A'_s}{kf_{sd}}$$

$$= \dfrac{1\,640\,000/0.9 - 11.5 \times 90\,746 - 280 \times 1206}{2 \times 195}$$

$$= 1130(\text{mm}^2) > 0.25A'_s(= 0.25 \times 1206 = 302\text{mm}^2)$$

现选Φ 10，单肢箍筋的截面面积 $A_{s01} = 78.5\text{mm}^2$。这时，螺旋箍筋所需的间距为

$$s = \frac{\pi d_{cor} A_{s01}}{A_{s0}} = \frac{3.14 \times 340 \times 78.5}{1130} = 74(\text{mm})$$

由构造要求，间距 s 应满足 $s \leqslant d_{cor}/5(=68\text{mm})$ 和 $s \leqslant 80\text{mm}$，故取 $s = 60\text{mm} > 40\text{mm}$。

截面设计布置如图 7.3.3 所示。

（2）截面复核。经检查，图 7.3.3 所示截面构造布置符合构造要求。实际设计截面的 $A_{cor} = 90\,746\text{mm}^2$，$A'_s = 1206\text{mm}^2$，$\rho' = 1206/90\,746 = 1.32\% > 0.5\%$，$A_{s0} = \dfrac{\pi d_{cor} A_{s01}}{s} = \dfrac{3.14 \times 340 \times 78.5}{60}$ $= 1397\text{mm}^2$，则由式（7.3.1）可得到

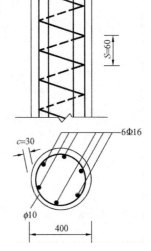

$$N_u = 0.9(f_{cd} A_{cor} + k f_{sd} A_{s0} + f'_{sd} A'_s)$$

$$= 0.9(11.5 \times 90\,746 + 2 \times 195 \times 1397 + 280 \times 1206)$$

$$= 1733.48 \times 10^3 (\text{N}) = 1733.48(\text{kN}) > N = 1640(\text{kN})$$

检查混凝土保护层是否会剥落，由式（7.2.1）可得到

$$N'_u = 0.9\varphi(f_{cd} A + f'_{sd} A'_s)$$

$$= 0.9 \times 1(11.5 \times 125\,600 + 280 \times 1206)$$

$$= 1603.87 \times 10^3 \text{N} = 1603.87\text{kN}$$

图 7.3.3　截面设计布置

（单位：mm）

$1.5 N'_u = 1.5 \times 1603.87 = 2405.81\text{kN} > N_u(= 1733.48\text{kN})$ 故混凝土保护层不会剥落。

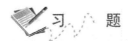　　思　考　题

1. 什么是轴心受压构件、普通箍筋柱、螺旋箍筋柱及轴心受压构件的稳定系数？

2. 对于轴心受压普通箍筋柱，JTG D62—2004 为什么规定纵向受压钢筋的最大配筋率和最小配筋率？对于纵向钢筋在截面上的布置及复合箍筋设置，JTG D62—2004 有什么规定？

3. 普通箍筋柱与螺旋箍筋柱的承载力分别由哪些部分组成？

4. 受压构件的长柱和短柱如何划分？

习　题

1. 配有纵向钢筋和普通箍筋的轴心受压构件的截面尺寸为 $b \times h = 250\text{mm} \times 250\text{mm}$，构件计算长度 $l_0 = 5\text{m}$。采用 C25 级混凝土，HRB335 级钢筋，纵向钢筋面积 $A'_s = 804\text{mm}^2$（4 Φ 16）。Ⅰ类环境条件，安全等级为二级。轴向压力组合设计值 $N_d = 560\text{kN}$，试进行构件承载力校核。

2. 已知一矩形截面柱，截面面积为 $400\text{mm} \times 500\text{mm}$，计算长度 $l_0 = 5\text{m}$，$N_d = 3550\text{kN}$，采用 C30 级混凝土，钢筋等级为 HRB335，试对构件进行配筋，并复核承载力。

已知Ⅰ类环境条件，安全等级为一级。

  3. 配有纵向钢筋和螺旋箍筋的轴心受压构件的截面为圆形，直径 $d=450mm$，构件计算长度 $l_0=3m$。采用 C25 级混凝土，纵向钢筋采用 HRB335 级钢筋，箍筋采用 R235 级钢筋。Ⅱ类环境条件，安全等级为一级。轴向压力组合设计值 $N_d=560kN$，试进行构件的截面设计和承载力复核。

第八章 偏心受压构件承载力计算

第一节 概 述

一、基本概念

当轴向压力 N 的作用线偏离受压构件的轴线时［见图 8.1.1（a）］，称为偏心受压构件。压力 N 的作用点离构件截面形心的距离 e_0 称为偏心距。截面上同时承受轴心压力和弯矩的构件［见图 8.1.1（b）］，称为压弯构件。根据力的平移法则，截面承受偏心距为 e_0 的偏心压力 N 相当于承受轴向压力 N 和弯矩 $M(= Ne_0)$ 的共同作用，故压弯构件与偏心受压构件的基本受力特性是一致的。

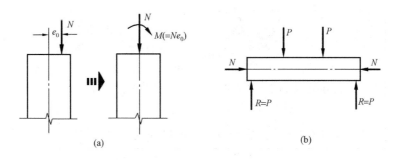

图 8.1.1 偏心受压构件与压弯构件

（a）偏心受压构件；（b）压弯构件

钢筋混凝土偏心受压（或压弯）构件是实际工程中应用较广泛的受力构件之一，例如，拱桥的钢筋混凝土拱肋、桁架的上弦杆、刚架的立柱、柱式墩（台）的墩（台）柱等均属偏心受压构件，在荷载作用下，构件截面上同时存在轴向压力和弯矩。

钢筋混凝土偏心受压构件的截面形式如图 8.1.2 所示。矩形截面为最常用的截面形式，截面高度 h 大于 600mm 的偏心受压构件多采用工字形或箱形截面。圆形截面主要用于柱式墩台、桩基础中。

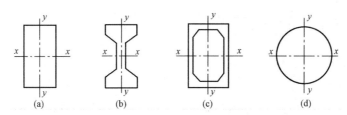

图 8.1.2 偏心受压构件截面形式

（a）矩形截面；（b）工字形截面；（c）箱形截面；（d）圆形截面

在钢筋混凝土偏心受压构件的截面上，布置有纵向受力钢筋和箍筋。纵向受力钢筋在截面中最常见的配置方式是将纵向钢筋集中放置在偏心方向的两侧［见图 8.1.3（a）］，其数量通过正截面承载力计算确定。对于圆形截面，则采用沿截面周边均匀配筋的方式［见图 8.1.3（b）］。箍筋的作用与轴心受压构件中普通箍筋的作用基本相同。此外，偏心受压构件中还存在着一定的剪力，可由箍筋负担。但因剪力的数值一般较小，故一般不予计算。箍筋数量及间距按普通箍筋柱的构造要求确定。

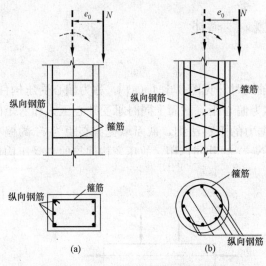

图 8.1.3　偏心受压构件截面钢筋布置形式
（a）纵筋集中配筋布置；（b）纵筋沿截面周边均匀布置

二、偏心受压构件正截面受力特点和破坏形态

钢筋混凝土偏心受压构件也有短柱和长柱之分。本节以矩形截面的偏心受压短柱的试验结果，介绍截面集中配筋情况下偏心受压构件的受力特点和破坏形态。

钢筋混凝土偏心受压构件随着偏心距的大小及纵向钢筋配筋情况的不同，有以下两种主要破坏形态。

（1）受拉破坏——大偏心受压破坏。在相对偏心距 e_0/h 较大，且受拉钢筋配置得不太多时，会发生这种破坏形态。图 8.1.4 所示为矩形截面大偏心受压短柱试件在试验荷载 N 作用下截面混凝土应变、应力及柱侧向变位的发展情况。短柱受力后，截面靠近偏心压力 N 的一侧（钢筋为 A'_s）受压，另一侧（钢筋为 A_s）受拉。随着荷载的增大，受拉区混凝土先出现横向裂缝，裂缝的开展使受拉钢筋 A_s 的应力增长较快，首先达到屈服。中性轴向受压边移动，受压区混凝土压应变迅速增大，最后，受压区钢筋 A'_s 屈服，混凝土达到极限压应变而压碎（见图 8.1.5）。其破坏形态与双筋矩形截面梁的破坏形态相似。

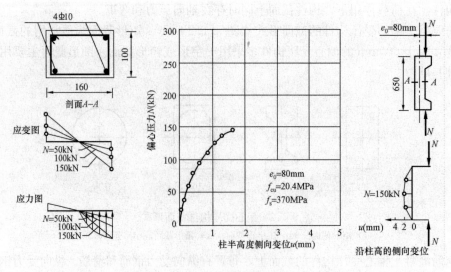

图 8.1.4　大偏心受压短柱试件（单位：mm）

大偏心受压短柱试验表明，当偏心距较大，且受拉钢筋配筋率不高时，偏心受压构件的破坏是受拉钢筋首先到达屈服强度，然后受压混凝土压坏，临近破坏时有明显的预兆，裂缝显著开展，称为受拉破坏。构件的承载能力取决于受拉钢筋的强度和数量。

（2）受压破坏——小偏心受压破坏。小偏心受压就是压力 N 的初始偏心距 e_0 较小的情况。图 8.1.6 所示为矩形截面小偏心受压短柱试件的试验结果。该试件的截面尺寸、配筋率均与图 8.1.4 所示试件相同，但偏心距较小，$e_0 = 25\text{mm}$。由图 8.1.6 可见，短柱受力后，截面全部受压，其中，靠近偏心压力 N 的一侧（钢筋为 A_s'）受到的压应力较大，另一侧（钢筋为 A_s）压应力较小。随着偏心压力 N 的逐渐增加，混凝土应力也增大。当靠

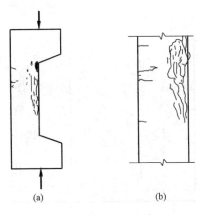

图 8.1.5　大偏心受压短柱的
破坏形态（单位：mm）
（a）破坏形态；（b）局部放大

近 N 一侧的混凝土压应变达到其极限压应变时，受压区边缘混凝土压碎，同时，该侧的受压钢筋 A_s' 也达到屈服；但是，破坏时另一侧的混凝土和钢筋 A_s 的应力都很小，在临近破坏时，受拉一侧才出现短而小的裂缝（见图 8.1.7）。

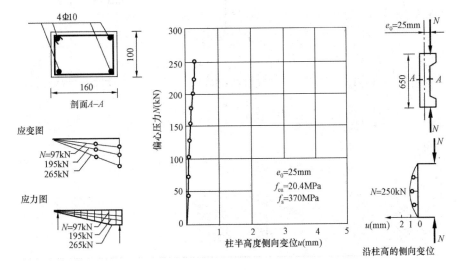

图 8.1.6　小偏心受压短柱试验

根据以上试验及其他短柱的试验结果，依偏心距 e_0 的大小及受拉区纵向钢筋 A_s 数量，小偏心受压短柱破坏时的截面应力分布，可分为图 8.1.8 所示的几种情况。

1）当纵向偏心压力偏心距很小时，构件截面将全部受压，中性轴位于截面以外［见图 8.1.8（a）］。破坏时，靠近压力 N 一侧混凝土应变达到极限压应变，钢筋 A_s' 达到屈服强度，而离纵向压力较远一侧的混凝土和受压钢筋均未达到其抗压强度。

2）纵向压力偏心距很小，但是离纵向压力较远一侧钢筋 A_s 数量少而靠近纵向力 N 一侧钢筋 A_s' 较多时，则截面的实际重心轴就不在混凝土截面形心轴 0-0 处［见图 8.1.8（c）］而向右偏移至 1-1 轴。这样，截面靠近纵向力 N 的一侧，即原来压应力较小而 A_s 布置得过少的一侧，将负担较大的压应力。于是，尽管仍是全截面受压，但远离纵向力 N 一侧的钢

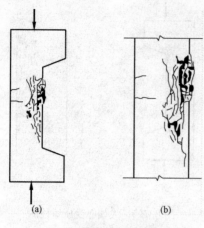

图 8.1.7 小偏心受压短柱破坏形态
（a）破坏形态；（b）局部放大

混凝土抗压强度和受压钢筋强度。

筋 A_s 将由于混凝土的应变达到极限压应变而屈服，但靠近纵向力 N 一侧的钢筋 A_s' 的应力有可能达不到屈服强度。

3）当纵向力偏心距较小时，或偏心距较大而受拉钢筋 A_s 较多时，截面大部分受压而小部分受拉 [见图 8.1.8 （b）]。中性轴距受拉钢筋 A_s 很近，钢筋 A_s 中的拉应力很小，达不到屈服强度。

总而言之，小偏心受压构件的破坏一般是受压区边缘混凝土的应变达到极限压应变，受压区混凝土被压碎；同一侧的钢筋压应力达到屈服强度，而另一侧的钢筋，不论受拉还是受压，其应力均达不到屈服强度，破坏前构件横向变形无明显的急剧增长，这种破坏被称为"受压破坏"，其正截面承载力取决于受压区

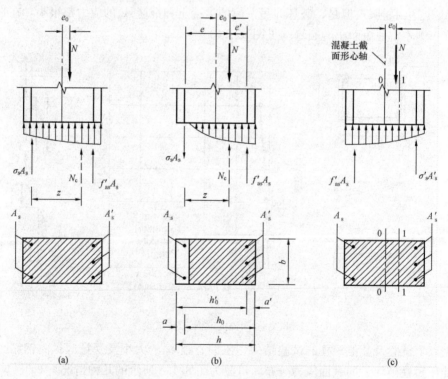

图 8.1.8 小偏心受压短柱截面受力的几种情况
（a）截面全部受压的应力图；（b）截面大部受压的应力图；（c）A_s 太少时的应力图

三、大、小偏心受压的界限

图 8.1.9 表示矩形截面偏心受压构件的混凝土应变分布图形，图中 ab、ac 线表示在大偏心受压状态下的截面应变状态。随着纵向压力的偏心距减小或受拉钢筋配筋率的增大，在破坏时形成斜线 ad 所示的应变分布状态，即当受拉钢筋达到屈服应变 ε_y 时，受压边缘混凝土也刚好达到极限压应变值 ε_{cu}，这就是界限状态。若纵向压力的偏心距进一步减小或受拉钢

筋配筋率进一步增大，则截面破坏时将形成斜线 ae 所示的受拉钢筋达不到屈服的小偏心受压状态。

当进入全截面受压状态后，混凝土受压较大一侧的边缘极限压应变将随着纵向压力 N 偏心距的减小而逐步有所下降，其截面应变分布如斜线 af、$a'g$ 和垂直线 $a''h$ 所示顺序变化，在变化的过程中，受压边缘的极限压应变将由 0.003 3 逐步下降到接近轴心受压时的 0.002。

上述偏心受压构件截面部分受压、部分受拉时的应变变化规律与受弯构件截面应变变化是相似的，因此，与受弯构件正截面承载力计算相同，可用受压区界限高度 x_b 或相对界限受压区高度 ξ_b 来判别两种不同偏心受压破坏形态：当 $\xi \leqslant \xi_b$ 时，截面为大偏心受压破坏；当 $\xi > \xi_b$ 时，截面为小偏心受压破坏。

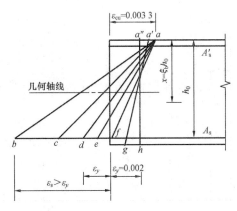

图 8.1.9　矩形截面偏心受压构件的
混凝土应变分布

四、偏心受压构件的 M-N 相关曲线

偏心受压构件是弯矩和轴力共同作用的构件，轴力与弯矩对于构件的作用效应存在着叠加和制约的关系，也即当给定轴力 N 时，有其唯一对应的弯矩 M，或者说构件可以在不同的 N 和 M 的组合下达到其极限承载能力。

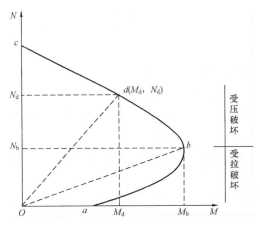

图 8.1.10　偏心受压构件的 M-N 曲线图

对于偏心受压短柱，由其截面承载力的计算分析可以得到图 8.1.10 所示的偏心受压构件 M-N 相关曲线图。在图 8.1.10 中，ab 段表示大偏心受压时的 M-N 相关曲线，为二次抛物线。随着轴向压力 N 的增大，截面能承担的弯矩也相应提高。

b 点为钢筋与受压混凝土同时达到其强度极限值的界限状态。此时，偏心受压构件承受的弯矩 M 最大。

bc 段表示小偏心受压时的 M-N 相关曲线，是一条接近于直线的二次函数曲线。由曲线走向可以看出，在小偏心受压情况下，随着轴向压力的增大，截面所能承担的弯矩反而降低。

在图 8.1.10 中，c 点表示轴心受压的情况，a 点表示受弯构件的情况。图中曲线上的任一点 d 的坐标就代表截面强度的一种 M 和 N 的组合。若任意点 d 位于曲线 abc 的内侧，说明截面在该点坐标给出的 M 和 N 的组合未达到承载能力极限状态；若 d 点位于图中曲线 abc 的外侧则表明截面的承载力不足。

第二节　偏心受压构件的纵向弯曲

钢筋混凝土受压构件在承受偏心力作用后，将产生纵向弯曲变形，即会产生侧向变形

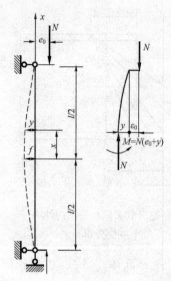

图 8.2.1　偏心受压构件的
受力图式

（变位）。对于长细比小的短柱，侧向挠度小，计算时一般可忽略其影响。而对长细比较大的长柱，由于侧向变形的影响，各截面所受的弯矩不再是 Ne_0，而变成 $N(e_0 + y)$（见图 8.2.1），y 为构件任意点的水平侧向变形。在柱高度中点处，侧向变形最大，截面上的弯矩为 $N(e_0+u)$。u 随着荷载的增大而不断加大，因而弯矩的增长也越来越快。一般把偏心受压构件截面弯矩中的 Ne_0 称为初始弯矩或一阶弯矩（不考虑构件侧向变形时的弯矩），将 Nu 或 Ny 称为附加弯矩或二阶弯矩。由于二阶弯矩的影响，将造成偏心受压构件不同的破坏类型。

一、偏心受压构件的破坏类型

钢筋混凝土偏心受压构件按长细比可分为短柱、长柱和细长柱。

（1）短柱。偏心受压短柱中，虽然偏心力作用将产生一定的侧向变形，但其 u 值很小，一般可忽略不计，即可以不考虑二阶弯矩，各截面中的弯矩均可认为等于 Ne_0，弯矩 M 与轴向压力 N 呈线性关系。

随着荷载的增大，当短柱达到极限承载力时，柱的截面由于材料达到其极限强度而破坏。在 M-N 相关图中，从加载到破坏的路径为直线，当直线与截面承载力线相交于 B 点时就发生材料破坏，即图 8.2.2 中的 OB 直线。

（2）长柱。矩形截面柱，当 $8 < l_0/h \leqslant 30$ 时即为长柱。长柱受偏心力作用时的侧向变形 u 较大，二阶弯矩影响已不可忽视，因此，实际偏心距是随荷载的增大而非线性增加，构件控制截面最终仍然是由于截面中材料达到其强度极限而破坏，属材料破坏。图 8.2.3 为偏心受压长柱的试验结果。其截面尺寸、配筋与图 8.1.6 所示短柱相同，但其长细比为 $l_0/h = 15.6$，最终破坏形态仍为小偏心受压，但偏心距已随 N 值的增加而变大。

偏心受压长柱在 M-N 相关图上从加载到破坏的受力路径为曲线，与截面承载力曲线相交于 C 点而发生材料破坏，即图 8.2.2 中 OC 曲线。

（3）细长柱。长细比（$l_0/h > 30$）很大的柱。当偏心压力 N 达到最大值时（见图 8.2.2 中 E 点），侧向变形 u 突然剧增，此时，偏心受压构件截面上钢筋和混凝土的应变均未达到材料破坏时的极限值，即压杆达到最大承载力时发生在其控制截面的材料强度还未达到其破坏强度，这种破坏类型称为失稳破坏。构件失稳后，若控制作用在构件上的压力逐渐减小以保持继续变形，则随着 u 增大到一定值及相应的荷载下，截面也可达到材料破坏点（点 E'）。但这时的承载力已明显低于失稳时的破坏荷载。由于失稳破坏与材料破坏有本质的区别，设计中一般尽量不采用细长柱。

在图 8.2.2 中，短柱、长柱和细长柱的初始偏心距是相同的，但破坏类型不同：短柱和长柱分别为 OB 和

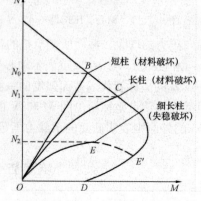

图 8.2.2　长细比的影响

OC 受力路径，为材料破坏；细长柱为 OE 受力路径，失稳破坏。随着长细比的增大，承载力 N 值也不同，其值分别为 N_0、N_1 和 N_2，而 $N_0 > N_1 > N_2$。

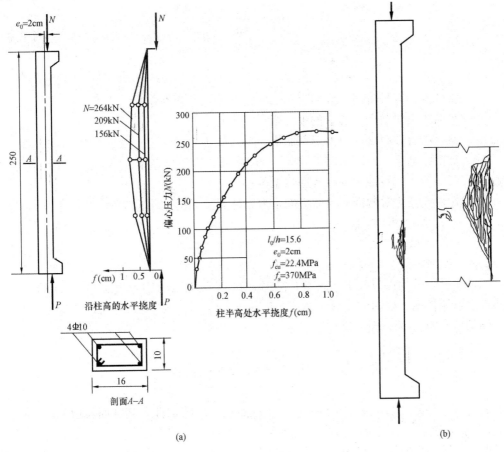

图 8.2.3　偏心受压长柱的试验结果（单位：mm）

二、偏心距增大系数

实际工程中最常遇到的是长柱，由于最终破坏是材料破坏，因此，在设计计算中需考虑由于构件侧向变形（变位）而引起的二阶弯矩的影响。

偏心受压构件控制截面的实际弯矩应为

$$M = N(e_0 + u) = N \frac{e_0 + u}{e_0} e_0$$

令

$$\eta = \frac{e_0 + u}{e_0} = 1 + \frac{u}{e_0} \qquad (8.2.1)$$

则

$$M = N\eta e_0$$

其中 η 为偏心受压构件考虑纵向挠曲影响（二阶效应）的轴向压力偏心距增大系数。

由式（8.2.1）可见，η 越大表明二阶弯矩的影响越大，则截面所承担的一阶弯矩 Ne_0 在总弯矩中所占比例就相对越小。应该指出的是，当 $e_0 = 0$ 时，式（8.2.1）是无意义的。当偏心受压构件为短柱时，则 $\eta = 1$。

JTG D62—2004 规定，矩形、T 形和圆形截面偏心受压构件的偏心距增大系数 η 计算表

达式为

$$\eta = 1 + \frac{1}{1400(e_0/h_0)} \left(\frac{l_0}{h}\right)^2 \zeta_1 \zeta_2 \qquad (8.2.2)$$

$$\zeta_1 = 0.2 + 2.7 \frac{e_0}{h_0} \leqslant 1.0 \qquad (8.2.3)$$

$$\zeta_2 = 1.15 - 0.01 \frac{l_0}{h} \leqslant 1.0 \qquad (8.2.4)$$

式中　　l_0——构件的计算长度，可参照表 7.2.2 或按工程经验确定；

　　　　e_0——轴向压力对截面重心轴的偏心距；

　　　　h_0——截面的有效高度，对圆形截面取 $h_0 = r + r_s$；

　　　　h——截面的高度，对圆形截面取 $h = 2r$，r 为圆形截面半径；

　　　　ζ_1——荷载偏心率对截面曲率的影响系数；

　　　　ζ_2——构件长细比对截面曲率的影响系数，计算公式的适用范围为 $15 \leqslant l_0/h \leqslant 30$，当 $l_0/h < 15$ 时，$\zeta_2 = 1$，当 $l_0/h = 30$ 时，$\zeta_2 = 0.85$，当 $l_0/h > 30$ 时，构件已由材料破坏变为失稳破坏，不在考虑范围之内。

JTG D62—2004 规定，计算偏心受压构件正截面承载力时，对长细比 $l_0/i > 17.5$（i 为构件截面回转半径）的构件或长细比 l_0/h（矩形截面）> 5、$l_0/2r$（圆形截面）> 4.4 的构件，应考虑构件在弯矩作用平面内的变形（变位）对轴向力偏心距的影响。此时，应将轴向力对截面重心轴的偏心距 e_0 乘以偏心距增大系数 η。

第三节　矩形截面偏心受压构件

钢筋混凝土矩形截面偏心受压构件是工程中应用最广泛的构件，其截面长边为 h，短边为 b。在设计中，应该以长边方向的截面主轴面 $x\text{-}x$ 为弯矩作用平面（见图 8.3.1）。

矩形偏心受压构件的纵向钢筋一般集中布置在弯矩作用方向的截面两对边位置上，以 A_s 和 A'_s 来分别代表离偏心压力较远一侧和较近一侧的钢筋面积。当 $A_s \neq A'_s$ 时，称为非对称布筋；当 $A_s = A'_s$ 时，称为对称布筋。

一、矩形截面偏心受压构件的构造要求

矩形偏心受压构件的构造要求及其基本原则，与配有纵向钢筋及普通箍筋的轴心受压构件相仿，对箍筋直径、间距的构造要求，也适用于偏心受压构件。

矩形截面的最小尺寸不宜小于 300mm，同时截面的长边 h 与短边 b 的比值常选用 $h/b = 1.5 \sim 3$。为了模板尺寸的模数化，边长宜采用 50mm 的倍数。矩形截面的长边应设在弯矩作用方向。

矩形截面偏心受压构件的纵向受力钢筋沿截面短边 b 配置。纵向受力钢筋的常用配筋率（全部钢筋截面积与构件截面积之比），对大偏心受压构件宜为 $\rho = 1\% \sim 3\%$；对小偏心受压宜为 $\rho = 0.5\% \sim 2\%$。

当截面长边 $h \geqslant 600$mm 时，应在长边 h 方向设置直径为 $10 \sim 16$mm 的纵向构造钢筋，必要时相应地设置附加箍筋或复合箍筋，用以保持钢筋骨架刚度（见图 8.3.1）。

二、矩形截面偏心受压构件正截面承载力计算的基本公式

与受弯构件相似，偏心受压构件的正截面承载力计算采用下列基本假定：

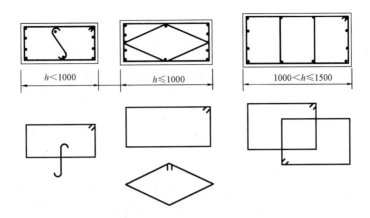

图 8.3.1　偏心受压构件的箍筋布置形式（mm）

（1）截面应变分布符合平截面假定；

（2）不考虑混凝土的抗拉强度；

（3）受压混凝土的极限压应变 $\varepsilon_{\text{cu}} - 0.003\,3$；

（4）混凝土的压应力图形为矩形，受压区混凝土应力达到抗压强度设计值 f_{cd}，矩形应力图的高度 x 取等于按平截面确定的受压区高度 x_0 乘以系数 β，即 $x = \beta x_0$。

矩形截面偏心受压构件正截面承载力计算图式如图 8.3.2 所示。

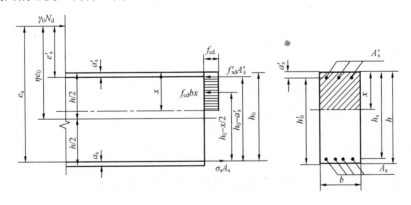

图 8.3.2　矩形截面偏心受压构件正截面承载力计算图式

对于矩形截面偏心受压构件，用 ηe_0 表示纵向弯曲的影响，只要是材料破坏类型，无论是大偏心受压破坏，还是小偏心受压破坏，受压区边缘混凝土都达到极限压应变，同一侧的受压钢筋 A_{s}'，一般都能达到抗压强度设计值 f_{sd}'，而对面一侧的钢筋 A_{s} 的应力，可能受拉（达到或未达到抗拉强度设计值 f_{sd}），也可能受压，故在图 8.3.2 中以 σ_{s} 表示 A_{s} 钢筋中的应力，从而可以建立一种包括大、小偏心受压情况的统一正截面承载力计算公式。

沿构件纵轴方向的内外力之和为零，可得到

$$\gamma_0 N_{\text{d}} \leqslant N_{\text{u}} = f_{\text{cd}} b x + f_{\text{sd}}' A_{\text{s}}' - \sigma_{\text{s}} A_{\text{s}} \tag{8.3.1}$$

由截面上所有力对钢筋 A_{s} 合力点的力矩之和等于零，可得到

$$\gamma_0 N_{\text{d}} e_{\text{s}} \leqslant M_{\text{u}} = f_{\text{cd}} b x \left(h_0 - \frac{x}{2} \right) + f_{\text{sd}}' A_{\text{s}}' (h_0 - a_{\text{s}}') \tag{8.3.2}$$

由截面上所有力对钢筋 A_{s}' 合力点的力矩之和等于零，可得到

$$\gamma_0 N_d e'_s \leqslant M_u = -f_{cd}bx\left(\frac{x}{2}-a'_s\right) + \sigma_s A_s(h_0 - a'_s) \tag{8.3.3}$$

由截面上所有力对 $\gamma_0 N_d$ 作用点力矩之和为零，可得到

$$f_{cd}bx\left(e_s - h_0 + \frac{x}{2}\right) = \sigma_s A_s e_s - f'_{sd} A'_s e'_s \tag{8.3.4}$$

$$e_s = \eta e_0 + h/2 - a_s \tag{8.3.5}$$

$$e'_s = \eta e_0 - h/2 + a'_s \tag{8.3.6}$$

$$e_0 = M_d / N_d$$

式中　x ——混凝土受压区高度；

$\quad e_s$ ——偏心压力 $\gamma_0 N_d$ 作用点至截面受拉边或受压较小边纵向钢筋合力作用点的距离；

$\quad e'_s$ ——偏心压力 $\gamma_0 N_d$ 作用点至截面受压边钢筋合力作用点的距离；

$\quad e_0$ ——轴向力对截面重心轴的偏心距；

$\quad \eta$ ——偏心距增大系数，按式（8.2.2）计算。

关于式（8.3.1）～式（8.3.4）的使用要求及有关说明如下：

（1）钢筋 A_s 的应力 σ_s 取值。

1）当 $\xi = x/h_0 \leqslant \xi_b$ 时，构件属于大偏心受压构件，取 $\sigma_s = f_{sd}$；

2）当 $\xi = x/h_0 > \xi_b$ 时，构件属于小偏心受压构件，σ_s 应按式（8.3.7）计算，但应满足 $-f'_{sd} \leqslant \sigma_{si} \leqslant f_{sd}$，其中 σ_{si} 为

$$\sigma_{si} = \varepsilon_{cu} E_s \left(\frac{\beta h_{0i}}{x} - 1\right) \tag{8.3.7}$$

式中　σ_{si} ——第 i 层普通钢筋的应力；

$\quad E_s$ ——受拉钢筋的弹性模量；

$\quad h_{0i}$ ——第 i 层普通钢筋截面重心至受压较大边边缘的距离；

$\quad x$ ——截面受压区高度。

混凝土极限压应变 ε_{cu} 与系数 β 值可按表 8.3.1 取用。

表 8.3.1　　　　　　　　混凝土极限压应变 ε_{cu} 与系数 β 值

混凝土强度等级	C50 以下	C55	C60	C65	C70	C75	C80
ε_{cu}	0.003 3	0.003 25	0.003 2	0.003 15	0.003 1	0.003 05	0.003
β	0.8	0.79	0.78	0.77	0.76	0.75	0.74

（2）为了保证构件破坏时，大偏心受压构件截面上的受压钢筋能达到抗压强度设计值 f'_{sd}，必须满足

$$x \geqslant 2a'_s \tag{8.3.8}$$

当 $x < 2a'_s$ 时，受压钢筋 A'_s 的应力可能达不到 f'_{sd}，与双筋截面受弯构件类似，这时近似取 $x = 2a'_s$，受压区混凝土所承担的压力作用位置与受压钢筋承担的压力 $f'_{sd} A'_s$ 作用位置重合。由截面受力平衡条件（对受压钢筋 A'_s 合力点的力矩之和为零）可写出

$$\gamma_0 N_d e'_s \leqslant M_u = f_{sd} A_s(h_0 - a'_s) \tag{8.3.9}$$

（3）当偏心压力作用的偏心距很小，即小偏心受压情况下且全截面受压。当靠近偏心压力一侧的纵向钢筋 A'_s 配置较多，而远离偏心压力一侧的纵向钢筋 A_s 配置较少时，钢筋 A_s

的应力可能达到受压屈服强度，离偏心压力较远一侧的混凝土也有可能压坏，为使钢筋 A_s 数量不致过少，防止出现这种破坏，JTG D62—2004 规定：对于小偏心受压构件，当偏心压力作用于钢筋 A_s 合力点和 A'_s 合力点之间时，尚应符合下列条件

$$\gamma_0 N_d e' \leqslant M_u = f_{cd} bh \left(h'_0 - \frac{h}{2} \right) + f'_{sd} A_s (h'_0 - a_s) \tag{8.3.10}$$

$$e' = h/2 - e_0 - a'_s$$

$$h'_0 = h - a'_s$$

其中 h'_0 为纵向钢筋 A'_s 合力点离偏心压力较远一侧边缘的距离。

三、矩形截面偏心受压构件非对称配筋的计算方法

1. 截面设计方法

在进行偏心受压构件的截面设计时，通常已知轴向压力组合设计值 N_d 和相应的弯矩组合设计值 M_d 或偏心距 e_0、材料强度等级、截面尺寸 $b \times h$，以及弯矩作用平面内构件的计算长度，要求确定纵向钢筋数量。首先需要判别构件截面应该按照哪一种偏心受压情况来设计。如前所述，当 $\xi = x/h_0 \leqslant \xi_b$ 时为大偏心受压，当 $\xi = x/h_0 > \xi_b$ 时为小偏心受压。但是，现在纵向钢筋数量未知，ξ 值尚无法计算，故还不能利用上述条件进行判定。

在矩形偏心受压构件截面设计时，可采用下述方法来初步判定大、小偏心受压：

（1）当 $\eta e_0 > 0.3 h_0$ 时，可以按照大偏心受压构件来进行设计。

1）第一种情况：A_s 和 A'_s 均未知时。根据偏心受压构件计算的基本公式，独立公式为式（8.3.1）、式（8.3.2）或式（8.3.3），即仅有两个独立公式。但未知数却有三个，即 A'_s、A_s 和 x（或 ξ），不能求得唯一的解，必须补充设计条件。

与双筋矩形截面受弯构件截面设计相仿，从充分利用混凝土的抗压强度、使受拉和受压钢筋的总用量最少的原则出发，近似取 $\xi = \xi_b$，即 $x = \xi_b h_0$ 为补充条件。

由式（8.3.2），令 $N = \gamma_0 N_d$、$M_u = N e_s$，可得到受压钢筋的截面面积 A'_s 为

$$A'_s = \frac{N e_s - f_{cd} bh_0^2 \xi_b (1 - 0.5 \xi_b)}{f'_{sd} (h_0 - a'_s)} \geqslant \rho'_{min} bh \tag{8.3.11}$$

其中 ρ'_{min} 为截面一侧（受压）钢筋的最小配筋率，根据 JTG D62—2004 中 9.1.12 的规定，$\rho'_{min} = 0.2\% = 0.002$。

当计算的 $A'_s < \rho'_{min} bh$ 或为负值时，应按照 $A'_s \geqslant \rho'_{min} bh$ 选择钢筋并布置 A'_s，然后按 A'_s 为已知的情况（后面将介绍的设计情况）继续计算求 A_s。

当计算 $A'_s \geqslant \rho'_{min} bh$ 时，则以求得的 A'_s 代入式（8.3.1）且取 $\sigma_s = f_{sd}$，所需的钢筋 A_s 为

$$A_s = \frac{f_{cd} bh_0 \xi_b + f'_{sd} A'_s - N}{f_{sd}} \geqslant \rho_{min} bh \tag{8.3.12}$$

其中 ρ_{min} 为截面一侧（受拉）钢筋的最小配筋率。

2）第二种情况：A'_s 已知，A_s 未知时。当钢筋 A'_s 为已知时，只有钢筋 A_s 和 x 两个未知数，故可以用基本公式来直接求解。由式（8.3.2），令 $N = \gamma_0 N_d$、$M_u = N e_s$，则可得到关于 x 一元二次方程为

$$Ne_s = f_{cd}bx\left(h_0 - \frac{x}{2}\right) + f'_{sd}A'_s(h_0 - a'_s)$$

解此方程，可得到受压区高度为

$$x = h_0 - \sqrt{h_0^2 - \frac{2\left[Ne_s - f'_{sd}A'_s(h_0 - a'_s)\right]}{f_{cd}b}} \qquad (8.3.13)$$

当计算的 x 满足 $2a'_s < x \leqslant \xi_b h_0$，则可由式（8.3.1），取 $\sigma_s = f_{sd}$，得到受拉区所需钢筋数量 A_s 为

$$A_s = \frac{f_{cd}bx + f'_{sd}A'_s - N}{f_{sd}} \qquad (8.3.14)$$

当计算的 x 满足 $x \leqslant \xi_b h_0$，但 $x \leqslant 2a'_s$ 时，则按式（8.3.9）来得到所需的受拉钢筋数量 A_s。令 $M_u = Ne'_s$，可求得

$$A_s = \frac{Ne'_s}{f_{sd}(h_0 - a'_s)} \qquad (8.3.15)$$

其中 $N = \gamma_0 N_d$。

（2）当 $\eta e_0 \leqslant 0.3h_0$ 时，可按照小偏心受压构件进行设计计算。

1）第一种情况：A'_s 与 A_s 均未知时。对于小偏心受压构件的一般情况，远离偏心压力一侧的纵向钢筋无论受拉还是受压，其应力一般均未达到屈服强度，显然，A_s 可取等于受压构件截面一侧钢筋的最小配筋率，即 $A_s = \rho'_{min}bh = 0.002bh$。

首先，应该计算受压区高度 x 的值。令 $N = \gamma_0 N_d$。由式（8.3.3）和式（8.3.7）可得到以 x 为未知数的方程为

$$Ne'_s = -f_{cd}bx\left(\frac{x}{2} - a'_s\right) + \sigma_s A_s(h_0 - a'_s) \qquad (8.3.16)$$

以及

$$\sigma_{si} = \varepsilon_{cu}E_s\left(\frac{\beta h_0}{x} - 1\right)$$

即得到关于 x 的一元三次方程为

$$Ax^3 + Bx^2 + Cx + D = 0 \qquad (8.3.17)$$

$$A = -0.5f_{cd}b \qquad (8.3.18a)$$

$$B = f_{cd}ba'_s \qquad (8.3.18b)$$

$$C = \varepsilon_{cu}E_s A_s(a'_s - h_0) - Ne'_s \qquad (8.3.18c)$$

$$D = \beta\varepsilon_{cu}E_s A_s(h_0 - a'_s)h_0 \qquad (8.3.18d)$$

而 $e'_s = \eta e_0 - h/2 + a'_s$。

由方程（8.3.17）求得 x 值后，即可得到相应的相对受压区高度 $\xi = x/h_0$。

当 $h/h_0 > \xi > \xi_b$ 时，截面为部分受压、部分受拉。这时以 $\xi = x/h_0$ 代入式（8.3.7）求得钢筋 A_s 中的应力 σ_s 值。再将钢筋面积 A_s、钢筋应力计算值 σ_s 及 x 值代入式（8.3.1）中，即可得所需钢筋面积 A'_s 值，且应满足 $A'_s \geqslant \rho'_{min}bh$。

当 $\xi \geqslant h/h_0$ 时，截面为全截面受压。受压混凝土应力图形渐趋丰满，但实际受压区最多

也只能为截面高度 h。所以，在这种情况下，就取 $x=h$，则钢筋 A'_s 计算式为

$$A'_s = \frac{Ne_s - f_{sd}bh(h_0 - h/2)}{f'_{sd}(h_0 - a'_s)} \geqslant \rho'_{min}bh$$

2）第二种情况：A'_s 已知，A_s 未知时。这时，欲求解的未知数（x 和 A_s）个数与独立基本公式数目相同，故可以直接求解。

2. 截面承载力复核

进行截面复核，必须已知偏心受压构件截面尺寸、构件的计算长度、纵向钢筋和混凝土强度设计值、钢筋面积 A_s 和 A'_s 及在截面上的布置，并已知轴向压力组合设计值 N_d 和相应的弯矩组合设计值 M_d。然后复核偏心压杆截面是否能承受已知的组合设计值。

偏心受压构件需要进行截面在两个方向上的承载力复核，即弯矩作用平面内和垂直于弯矩作用平面的截面承载力复核。

（1）弯矩作用平面内截面承载力复核。

1）大、小偏心受压的判别。在偏心受压构件截面设计时，采用 ηe_0 与 $0.3h_0$ 之间关系来选择按何种偏心受压情况进行配筋设计，这是一种近似和初步的判定方法，并不一定能确认为大偏心受压还是小偏心受压。判定偏心受压构件是大偏心受压还是小偏心受压的充要条件是 ξ 与 ξ_b 之间的关系，即当 $\xi \leqslant \xi_b$ 时，为大偏心受压；当 $\xi > \xi_b$ 时，为小偏心受压。在截面承载力复核中，因截面的钢筋布置已定，故必须采用这个充要条件来判定偏心受压的性质。

截面承载力复核时，可先假设为大偏心受压。这时，钢筋 A_s 中的应力 $\sigma_s = f_{sd}$，代入式（8.3.4）即

$$f_{cd}bx\left(e_s - h_0 + \frac{x}{2}\right) = f_{sd}A_s e_s - f'_{sd}A'_s e'_s \tag{8.3.19}$$

解得受压区高度 x，再由 x 求得 $\xi = \frac{x}{h_0}$。当 $\xi \leqslant \xi_b$ 时，为大偏心受压；当 $\xi > \xi_b$ 时，为小偏心受压。

2）当 $\xi \leqslant \xi_b$ 时，为大偏心受压构件。若 $2a'_s \leqslant x \leqslant \xi_b h_0$，由式（8.3.19）计算的 x 即为大偏心受压构件截面受压区高度，然后按式（8.3.1）进行截面承载力复核。

若 $x < 2a'_s$，由式（8.3.9）求截面承载力 $N_u = M_u/e'_s = f_{sd}A_s(h_0 - a'_s)/e'_s$。

3）当 $\xi > \xi_b$ 时，为小偏心受压构件。这时，截面受压区高度 x 不能由式（8.3.19）来确定，因为在小偏心受压情况下，离偏心压力较远一侧钢筋 A_s 中的应力往往达不到屈服强度。

这时，要联合使用式（8.3.4）和式（8.3.7）来确定小偏心受压构件截面受压构件高度 x，即

$$f_{cd}bx\left(e_s - h_0 + \frac{x}{2}\right) = \sigma_s A_s e_s - f'_{sd}A'_s e'_s$$

及

$$\sigma_{si} = \varepsilon_{cu}E_s\left(\frac{\beta h_0}{x} - 1\right)$$

可得到 x 的一元三次方程为

$$Ax^3 + Bx^2 + Cx + D = 0 \tag{8.3.20}$$

式（8.3.20）中各系数计算表达式为

$$A = 0.5 f_{cd} b \tag{8.3.21a}$$

$$B = f_{cd} b (e_s - h_0) \tag{8.3.21b}$$

$$C = \varepsilon_{cu} E_s A_s e_s + f'_{sd} A'_s e'_s \tag{8.3.21c}$$

$$D = -\beta \varepsilon_{cu} E_s A_s e_s h_0 \tag{8.3.21d}$$

式中 e'_s 仍按 $e'_s = \eta e_0 - h/2 + a'_s$ 计算。

解方程可得到小偏心受压构件截面受压区高度 x 及相应的 ξ 值。

当 $h/h_0 > \xi > \xi_b$ 时，截面部分受压、部分受拉，将计算的 ξ 值代入式 (8.3.7)，可求得钢筋 A_s 中的应力 σ_s 值。然后，按照基本公式 (8.3.1)，求截面承载力 N_u 并且复核截面承载力。

当 $\xi > h/h_0$ 时，截面全部受压。这种情况下，偏心距较小。首先考虑近纵向压力作用点侧的截面边缘混凝土破坏，取 $\xi = h/h_0$ 代入式 (8.3.7) 中求得钢筋 A_s 中的应力 σ_s，然后由式 (8.3.1) 求得截面承载力 N_{u1}。

因全截面受压，还需考虑距纵向压力作用点远侧截面边缘破坏的可能性，再由式 (8.3.10) 求得截面承载力 N_{u2}。

构件承载能力 N_u 应取 N_{u1} 和 N_{u2} 中较小值，其意义为既然截面破坏有这种可能性，则截面承载力也可能由其决定。

(2) 垂直于弯矩作用平面的截面承载力复核。如设计轴向压力 N_d 较大而在弯矩作用平面内偏心矩较小时，垂直于弯矩作用平面的构件长细比 $\lambda = l_0 / b$ 较大时，有可能是垂直于弯矩作用平面的承载力起控制作用。因此，当偏心受压构件在两个方向的截面尺寸 b、h 及长细比 λ 值不同时，应对垂直于弯矩作用平面进行承载力复核。

JTG D62—2004 规定，对于偏心受压构件除应计算弯矩作用平面内的承载力外，还应按轴心受压构件复核垂直于弯矩作用平面的承载力。这时不考虑弯矩作用，而按轴心受压构件考虑稳定系数 φ。

例 8.3.1 钢筋混凝土偏心受压构件，轴向压力组合设计值 $N_d = 200 kN$，相应弯矩组合设计值 $M_d = 128 kN \cdot m$。截面尺寸 $b \times h = 300 mm \times 400 mm$，计算长度为 $l_0 = 4m$。预制构件拟采用 C20 级混凝土水平浇筑，纵向钢筋为 HRB335 级钢筋，I 类环境条件，安全等级为二级。试选择钢筋，并进行截面承载力复核。

解 $f_{cd} = 9.2 MPa$，$f_{sd} = f'_{sd} = 280 MPa$，$\xi_b = 0.56$，$\gamma_0 = 1.0$。

(1) 截面设计。轴向力计算值 $N = \gamma_0 N_d = 200 kN$，弯矩计算值 $M = \gamma_0 M_d = 128 kN \cdot m$，可得到偏心距 e_0 为

$$e_0 = \frac{M}{N} = \frac{128 \times 10^6}{200 \times 10^3} = 640 (mm)$$

弯矩作用平面内的长细比为 $\dfrac{l_0}{h} = \dfrac{4000}{400} = 10 > 5$，故应考虑偏心距增大系数 η。η 值按式 (8.2.2) 计算。设 $a_s = a'_s = 40 mm$，则 $h_0 = h - a_s = 4000 - 40 = 360 mm$。

$$\xi_1 = 0.2 + 2.7 \frac{e_0}{h_0} = 0.2 + 2.7 \times \frac{640}{360} = 5 > 1, \text{取} \ \xi_1 = 1.0$$

$$\xi_2 = 1.15 - 0.01 \frac{l_0}{h} = 1.15 - 0.010 \times 10 = 1.05 > 1, \text{取} \ \xi_2 = 1.0$$

则
$$\eta = 1 + \frac{1}{1400(e_0/h_0)}\left(\frac{l_0}{h}\right)^2 \xi_1 \xi_2$$

$$= 1 + \frac{1}{1400 \times \frac{640}{360}} \times (10)^2 \times 1.0 \times 1.0 = 1.04$$

1）大、小偏心受压的初步判定：$\eta e_0 = 1.04 \times 640 = 666 \text{mm} > 0.3 h_0 = 0.3 \times 360 = 108 \text{mm}$，故可先按大偏心受压情况进行设计。$e_s = \eta e_0 + h/2 - a_s = 666 + 400/2 - 40 = 826 \text{mm}$。

2）计算所需的纵向钢筋面积。属于大偏心受压求钢筋 A_s 和 A_s' 的情况。取 $\xi = \xi_b = 0.56$，由式（8.3.11）可得到

$$A_s' = \frac{Ne_s - \xi_b(1 - 0.5\xi_b)f_{cd}bh_0^2}{f_{sd}'(h_0 - a_s')}$$

$$= \frac{200 \times 10^3 \times 826 - 0.56 \times (1 - 0.5 \times 0.56) \times 9.2 \times 300 \times 360^2}{280 \times (360 - 40)}$$

$$= 234 \text{mm}^2 < \rho_{\min}bh\,(0.002 \times 300 \times 400 = 240 \text{mm}^2)$$

取 $A_s' = 240 \text{mm}^2$。

现选择受压钢筋为 3 Φ 12，则实际受压钢筋面积 $A_s' = 339 \text{mm}^2$，$a_s' = 45 \text{mm}$，$\rho' = 0.28\% > 0.2\%$。

由式（8.3.13）可得到截面受压区高度 x 值为

$$x = h_0 - \sqrt{h_0^2 - \frac{2[Ne_s - f_{sd}'A_s'(h_0 - a_s')]}{f_{cd}b}}$$

$$= 360 - \sqrt{360^2 - \frac{2 \times [200 \times 10^3 \times 826 - 280 \times 339 \times (360 - 45)]}{9.2 \times 300}}$$

$$= 182 \text{mm} < \xi_b h_0\,(0.56 \times 360 = 202 \text{mm})$$

$$> 2a_s'\,(= 2 \times 45 = 90 \text{mm})$$

取 $\sigma_s = f_{sd}$ 并代入式（8.3.14）可得到

$$A_s = \frac{f_{cd}bx + f_{sd}'A_s' - N}{f_{sd}}$$

$$= \frac{9.2 \times 300 \times 182 + 280 \times 339 - 200 \times 10^3}{280}$$

$$= 1419(\text{mm}^2)$$

现选受拉钢筋为 4 Φ 22，$A_s = 1520 \text{mm}^2$，$\rho = 1.27\% > 0.2\%$。

设计的纵向钢筋沿截面短边 b 方向布置一排（见图 8.3.3），因偏心压杆采用水平浇筑混凝土预制构件，故纵筋最小净距采用 30mm。设计截面中取 $a_s = a_s' = 45 \text{mm}$，钢筋 A_s 的混凝土保护层的厚度为 $(45 - 25.1/2) = 32 \text{mm}$，满足规范要求。所需截面最小宽度

$$b_{\min} = 2 \times 30 + 3 \times 30 + 4 \times 25.1 = 250 \text{mm} < b = 300 \text{mm}$$

（2）截面复核。

1）垂直于弯矩作用平面的截面复核。因为长细比 $l_0/b = 4000/300 = 13 > 8$，查表 7.2.1 得 $\varphi = 0.935$，则

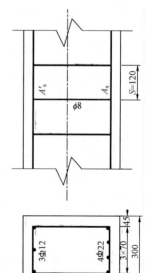

图 8.3.3 纵向钢筋截面
配筋图（单位：mm）

$$N_u = 0.9\varphi[f_{cd}bh + f'_{sd}(A_s + A'_s)]$$
$$= 0.9 \times 0.935[9.2 \times 300 \times 400 + 280(1520 + 339)]$$
$$= 1367.03 \times 10^3 N = 1367.03 kN > N(200kN)$$

满足设计要求。

2）弯矩作用平面的截面复核。截面实际有效高度 $h_0 = 400 - 45 = 355mm$，计算得 $\eta = 1.04$。而 $\eta e_0 = 666mm$，则

$$e_s = \eta e_0 + h/2 - a_s = 666 + 400/2 - 45 = 821(mm)$$
$$e'_s = \eta e_0 - h/2 + a'_s = 666 - 400/2 + 45 = 511(mm)$$

假定为大偏心受压，即取 $\sigma_s = f_{sd}$，由式（8.3.19）可解得混凝土受压区高度 x 为

$$x = (h_0 - e_s) + \sqrt{(h_0 - e_s)^2 + 2 \times \frac{f_{sd}A_s e_s - f'_{sd}A'_s e'_s}{f_{cd}b}}$$

$$= (355 - 821) + \sqrt{(355 - 821)^2 + 2 \times \frac{280 \times 1520 \times 821 - 280 \times 339 \times 511}{9.2 \times 300}}$$

$$= 194mm \begin{cases} < \xi_b h_0 (= 0.56 \times 355 = 199mm) \\ > 2a'_s (= 2 \times 45 = 90mm) \end{cases}$$

计算结果为大偏心受压。

由式（8.3.1）可得截面承载力为

$$N_u = f_{cd}bx + f'_{sd}A'_s - \sigma_s A_s$$
$$= 9.2 \times 300 \times 194 + 280 \times 339 - 280 \times 1520$$
$$= 204.76 \times 10^3 N = 204.76 kN > N(200kN)$$

满足正截面承载力要求。

四、矩形截面偏心受压构件对称配筋的计算方法

在实际工程中，偏心受压构件在不同荷载作用下，可能会产生相反方向的弯矩，当其数值相差不大，或即使相反方向弯矩相差较大，但按对称配筋设计求得的纵筋总量，比按非对称设计所得纵筋的总量增加不多时，为使构造简单及便于施工，宜采用对称配筋。装配式偏心受压构件，为了保证安装时不会出错，一般也宜采用对称配筋。

对称配筋是指截面的两侧用相同钢筋等级和数量的配筋，即 $A_s = A'_s$，$f_{sd} = f'_{sd}$，$a_s = a'_s$。

对于矩形截面对称配筋的偏心受压构件计算，仍依据式（8.3.1）～式（8.3.10）进行，也可分为截面设计和截面复核两种情况。

（1）截面设计。

1）大、小偏心受压构件的判别。先假定为大偏心受压，由于是对称配筋，$A_s = A'_s$，$f_{sd} = f'_{sd}$，令轴向压力计算值 $N = \gamma_0 N_d$，则由式（8.3.1）可得到

$$\gamma_0 N = f_{cd}bx$$

以 $x = \xi h_0$ 代入上式，整理后可得到

$$\xi = \frac{\gamma_0 N}{f_{cd}bh_0} \tag{8.3.22}$$

当 $\xi \leqslant \xi_b$ 时，按大偏心受压构件设计；当 $\xi > \xi_b$ 时，按小偏心受压构件设计。

2）大偏心受压构件（$\xi \leqslant \xi_b$）的计算。当 $2a'_s \leqslant x \leqslant \xi_b h_0$ 时，直接利用式（8.3.2）可得

到

$$A_s = A_s' = \frac{Ne_s - f_{cd}bh_0^2\xi(1-0.5\xi)}{f_{sd}'(h_0-a_s')} \tag{8.3.23}$$

式中 $e_s = \eta e_0 + \dfrac{h}{2} - a_s$。

当 $x < 2a_s'$ 时，按照式（8.3.15）来求得钢筋。

3）小偏心受压构件（$\xi > \xi_b$）的计算。对称配筋的小偏心受压构件，由于 $A_s = A_s'$，即使在全截面受压情况下，也不会出现远离偏心压力作用点一侧混凝土先破坏的情况。

首先应计算截面受压区高度 x。JTG D62—2004 建议，矩形截面对称配筋的小偏心受压构件截面相对受压区高度 ξ 按下式计算

$$\xi = \frac{N - f_{cd}bh_0\xi_b}{\dfrac{Ne_s - 0.43f_{cd}bh_0^2}{(\beta-\xi_b)(h_0-a_s')} + f_{cd}bh_0} + \xi_b \tag{8.3.24}$$

式中 β 为截面受压区矩形应力图高度与实际受压区高度的比值，取值见 JTG D62—2004 中表 5.2.3 混凝土极限压应变与系数 β 值。求得 ξ 的值后，由式（8.3.23）可求得所需的钢筋面积。

（2）截面复核。截面复核仍是对偏心受压构件垂直于弯矩作用方向和弯矩作用方向都进行计算，计算方法与截面非对称配筋方法相同。

例 8.3.2　钢筋混凝土偏心受压构件，截面尺寸为 $b \times h = 400\text{mm} \times 500\text{mm}$，采用 C20 级混凝土，构件在弯矩作用方向和垂直于弯矩作用方向上的计算长度均为 4.5m。Ⅰ类环境条件。轴向压力计算值 $N_d = 410\text{kN}$，弯矩计算值 $M_d = 246\text{kN·m}$。纵向钢筋采用 HRB335 级钢筋，试求对称配筋时所需钢筋数量并复核截面。

解　$f_{cd} = 9.2\text{MPa}$，$f_{sd} = f_{sd}' = 280\text{MPa}$，$\xi_b = 0.56$

（1）截面设计。偏心距为

$$e_0 = \frac{M_d}{N_d} = \frac{246 \times 10^6}{410 \times 10^3} = 600(\text{mm})$$

在弯矩作用方向，构件长细比 $l_0/h = 4500/500 = 9 > 5$。设 $a_s = a_s' = 45\text{mm}$，$h_0 = h - a_s = 455\text{mm}$，由式（8.2.2）可得

$$\xi_1 = 0.2 + 2.7\frac{e_0}{h_0} = 0.2 + 2.7 \times \frac{600}{455} = 3.8 > 1, 取 \xi_1 = 1.0$$

$$\xi_2 = 1.15 - 0.01\frac{l_0}{h} = 1.15 - 0.01 \times 9 = 1.06 > 1, 取 \xi_2 = 1.0$$

$$\eta = 1 + \frac{1}{1400(e_0/h_0)}\left(\frac{l_0}{h}\right)^2 \xi_1\xi_2 = 1 + \frac{1}{1400 \times \frac{600}{455}} \times (9)^2 \times 1.0 \times 1.0 = 1.044$$

$\eta e_0 = 626(\text{mm})$

1）判别大、小偏心受压。由式（8.3.22）可得截面相对受压区高度 ξ 为

$$\xi = \frac{\gamma_0 N}{f_{cd}bh_0} = \frac{1 \times 410 \times 10^3}{9.2 \times 400 \times 455} = 0.245 < \xi_b(0.56)$$

故可按大偏心受压构件设计。

2）求纵向钢筋面积。由 $\xi = 0.245$，$h_0 = 455\text{mm}$，得受压区高度 $x = \xi h_0 = 111\text{mm} >$

$2a'_s = 90\text{mm}$。而

$$e_s = \eta e_0 + \frac{h}{2} - a_s = 626 + \frac{500}{2} - 50 = 826(\text{mm})$$

由式（8.3.23）可得到所需纵向钢筋面积为

$$A_s = A'_s = \frac{Ne_s - f_{cd}bh_0^2\xi(1 - 0.5\xi)}{f_{sd}(h_0 - a'_s)}$$

$$= \frac{400 \times 10^3 \times 826 - 9.2 \times 400 \times 455^2 \times 0.245(1 - 0.5 \times 0.245)}{280(455 - 45)}$$

$$= 1523(\text{mm}^2)$$

选每侧钢筋为 5 Φ 20，即 $A_s = A'_s = 1570\,\text{mm}^2 > 0.002bh(0.002 \times 400 \times 500 = 400\text{mm}^2)$，每侧布置钢筋所需最小宽度 $b_{\min} = 2 \times 30 + 4 \times 30 + 5 \times 22.7 = 294\text{mm} < b(400\text{mm})$，而 a_s 和 a'_s 取为 45mm。截面布置如图 8.3.4 所示，构造布置的复合箍筋略。

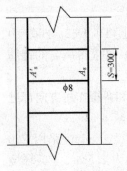

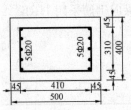

图 8.3.4　截面配筋图

（单位：mm）

（2）截面复核。

1）在垂直于弯矩作用平面内的截面复核。长细比 $l_0/h = 4500/400 = 11.25$，查表 7.2.1 得 $\varphi = 0.96$，则由式（7.2.1）可求得 $N_u = 0.9\varphi(f_{cd}A + f'_{sd}A'_s) = 2349\text{kN} > N(400\text{kN})$，满足要求。

2）在弯矩作用平面内的截面复核。$a_s = a'_s = 45\text{mm}$，$A_s = A'_s = 1570\text{mm}^2$，$h_0 = 455\text{mm}$。由（8.2.2）得 $\eta = 1.044$，$\eta e_0 = 626\text{mm}$。$e_s = 826\text{mm}$，$e'_s = \eta e_0 - h/2 + a'_s = 421\text{mm}$。

假定为大偏心受压，即取 $\sigma_s = f_{sd}$，由式（8.3.19）可解得混凝土受压区高度 x 为

$$x = (h_0 - e_s) + \sqrt{(h_0 - e_s)^2 + \frac{2f_{sd}A_s(e_s - e'_s)}{f_{cd}b}}$$

$$= (455 - 826) + \sqrt{(455 - 826)^2 + \frac{2 \times 280 \times 1570(826 - 421)}{9.2 \times 400}}$$

$$= 113\text{mm} \begin{cases} < \xi_b h_0 (= 0.56 \times 455 = 255\text{mm}) \\ > 2a'_s (= 2 \times 45 = 90\text{mm}) \end{cases}$$

故确为大偏心受压构件。

由式（8.3.1）可得截面承载力为

$$N_u = f_{cd}bx = 9.2 \times 400 \times 113 = 415\,840\text{N} = 415.8\text{kN} > N(410\text{kN})$$

满足要求。

第四节　圆形截面偏心受压构件

在桥梁结构中，钢筋混凝土圆形截面偏心受压构件应用很广，如柱式桥墩、台、钻孔灌注桩等。

圆形截面偏心受压构件的纵向受力钢筋，通常是沿圆周均匀布置，其根数不少于 6 根。对于一般的钢筋混凝土圆形截面偏心受压柱，纵向钢筋的直径不宜小于 12mm，保护层厚度不小于 30mm，桥梁工程中采用的钻孔灌注桩，截面尺寸较大（$D = 800 \sim 1500\text{mm}$），桩内纵向钢筋的直径不宜小于 14mm，根数不宜少于 8 根，其净距不宜小于 50mm，保护层厚度

不宜小于 60mm，箍筋的间距为 200～400mm。对于直径较大的桩，为了加强钢筋骨架的刚度，可在钢筋骨架上每隔 2～3m，设置一道直径为 14～18mm 的加劲箍筋。

一、正截面承载力计算的基本假定

试验研究表明，钢筋混凝土圆形截面偏心受压构件的破坏，最终表现为受压区混凝土压碎。作用的轴向压力对截面形心的偏心距不同，也会出现类似矩形截面偏心受压构件那样的"受拉破坏"和"受压破坏"两种破坏形态。但是，对于钢筋沿圆周均匀布置的圆形截面来说，构件破坏时各根钢筋的应变是不等的，应力也不完全相同。随着轴向压力的偏心距的增加，构件的破坏由"受压破坏"向"受拉破坏"的过渡基本上是连续的。

国内外对于环形和圆形截面偏心受压构件的试验表明，均匀配筋的截面到达破坏时，其截面应变分布比集中配筋截面更为符合直线关系，相应的混凝土极限压应变实测值为 0.002 7～0.004 6，平均值是 0.003 5。考虑极限压应变超过 0.003 3 以后，其取值对正截面承载力的影响很小，JTG D62—2004 根据试验研究结果，对混凝土强度等级 C50 及以下的圆形截面偏心受压构件取混凝土极限压应变为 0.003 3。

沿周边均匀配筋的圆形截面偏心受压构件，其正截面承载力计算的基本假定是：

（1）截面变形符合平截面假定。

（2）构件达到破坏时，受压边缘处混凝土的极限压应变取为 $\varepsilon_{cu} = 0.003\ 3$。

（3）受压区混凝土应力分布采用等效矩形应力图，且达到抗压强度设计值 f_{cd}，计算高度为 $x = \beta x_0$（x_0 为实际受压区高度），β 值与实际相对受压区高度 $\xi = x_0/2r$（r 为圆形截面半径）有关，即当 $\xi < 1$ 时，$\beta = 0.8$；当 $1 < \xi \leqslant 1.5$ 时，$\beta = 1.067 - 0.267\xi$；当 $\xi > 1$ 时，按全截面混凝土均匀受压处理。

（4）不考虑受拉区混凝土参加工作，拉力由钢筋承受。

（5）将钢筋视为理想的弹塑性体，应力-应变关系表达式为 $\sigma_s = \varepsilon_s E_s$。

对于周边均匀配筋的圆形偏心受压构件，当纵向钢筋不少于 6 根时，可以将纵向钢筋化

为总面积为 $\sum\limits_{i=1}^{n} A_{si}$，半径为 r_s 的等效钢环（见图 8.4.1），设圆形截面的半径为 r，等效钢环的壁厚中心至截面圆心的距离为 r_s，一般 $r_s = gr$ 表示 r_s 与 r 之间的关系。那么等效钢环的厚度 t_s 为

$$t_s = \frac{\sum\limits_{i=1}^{n} A_{si}}{2\pi r_s} = \frac{\sum\limits_{i=1}^{n} A_{si}}{\pi r^2} \cdot \frac{r}{2g} = \frac{\rho r}{2g} \quad (8.4.1)$$

$$\rho = \sum_{i=1}^{n} A_{si}/\pi r^2$$

式中 ρ——纵向钢筋配筋率；

g——纵向钢筋所在圆周半径 r_s 与圆截面半径之比，一般取 0.88～0.92。

二、正截面承载力计算的基本公式

根据基本假定，可以建立圆形截面偏心受压构件正截面承载力计算图式

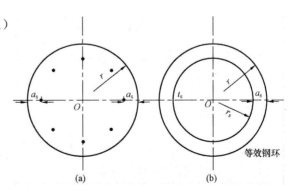

图 8.4.1 等效钢环示意图

(a) 截面布置示意图；(b) 等效钢环

（见图 8.4.2），同时，根据平衡条件可写出以下方程：

由截面上所有水平力平衡条件

$$N_u = D_c + D_s \tag{8.4.2}$$

由截面上所有力对截面形心轴 $y\text{-}y$ 的合力矩平衡条件

$$M_u = M_c + M_s \tag{8.4.3}$$

式中　D_c 和 D_s ——受压区混凝土压应力的合力和所有钢筋的应力合力；

　　　　M_c 和 M_s ——受压区混凝土应力的合力对 y 轴力矩和所有钢筋应力合力对 y 轴的力矩。

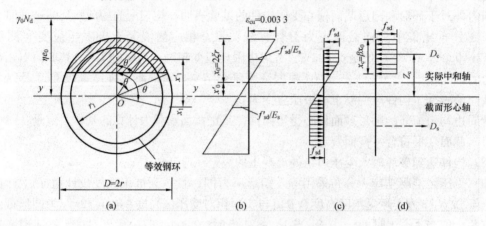

图 8.4.2　圆形截面偏心受压构件计算简图

（a）截面；（b）应变；（c）钢筋应力；（d）混凝土等效矩形应力分布

在具体求解上述合力及合力矩之前，将图 8.4.2 中各有关直角坐标系中符号与极坐标系的相应表达式列出如下：

（1）计算中性轴位置 x_c，相应的圆心角的一半为

$$\theta_c = \arccos(1 - 2\beta\xi) \leqslant \pi \tag{8.4.4}$$

（2）钢环受压进入屈服强度点坐标 x_s' 为

$$x_s' = \left[\frac{2r\xi}{\varepsilon_{cu}} \cdot \frac{f_{sd}'}{E_s} + r(1 - 2\xi) \right] \leqslant gr$$

相应的圆心角的一半为

$$\theta_{sc} = \arccos\left[\frac{2\xi}{g\varepsilon_{cu}} \cdot \frac{f_{sd}'}{E_s} + \frac{1 - 2\xi}{g} \right] \leqslant \pi \tag{8.4.5}$$

（3）钢环受拉进入屈服强度点坐标 x_s 为

$$x_s = \left[-\frac{2r\xi}{\varepsilon_{cu}} \cdot \frac{f_{sd}}{E_s} + r(1 - 2\xi) \right] \geqslant -gr$$

相应的圆心角的一半为

$$\theta_{st} = \arccos\left(-\frac{2\xi}{g\varepsilon_{cu}} \cdot \frac{f_{sd}}{E_s} + \frac{1 - 2\xi}{g} \right) \leqslant \pi \tag{8.4.6}$$

（4）钢环上任意一点的应力表达式为

当 $0 < \theta \leqslant \theta_{sc}$ 时　　　　　$\sigma_s = f_{sd}'$

当 $\theta_{sc} < \theta \leqslant \theta_{st}$ 时　　　　　$\sigma_s = \dfrac{g\cos\theta - (1 - 2\xi)}{g\cos\theta_{sc} - (1 - 2\xi)} f_{sd}'$ ㅤ (8.4.7)

当 $\theta_{st} < \theta \leqslant \pi$ 时 $\qquad\qquad \sigma_s = -f_{sd}$

式中以负号表示拉应力。

（5）实际中性轴的位置为

$$x'_c = r(1 - 2\xi) \qquad\qquad (8.4.8)$$

现分别推导式（8.4.2）和式（8.4.3）中各项的具体表达式。

1）受压区混凝土的应力合力 D_c。根据图 8.4.2 中等效矩形应力图和相应的弓形受压区面积 A_c 来计算 D_c，即

$$D_c = f_{cd}A_c$$

$$A_c = \frac{2\theta_c - \sin 2\theta_c}{2}r^2$$

若令

$$A = \frac{2\theta_c - \sin 2\theta_c}{2}$$

则 $\qquad\qquad D_c = Ar^2 f_{cd} \qquad\qquad (8.4.9)$

2）受压区混凝土的应力合力对 y-y 轴的力矩 M_c

$$M_c = f_{cd}A_c z_c$$

而 $\qquad\qquad z_c = \frac{4 \sin^3 \theta_c}{3(2\theta_c - \sin 2\theta_c)}r$

故 $\qquad\qquad M_c = \frac{2}{3} \sin^3 \theta_c r^3 f_{cd}$

若令 $\qquad\qquad B = \frac{2}{3} \sin^3 \theta_c$

则 $\qquad\qquad M_c = Br^3 f_{cd} \qquad\qquad (8.4.10)$

3）钢环（钢筋）应力合力 D_s

$$D_s = \sum_{i=1}^{n} \sigma_{si} A_{si} \approx 2\int_0^\pi \sigma_s \mathrm{d}A_s$$

式中 $\qquad\qquad \mathrm{d}A_s = t_s r_s \mathrm{d}\theta = \frac{1}{2}\rho r^2 \mathrm{d}\theta$

故 $\qquad D_s = 2\int_0^{\theta_{sc}} f'_{sd} \cdot \frac{1}{2}\rho r^2 \mathrm{d}\theta + 2\int_{\theta_{sc}}^{\theta_{st}} \frac{g\cos\theta - (1 - 2\xi)}{g\cos\theta_{sc} - (1 - 2\xi)} f'_{sd} \cdot \frac{1}{2}\rho r^2 \mathrm{d}\theta r$

$$+ 2\int_{\theta_{st}}^{\pi} (-f_{sd}) \cdot \frac{1}{2}\rho r^2 \mathrm{d}\theta$$

钢筋强度设计值 f'_{sd} 的绝对值等于 $-f_{sd}$ 的绝对值，积分结果为

$$D_s = \rho r^2 f_{sd}\left\{\theta_{sc} - \pi + \theta_{st} + \frac{1}{g\cos\theta_{sc} - (1 - 2\xi)}\left[g(\sin\theta_{st} - \sin\theta_{sc})\right.\right.$$

$$\left.\left. - (1 - 2\xi) \cdot (\theta_{st} - \theta_{sc})\right]\right\}$$

取上式中大括号内表示的内容为 C，则可得到

$$D_s = C\rho r^2 f_{sd} \qquad\qquad (8.4.11)$$

4）钢环（钢筋）应力合力对截面 y-y 轴的力矩 M_s

$$M_s = \sum_{i=1}^{n} \sigma_{si} A_{si} z_{si} \approx 2\int_0^\pi \sigma_s x \mathrm{d}A_s$$

式中
$$dA_s = \frac{1}{2}\rho r^2 d\theta, \quad x = gr\cos\theta$$

故
$$M_s = 2\int_0^{\theta_{sc}} f_{sd}(gr\cos\theta)\frac{1}{2}\rho r^2 d\theta + 2\int_{\theta_{sc}}^{\theta_{st}} \frac{g\cos\theta-(1-2\xi)}{g\cos\theta_{sc}-(1-2\xi)}f_{sd}$$
$$\times (gr\cos\theta)\frac{1}{2}\rho r^2 d\theta + 2\int_{\theta_{st}}^{\pi} -f_{sd}(gr\cos\theta)\frac{1}{2}\rho r^2 d\theta$$

积分结果为
$$M_s = \rho gr^3 f_{sd}\Big\{\sin\theta_{sc}-\sin\theta_{st}+\frac{1}{g\cos\theta_{st}-(1-2\xi)}$$
$$\times\Big[g\Big(\frac{\theta_{st}-\theta_{sc}}{2}+\frac{\sin2\theta_{st}-\sin2\theta_{sc}}{2}\Big)-(1-2\xi)(\sin\theta_{st}-\sin\theta_{sc})\Big]\Big\}$$

令上式中大括号内表示的内容为 D，则可得到
$$M_s = D\rho gr^3 f_{sd} \tag{8.4.12}$$

将式（8.4.9）～式（8.4.12）分别代入式（8.4.2）和式（8.4.3）中，可得到圆形截面偏心受压构件正截面承载力的计算基本公式为
$$\gamma_0 N_d \leqslant N_u = Ar^2 f_{cd} + C\rho r^2 f_{sd} \tag{8.4.13}$$
$$\gamma_0 N_d(\eta e_0) \leqslant M_u = Br^3 f_{cd} + D\rho gr^3 f_{sd} \tag{8.4.14}$$

式中系数 A、B 仅与 $\xi = x/D$ 有关；系数 C、D 与 ξ、E_s 有关，其数值已编制成表，见表8.4.1。

表 8.4.1　　　　圆形截面钢筋混凝土偏压构件正截面抗压承载力计算系数

ξ	A	B	C	D	ξ	A	B	C	D
0.20	0.324 4	0.262 8	−1.529 6	1.421 6	0.38	0.807 4	0.519 1	−0.570 7	1.860 9
0.21	0.348 1	0.278 7	−1.467 6	1.462 3	0.39	0.836 9	0.530 4	−0.522 7	1.871 1
0.22	0.372 3	0.294 5	−1.407 4	1.500 4	0.40	0.866 7	0.541 4	−0.474 9	1.880 1
0.23	0.396 9	0.310 3	−1.348 6	1.536 1	0.41	0.896 6	0.551 9	−0.427 3	1.887 8
0.24	0.421 9	0.325 9	−1.291 1	1.569 7	0.42	0.926 8	0.562 0	−0.379 8	1.894 3
0.25	0.447 3	0.341 3	−1.234 8	1.601 2	0.43	0.957 1	0.571 7	−0.332 3	1.899 6
0.26	0.473 1	0.356 6	−1.179 6	1.630 7	0.44	0.987 6	0.581 0	−0.285 0	1.903 6
0.27	0.499 2	0.371 7	−1.125 4	1.658 4	0.45	1.018 2	0.589 8	−0.237 7	1.906 5
0.28	0.525 8	0.386 5	−1.072 0	1.684 3	0.46	1.049 0	0.598 2	−0.190 2	1.908 1
0.29	0.552 6	0.401 1	−1.019 4	1.708 6	0.47	1.079 9	0.606 1	−0.142 9	1.908 4
0.30	0.579 8	0.415 5	−0.967 5	1.731 3	0.48	1.111 0	0.613 6	−0.095 4	1.907 5
0.31	0.607 3	0.429 5	−0.916 3	1.752 4	0.49	1.142 2	0.620 6	−0.047 8	1.905 3
0.32	0.635 1	0.443 3	−0.865 6	1.772 1	0.50	1.173 5	0.627 1	0.000 0	1.901 8
0.33	0.663 1	0.456 8	−0.815 4	1.790 3	0.51	1.204 9	0.633 1	0.048 0	1.897 1
0.34	0.691 5	0.469 9	−0.765 7	1.807 1	0.52	1.236 4	0.638 6	0.096 3	1.890 9
0.35	0.720 1	0.482 8	−0.716 5	1.822 5	0.53	1.268 0	0.643 7	0.145 0	1.883 4
0.36	0.748 9	0.495 2	−0.667 6	1.836 6	0.54	1.299 6	0.648 3	0.194 1	1.874 4
0.37	0.778 0	0.507 3	−0.619 0	1.849 4	0.55	1.331 4	0.652 3	0.243 6	1.863 9

ξ	A	B	C	D	ξ	A	B	C	D
0.56	1.363 2	0.655 9	0.293 7	1.851 9	0.92	2.478 5	0.456 8	2.082 4	0.826 6
0.57	1.395 0	0.658 9	0.344 4	1.838 1	0.93	2.506 5	0.443 3	2.113 2	0.805 5
0.58	1.426 9	0.661 5	0.396 0	1.822 6	0.94	2.534 3	0.429 5	2.143 3	0.784 7
0.59	1.458 9	0.663 5	0.448 5	1.805 2	0.95	2.561 8	0.415 5	2.172 6	0.764 5
0.60	1.490 8	0.665 1	0.502 1	1.785 6	0.96	2.589 0	0.401 1	2.201 2	0.744 6
0.61	1.522 8	0.666 1	0.557 1	1.763 6	0.97	2.615 8	0.386 5	2.229 0	0.725 1
0.62	1.554 8	0.666 6	0.613 9	1.738 7	0.98	2.642 4	0.371 7	2.256 1	0.706 1
0.63	1.586 8	0.666 6	0.673 4	1.710 3	0.99	2.668 5	0.356 6	2.282 5	0.687 4
0.64	1.618 8	0.666 1	0.737 3	1.676 3	1.00	2.694 3	0.341 3	2.308 2	0.669 2
0.65	1.650 8	0.665 1	0.808 0	1.634 3	1.01	2.711 2	0.331 1	2.333 3	0.651 3
0.66	1.682 7	0.663 5	0.876 6	1.593 3	1.02	2.727 7	0.320 9	2.357 8	0.633 7
0.67	1.714 7	0.661 5	0.943 0	1.553 4	1.03	2.744 0	0.310 8	2.381 7	0.616 5
0.68	1.746 6	0.658 9	1.007 1	1.514 6	1.04	2.759 8	0.300 6	2.404 9	0.599 7
0.69	1.778 4	0.655 9	1.069 2	1.476 9	1.05	2.775 4	0.290 6	2.427 6	0.583 2
0.70	1.810 2	0.652 3	1.129 4	1.440 2	1.06	2.790 6	0.280 6	2.449 7	0.567 0
0.71	1.842 0	0.648 3	1.187 6	1.404 5	1.07	2.805 4	0.270 7	2.471 3	0.551 2
0.72	1.873 6	0.643 7	1.244 0	1.369 7	1.08	2.820 0	0.260 9	2.492 4	0.535 6
0.73	1.905 2	0.638 6	1.298 7	1.335 8	1.09	2.834 1	0.251 1	2.512 9	0.520 4
0.74	1.936 7	0.633 1	1.351 7	1.302 8	1.10	2.848 0	0.241 5	2.533 0	0.505 5
0.75	1.968 1	0.627 1	1.403 0	1.270 6	1.11	2.861 5	0.231 9	2.552 5	0.490 8
0.76	1.999 4	0.620 6	1.452 9	1.239 2	1.12	2.874 7	0.222 5	2.571 6	0.476 5
0.77	2.030 6	0.613 6	1.501 3	1.208 6	1.13	2.887 6	0.213 2	2.590 2	0.462 4
0.78	2.061 7	0.606 1	1.548 2	1.178 7	1.14	2.900 1	0.204 0	2.608 4	0.448 6
0.79	2.092 6	0.598 2	1.593 8	1.149 6	1.15	2.912 3	0.194 9	2.626 1	0.435 1
0.80	2.123 4	0.589 8	1.638 1	1.121 2	1.16	2.924 2	0.186 0	2.643 4	0.421 9
0.81	2.154 0	0.581 0	1.681 1	1.093 4	1.17	2.935 7	0.177 2	2.660 3	0.408 9
0.82	2.184 5	0.571 7	1.722 8	1.066 3	1.18	2.946 9	0.168 5	2.676 7	0.396 1
0.83	2.214 8	0.562 0	1.763 5	1.039 8	1.19	2.957 8	0.160 0	2.692 8	0.383 6
0.84	2.245 0	0.551 9	1.802 9	1.013 9	1.20	2.968 4	0.151 7	2.708 5	0.371 4
0.85	2.274 9	0.541 4	1.841 3	0.988 6	1.21	2.978 7	0.143 5	2.723 8	0.359 4
0.86	2.304 7	0.530 4	1.878 6	0.963 9	1.22	2.988 6	0.135 5	2.738 7	0.347 6
0.87	2.334 2	0.519 1	1.914 9	0.939 7	1.23	2.998 2	0.127 7	2.753 2	0.336 1
0.88	2.363 6	0.507 3	1.950 3	0.916 1	1.24	3.007 5	0.120 1	2.767 5	0.324 8
0.89	2.392 7	0.495 2	1.984 6	0.893 0	1.25	3.016 5	0.112 6	2.781 3	0.313 7
0.90	2.421 5	0.482 8	2.018 1	0.870 4	1.26	3.025 2	0.105 3	2.794 8	0.302 8
0.91	2.450 1	0.469 9	2.050 7	0.848 3	1.27	3.033 6	0.098 2	2.808 0	0.292 2

ξ	A	B	C	D	ξ	A	B	C	D
1.28	3.041 7	0.091 4	2.820 9	0.281 8	1.40	3.115 0	0.025 6	2.952 3	0.172 2
1.29	3.049 5	0.084 7	2.833 5	0.271 5	1.41	3.119 2	0.021 7	2.961 5	0.164 3
1.30	3.056 9	0.078 2	2.845 7	0.261 5	1.42	3.123 1	0.018 0	2.970 4	0.156 6
1.31	3.064 1	0.071 9	2.857 6	0.251 7	1.43	3.126 6	0.014 6	2.979 1	0.149 1
1.32	3.070 9	0.065 9	2.869 3	0.242 1	1.44	3.129 9	0.011 5	2.987 6	0.141 7
1.33	3.077 5	0.060 0	2.880 6	0.232 7	1.45	3.132 8	0.008 6	2.995 8	0.134 5
1.34	3.083 7	0.054 4	2.891 7	0.223 5	1.46	3.135 4	0.006 1	3.003 8	0.127 5
1.35	3.089 7	0.049 0	2.902 4	0.214 5	1.47	3.137 6	0.003 9	3.011 5	0.120 6
1.36	3.095 4	0.043 9	2.912 9	0.205 7	1.48	3.139 5	0.002 1	3.019 1	0.114 0
1.37	3.100 7	0.038 9	2.923 2	0.197 0	1.49	3.140 8	0.000 7	3.026 4	0.107 5
1.38	3.105 8	0.034 3	2.933 1	0.188 6	1.50	3.141 6	0.000 0	3.033 4	0.101 1
1.39	3.110 6	0.029 8	2.942 8	0.180 3	1.51	3.141 6	0.000 0	3.040 3	0.095 0

三、计算方法

圆形截面偏心受压构件的正截面承载力计算方法分为截面设计和截面复核。

（1）截面设计。已知截面尺寸、计算长度、材料强度级别、轴向压力计算值 N、弯矩计算值 M，求纵向钢筋面积 A_s。

直接采用式（8.4.13）和式（8.4.14）是无法求得纵向钢筋面积 A_s，一般采用试算法。现将式（8.4.14）除以式（8.4.13），整理可得到

$$\rho = \frac{f_{cd}}{f_{sd}} \cdot \frac{Br - A(\eta_0)}{C(\eta_0) - Dgr} \tag{8.4.15}$$

由已知条件求 η_0，确定 g、r_s 等值。

先假设 ξ 值，由表 8.4.1 查得相应的系数 A、B、C 和 D，代入式（8.4.15）得到配筋率 ρ。再将系数 A、C 和 ρ 值代入式（8.4.13）可求得 N_u。若 N_u 值与已知的 N 值基本相符（允许误差在 2% 以内），则假定的 ξ 值及依此计算的 ρ 值即为设计用值。若两者不符，需重新假定 ξ 值，重复以上步骤，直至基本相符为止。

按最后确定的 ξ 值计算所得的 ρ 值，代入式（8.4.16），即得到所需的纵筋面积 A_s 为

$$A_s = \rho \pi r^2 \tag{8.4.16}$$

（2）截面复核。已知截面尺寸、计算长度、纵向钢筋面积 A_s、材料强度级别、轴向压力计算值 N 和弯矩计算 M，要求复核截面承载力。

仍需采用试算法。现将式（8.4.14）除以式（8.4.13），整理为

$$\eta e_0 = \frac{Bf_{cd} + D\rho g f'_{sd}}{Af_{cd} + C\rho f'_{sd}} r \tag{8.4.17}$$

先假设 ξ 值，由表 8.4.1 查得系数 A、B、C 和 D 的值，代入式（8.4.17）算到 ηe_0 值。若 ηe_0 值与实际计算偏心距 $\eta M_d/N_d$ 值基本相符（允许误差在 2% 以内），则假定的 ξ 值可为计算用的 ξ 值。若两者不符，需重新假设 ξ 值，重复以上步骤，直至两者基本相符为止。

按确定的 ξ 值及其所相应的系数 A、B、C 和 D 的值代入式（8.4.13）中，则可求得截

面承载力为

$$N_u = Ar^2 f_{cd} + C\rho r^2 f_{sd} \tag{8.4.18}$$

上述方法为 JTG D62—2004 提出的沿周边均匀配筋的圆形截面钢筋混凝土偏心受压构件计算的查表法，需要反复试算。为了避免反复迭代的试算过程，JTG D62—2004 还提出了用查图法来进行圆形截面偏心受压构件截面设计和截面复核的方法。

例 8.4.1 已知柱式桥墩的柱直径 $d_1 = 1.2m$，计算长度 $l_0 = 8.0m$。计算轴向力 $N_d = 11\,000kN$，计算弯矩 $M_d = 2200kN \cdot m$。采用 C25 级混凝土，HRB335 级钢筋，结构安全等级为二级。试进行配筋计算，并进行截面复核。

解 （1）截面设计配筋计算。已知 $f_{cd} = 11.5MPa$，$f_{sd} = 280MPa$，拟用 Φ 28 钢筋，保护层的厚度为 60mm，长细比 $\dfrac{l_0}{d_1} = \dfrac{8000}{1200} = 6.67 > 5$，应考虑纵向弯曲对偏心距的影响，则

$$e_0 = \frac{M_d}{N_d} = \frac{2200 \times 10^6}{11\,000 \times 10^3} = 200(mm)$$

$$r_s = 600 - (600 + 31.6/2) = 524.2(mm)$$

$$h_0 = r + r_s = 600 + 524.2 = 1124.2(mm)$$

$$g = r_s/r = 524.2/600 = 0.874$$

1）计算 ηe_0 值，由式（8.2.2）得

$$\xi_1 = 0.2 + 2.7 \frac{e_0}{h_0} = 0.2 + 2.7 \times 200/1124.2 = 0.68 \leqslant 1.0$$

$$\xi_2 = 1.15 - 0.01 \frac{l_0}{h} = 1.15 - 0.01 \times 8000/1200 = 1.08 > 1.0, 取 \xi_2 = 1$$

$$\eta = 1 + \frac{1}{1400(e_0/h_0)} \left(\frac{l_0}{h}\right)^2 \xi_1 \xi_2$$

$$= 1 + \frac{1}{1400 \times 200/1124.2} \times \left(\frac{8000}{1200}\right)^2 \times 0.68 \times 1$$

$$= 1.12$$

$$\eta e_0 = 1.12 \times 200 = 224(mm)$$

2）计算受压区高度系数。当 $\xi = 0.78$ 时，查表 8.4.1 得 $A = 2.617$、$B = 0.606\,1$、$C = 1.548\,2$、$D = 1.178\,7$，代入式（8.4.15）得

$$\rho = \frac{f_{cd}}{f_{sd}} \cdot \frac{Br - A(\eta e_0)}{C(\eta e_0) - Dgr}$$

$$= \frac{11.5}{280} \times \frac{0.606\,1 \times 600 - 2.061\,7 \times 224}{1.548\,2 \times 224 - 1.178\,7 \times 0.874 \times 600}$$

$$= 0.014\,9$$

由式（8.4.13）可得

$$N_u = Ar^2 f_{cd} + C\rho r^2 f_{sd}$$

$$= 2.061\,7 \times (600)^2 \times 11.5 + 1.548\,2 \times 0.014\,9 \times (600)^2 \times 280$$

$$= 10\,861 (kN)$$

$N_u/\gamma_0 N = 0.987\,4$，计算轴向压力设计值与实际值基本相符，$\rho$ 即为所求。

3）计算纵向钢筋截面积。由式（8.4.16），可得

$$A_s = \rho \pi r^2 = 0.014\,9 \times 3.14 \times (600)^2 = 16\,843 (mm^2)$$

查表 3.3.3 得，$A_s = 17\,241 mm^2$，实际配筋率 $\rho = A_s/\pi r^2 = 17\,241/(3.14 \times 600^2) = 1.53\% > 0.5\%$；纵向钢筋间净距为 $2\pi r_s/n = 2 \times 3.14 \times 524.2/28 = 118 mm$。

（2）截面复核。

1）在垂直于弯矩作用平面的承载力为

$$N_u = 0.9\varphi(f_{cd}A_c + f'_{sd}A_s)$$

$$= 0.9 \times 1 \times (11.5 \times 1\,130\,400 + 280 \times 17\,241)$$

$$= 16\,044.37 kN > N(11\,000 kN)$$

2）在弯矩作用平面内。实际配筋率略高于计算值，故设 $\xi = 0.785$，查表 8.4.1 由内差得 $A = 2.077\,2$、$B = 0.602\,2$、$C = 1.571\,0$、$D = 1.164\,2$，代入式（8.4.17）可得

$$\eta e_0 = \frac{Bf_{cd} + D\rho g f_{sd}}{Af_{cd} + C\rho f_{sd}} r$$

$$= \frac{0.602\,2 \times 11.5 + 1.164\,2 \times 0.015\,3 \times 0.874 \times 280}{2.077\,2 \times 11.5 + 1.571\,0 \times 0.015\,3 \times 280} \times 600$$

$$= 221 (mm)$$

计算偏心距与实际值基本相符，$\xi = 0.785$ 即为所求。

在弯矩作用平面内的承载力为

$$N_u = Ar^2 f_{cd} + C\rho r^2 f_{sd}$$

$$= 1.905\,2 \times (600)^2 \times 9.2 + 1.298\,7 \times 0.005\,5 \times (600)^2 \times 195$$

$$= 2.077\,2 \times 600^2 \times 11.5 + 1.571\,0 \times 0.015\,3 \times 600^2 \times 280$$

$$= 11\,022.5 kN > N(11\,000 kN)$$

满足承载力要求。

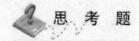 思 考 题

1. 什么是偏心受压构件？

2. 偏心受压构件的破坏类型有哪些？破坏特征的条件是什么？

3. 大偏心受压和小偏心受压的破坏特征有何区别？截面应力状态有何不同？它们的分界条件是什么？

4. 什么是对称配筋和非对称配筋？什么情况下采用对称配筋？

5. 什么是偏心距增大系数？与哪些因素有关？

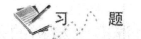

1. 矩形截面偏心受压构件的截面尺寸为 $b \times h = 300mm \times 600mm$，弯矩作用平面内和垂直于弯矩作用平面的计算长度 $l_0 = 6m$。采用 C20 级混凝土和 HRB335 级钢筋。Ⅰ类环境条件，安全等级为一级。轴向压力组合设计值 $N_d = 2645kN$，相应弯矩组合设计值 $M_d = 119kN \cdot m$，试按非对称布筋进行截面设计和截面复核。

2. 圆形截面偏心受压构件的截面半径 $r = 400mm$，计算长度 $l_0 = 8.8m$。采用 C20 级混凝土和 HRB335 级钢筋。Ⅰ类环境条件，安全等级为二级。轴向压力组合设计值 $N_d = 969kN$，相应弯矩组合设计值 $M_d = 310kN \cdot m$，试进行截面设计和截面复核。

第九章　预应力混凝土结构的基本概念及材料

第一节　概　　述

钢筋混凝土是桥梁结构的主要形式之一。它具有许多优点，但是它也有很多缺陷，主要是混凝土的抗拉强度过低、拉伸极限应变太小及混凝土很容易开裂。这样，不仅使构件刚度下降，而且构件不能应用于不允许开裂的结构中，同时，也无法充分利用高强度材料。当荷载增加时，就只有增加钢筋混凝土构件的截面尺寸，或者增加钢筋用量的方法来控制裂缝和变形。这样做不仅使构件自重增加，而且是不经济的。要使钢筋混凝土结构得到进一步的发展，就必须克服混凝土抗拉强度低这一缺点，而预应力混凝土结构能够弥补这一缺陷。

一、预应力混凝土结构的基本原理

下面通过一个例子，进一步说明混凝土预加应力的原理。

图 9.1.1 为一根由 C25 级混凝土制作的素混凝土梁，跨径 $L=4m$，截面尺寸为 200mm×300mm，截面模量 $W=200\times300^2/6=3\times10^6 \text{mm}^3$。在 $q=15\text{kN/m}$ 的均布荷载作用下的跨中弯矩为：$M=ql^2/8=15\times4^2/8\times4^2=30\text{kN·m}$。跨中截面上产生的最大应力

$$\sigma = M/W = \pm 30\times10^6/(3000\times10^3) = \pm10\text{MPa}$$

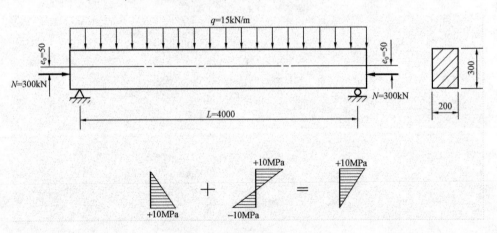

图 9.1.1　预应力混凝土梁的受力情况（单位：mm）

对于 C25 级混凝土来说，抗压强度设计值 $f_{cd}=11.5\text{MPa}$，而抗拉强度设计值 $f_{td}=1.23\text{MPa}$，所以，C25 级混凝土承受 10MPa 的压应力是没有问题的。但若承担 10MPa 的拉应力，则是根本不可能的。实际上，这样一根素混凝土梁在 $q=15\text{kN/m}$ 的均布荷载作用下早已断裂。

如果在梁端加一对偏心距 $e_0=50\text{mm}$，纵向力 $N=300\text{kN}$ 的预加应力，在此预加应力作用下，梁跨中截面上下边缘混凝土所受到的预应力为

$$\sigma = \frac{N}{A} \mp \frac{Ne_0}{W} = \frac{300\times10^3}{200\times300} \mp \frac{300\times10^3\times50}{3000\times10^3} = \begin{array}{c} 0 \\ +10 \end{array}(\text{MPa})$$

这样，在梁的下边缘预先储备了 10MPa 的压应力，用以抵抗外荷载作用的拉应力。在

外荷载和预加纵向力的共同作用下截面上下边缘应力为

$$\sigma_{\min}^{\max} = \frac{N}{A} \mp \frac{Ne_0}{W} \pm \frac{M}{W} = {0 \atop 10} + {+10 \atop -10} = {+10 \atop 0} (\text{MPa})$$

显然，这样的梁承受 $q=15\text{kN/m}$ 的均布荷载是没问题的，而且整个截面始终处于受压工作状态。从理论上讲，没有拉应力，也就不会出现裂缝。

二、预应力混凝土结构的特点

图 9.1.2 为两根梁的荷载（P）-挠度（f）曲线对比图。这两根梁具有相同强度等级的混凝土、跨度、截面尺寸和配筋率，但一根已施加预应力，另一根为普通钢筋混凝土梁。由图 9.1.2 中试验曲线可以看出，预应力梁的开裂荷载大于钢筋混凝土梁的开裂荷载。同时，在使用荷载 P 的作用下，前者并未开裂，且前者的挠度小于后者的挠度。

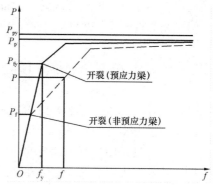

图 9.1.2　梁的荷载（P）-挠度（f）曲线对比图

由此可见，预应力的施加能提高构件的抗裂度和刚度。对构件施加预应力，大大推迟了裂缝的出现。由于构件不出现裂缝，或使裂缝推迟出现，因而也提高了构件的刚度，增加了结构的耐久性。同时，可以节省材料，减小自重。但是预应力混凝土必须采用高强度材料，因而可以减少钢筋用量和减小构件截面尺寸，使自重减轻，有利于预应力混凝土构件建造大跨度承重结构。预应力的施加还可以减小梁的竖向剪力和主拉应力。预应力混凝土梁的曲线钢筋（束），可使梁内支座附近的竖向剪力减小。此外，还可以增加结构的耐疲劳性能，保证结构质量，安全可靠。

预应力混凝土结构也存在着一些缺点，如工艺较复杂，对质量要求高，因而需要配备一支技术较熟练的专业队伍。制造预应力混凝土构件需要较多的张拉设备及具有一定加工精度要求的锚具。同时，预应力反拱也不易控制。预应力混凝土结构的开工费用较大，对于跨径小、构件数量少的工程，成本较高。

三、预应力混凝土的分类

国内通常把混凝土结构内配有纵筋的结构总称为加筋混凝土结构系列。

根据国内工程界的习惯，将采用加筋的混凝土结构按其预应力度分成全预应力混凝土、部分预应力混凝土和钢筋混凝土三种结构。

1. 预应力度的定义

JTG D62—2004 将预应力度（λ）定义为

$$\lambda = \frac{\sigma_{\text{pe}}}{\sigma_{\text{st}}} \tag{9.1.1}$$

式中　σ_{pe}——扣除全部预应力损失后的预加应力在构件抗裂边缘产生的预压应力；

　　　σ_{st}——由作用（荷载）短期效应组合产生的构件抗裂边缘的法向应力。

对于预应力混凝土受弯构件，预应力度也可定义为：由预应力大小确定的消压弯矩 M_0 与按作用（或荷载）短期效应组合计算的弯矩值 M_{s} 的比值，即

$$\lambda = \frac{M_0}{M_{\text{s}}} \tag{9.1.2}$$

式中 M_0——消压弯矩，也就是消除构件控制截面受拉区边缘混凝土的预压应力，使其恰
　　　　　　好为零的弯矩；

　　　　M_s——按短期效应组合计算的弯矩值。

2. 加筋混凝土结构的分类

（1）全预应力混凝土：$\lambda \geqslant 1$，沿预应力筋方向的正截面不出现拉应力。

（2）部分预应力混凝土：$1 > \lambda > 0$，沿预应力筋方向的正截面出现拉应力或出现不超过
规定宽度的裂缝；当对拉应力加以限制时，为部分预应力混凝土 A 类构件；当拉应力超过
限值或出现不超过限值的裂缝时，为部分预应力混凝土 B 类构件。

（3）钢筋混凝土：$\lambda = 0$，无预加应力。

第二节   部分预应力混凝土与无黏结预应力混凝土

一、部分预应力混凝土结构的基本概念

预应力混凝土结构，早期都是按全预应力混凝土来设计的。根据当时的认识，认为施加
预应力的目的只是用混凝土承受的预压应力来抵消使用荷载引起的混凝土的拉应力，混凝土
不受拉，就不会出现裂缝。这种在全部使用荷载作用下必须保持全截面受压的设计，通常称
为全预应力混凝土设计。"零应力"或"无拉应力"则是全预应力混凝土设计的基本准则。

全预应力混凝土结构虽有刚度大、抗疲劳、防渗漏等优点，但是在工程实践中也发现一
些严重缺点，例如：结构构件的反拱过大，在恒荷载小、活荷载大、预加应力大，且在持续
荷载长期作用下，使梁的反拱不断增大，影响行车顺适；当预加应力过大时，锚下混凝土横
向拉应变超出极限拉应变，易出现沿预应力钢筋纵向不能恢复的水平裂缝。

部分预应力混凝土结构是针对全预应力混凝土在理论和实践中存在的这些问题，在最近
几十年发展起来的一种新的预应力混凝土结构。它是介于全预应力混凝土结构和普通钢筋混
凝土结构之间的预应力混凝土结构，即这种构件按正常使用极限状态设计时，对荷载短期效
应组合，容许其截面受拉边缘出现拉应力或出现裂缝。部分预应力混凝土结构，一般采用预
应力钢筋和非预应力钢筋混合钢筋，不仅能充分发挥预应力钢筋的作用，同时也充分发挥非
预应力钢筋的作用，从而节约了预应力钢筋，进一步改善了预应力混凝土使用性能。同时它
又促进了预应力混凝土结构设计思想的重大发展，使设计人员可以根据结构使用要求来选择
适当的预应力度，进行合理的结构设计。

二、部分预应力混凝土结构的受力特征

为了了解部分预应力混凝土梁的工作性能，需要观察不同预应力程度条件下梁的荷载-
挠度曲线。图 9.2.1 中 1、2、3 分别表示具有相同正截面承载能力 M_u 的全预应力、部分预
应力和普通钢筋混凝土梁的弯矩-挠度关系曲线示意图。

从图 9.2.1 中可以看出，部分预应力混凝土梁的受力特征，介于全预应力混凝土梁和普
通钢筋混凝土梁之间。在荷载较小时，部分预应力混凝土梁（曲线 2）受力特征与全预应力
混凝土梁（曲线 1）相似；在自重与有效预加应力 N_p（扣除相应阶段的预应力损失）作用
下，它具有反拱度 f_{pb}，但其值比全预应力混凝土梁的反拱度 f_{pa} 小，当荷载增加，弯矩对达
到 B 点时，表示外荷载作用时梁产生的下挠度与预应力反拱度相等，两者正好相互抵消，
这时梁的挠度为零，但此时受拉区边缘混凝土的应力并不为零。

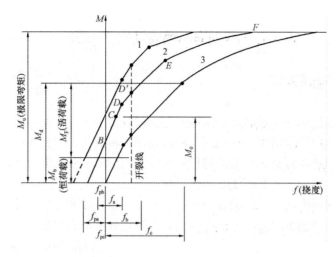

图 9.2.1　不同受力状态下的弯矩-挠度关系曲线

当荷载继续增加，达到曲线 2 的 C 点时，外荷载产生的梁底混凝土拉应力正好与梁底有效预应力互相抵消，使梁底受拉边缘的混凝土应力为零，此时相应的外荷载弯矩 M_0 就称为消压弯矩。

截面下边缘消压后，如继续加载至 D 点，混凝土边缘拉应力达到极限抗拉强度。随着外荷载增加，受拉区混凝土就进入塑性阶段，构件的刚度下降，达到 D' 点时表示构件即将出现裂缝，此时相应的弯矩称为预应力混凝土构件的抗裂弯矩 M_{pr}，显然（$M_{pr}-M_0$）就相当于相应的钢筋混凝土构件的截面抗裂弯矩 M_{ct}，即 $M_{ct}=M_{pr}-M_0$。

从 D' 点开始，外荷载加大，裂缝开展，刚度继续下降，挠度增加速度加快。而达到 E 点时受拉钢筋屈服。E 点以后裂缝进一步扩展，刚度进一步下降，挠度增加速度更快，直到 F 点，构件达到承载能力极限状态而破坏。

三、无黏结预应力混凝土结构的基本概念

无黏结预应力混凝土梁，是指配置的主钢筋为无黏结预应力钢筋的后张法预应力混凝土梁。而无黏结预应力钢筋，是指由单根或多根高强度钢丝、钢绞线或粗钢筋，沿其全长涂有专用防腐油脂涂料层和外包层，使之与周围混凝土不建立黏结力，张拉时可沿着纵向发生相对滑动的预应力钢筋。

无黏结预应力钢筋的一般制作方法是将预应力钢筋沿其全长的外表面涂刷有沥青、油脂等润滑防锈材料，然后用纸带或塑料带包裹或套以塑料管。在施工时，跟普通钢筋一样，可以直接放入模板中，然后浇筑混凝土，待混凝土达到强度要求后，即可利用混凝土构件本身作为支承件张拉钢筋。待张拉到控制应力之后，用锚具将无黏结预应力钢筋锚固于混凝土构件上而构成无黏结预应力混凝土构件。这样省去了传统后张法预应力混凝土的预埋管道、穿束、压浆等工艺，节省了施工设备，简化了施工工艺，缩短了工期；另外，在张拉时，由于摩擦阻力小，可有效地应用于曲线配筋的梁体，故其综合经济性好。

但是，它也存在不足之处，即开裂荷载相对较低，而且在荷载作用下开裂时，将仅出现一条或几条裂缝，随着荷载的少量增加，裂缝的宽度与高度将迅速扩展，使构件很快破坏。为此，需要一定数量的非预应力钢筋以改善构件的受力性能。

第三节　预加应力的方法与设备

一、预加应力的主要方法

1. 先张法

先张法，即先张拉钢筋，后浇筑构件混凝土的方法，如图 9.3.1 所示。先在张拉台座上，按设计规定的拉力张拉筋束，并用锚具临时锚固，再浇筑构件混凝土，待混凝土达到要求强度后，放张（即将临时锚固松开或将筋束剪断），让筋束的回缩力通过筋束与混凝土间的黏结作用传递给混凝土，使混凝土获得预压应力。

先张法所用的预应力筋束，一般可用高强度钢丝、钢绞线和直径较小的冷拉钢筋等，不专设永久锚具，借助钢筋束与混凝土的黏结力，以获得较好的自锚性能。

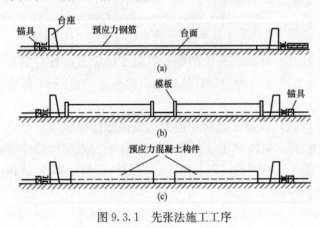

图 9.3.1　先张法施工工序

先张法施工工序简单，筋束靠黏结力自锚，不必耗费特制的锚具，临时固定所用的锚具可以重复使用，一般称为工具式锚具或夹具。在大批量生产时，先张法构件比较经济，质量也比较稳定。但先张法一般仅适合于直线配筋的中小型构件。大型构件因需配合弯矩与剪力沿梁长度的分布而采用曲线配筋，这将使施工设备和工艺复杂化，且需配备庞大的张拉台座，同时构件尺寸大，起重、运输也

不方便，故不宜采用。

2. 后张法

后张法，是先浇筑构件混凝土，待混凝土结硬后，再张拉筋束的方法，如图 9.3.2 所示。先浇筑构件混凝土，并在其中预留穿束孔道（或设套管），待混凝土达到要求强度后，将筋束穿入预留孔道内，将千斤顶支承于混凝土构件端部，张拉筋束，使构件也同时受到反

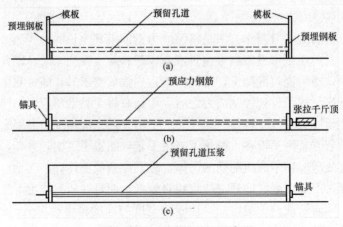

图 9.3.2　后张法施工工序

力压缩。待张拉到控制拉力后，即用特制的锚具将筋束锚固于混凝土构件上，使混凝土获得并保持其预压应力。最后，在预留孔道内压注水泥浆（有黏结预应力混凝土）或不在预留孔道内压注水泥浆（无黏结预应力混凝土），以保护筋束不致锈蚀。

由上可知，施工工艺不同，建立预应力的方法也不同。后张法是靠工作锚具来传递和保持预加应力的；先张法则是靠黏结力来传递并保持预加应力的。

二、夹具和锚具

夹具和锚具是在制作预应力构件时锚固预应力钢筋的工具。一般以构件制成后能够重复使用的称为夹具；永远锚在构件上，与构件连成一体共同受力，不再取下的称为锚具。为了简化起见，有时也将夹具和锚具统称为锚具。

1. 对锚具的要求

无论是先张法所用的临时夹具，还是后张法所用的永久性工作锚具，都是保证预应力混凝土施工安全、结构可靠的技术关键性设备。因此，在设计、制造或选择锚具时，应注意满足下列要求：受力安全可靠；预应力损失要小；构造简单、紧凑、制作方便，用钢量少；张拉锚固方便迅速，设备简单。

2. 锚具的分类

锚具的形式繁多，按其传力锚固的受力原理，可分为：

（1）依靠摩擦阻力锚固的锚具。如楔形锚、锥形锚和用于锚固钢绞线的 JM 锚具等，都是借张拉筋束的回缩或千斤顶顶压，带动锥销或夹片将筋束揳紧于锥孔中而锚固的。

（2）依靠承压锚固的锚具。如镦头锚、钢筋螺纹锚等，是利用钢丝的镦粗头或钢筋螺纹承压进行锚固的。

（3）依靠黏结力锚固的锚具，如先张法的筋束锚固，以及后张法固定端的钢绞线压花锚具等，都是利用筋束与混凝土之间的黏结力进行锚固的。

对于不同形式的锚具，往往需要有专门的张拉设备配套使用。因此，在设计施工中，锚具与张拉设备的选择，应同时考虑。

3. 常用的锚具

（1）锥形锚。锥形锚（又称为弗式锚）主要用于钢丝束的锚固。它由锚圈和锚塞（又称锥销）两个部分组成。锥形锚是通过张拉钢丝束时顶压锚塞，把预应力钢丝揳紧在锚圈与锚塞之间，借助摩擦阻力锚固的（见图 9.3.3）。

目前在桥梁中常用的锥形锚，有锚固 18 Φ^s5mm 和锚固 24 Φ^s5mm 的钢丝束两种，并配

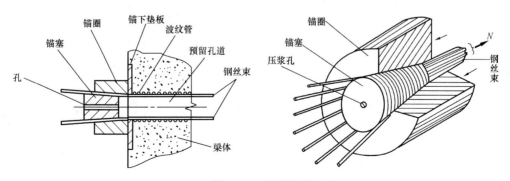

图 9.3.3　锥形锚具

用 600kN 双作用千斤顶或 YZ85 型三作用千斤顶张拉；锥形锚的优点是：锚固方便，锚具面积小，便于在梁体上分散布置。但锚固时钢丝的回缩量较大，预应力损失比其他锚具大。同时，它不能重复张拉和接长，使筋束设计长度受到千斤顶行程的限制。为防止受振松动，必须及时给预留孔道压浆。

（2）镦头锚。镦头锚主要用于锚固钢丝束，也可锚固直径在 14mm 以下的钢筋束。钢丝的根数和锚具尺寸，依设计张拉力的大小选定（见图 9.3.4）。国内镦头锚首先是由同济大学桥梁研究室研制成功的，目前有锚固 12～133 根 $\Phi^s 5mm$ 和 12～84 根 $\Phi^s 7mm$ 两种锚具系列，配套的镦头机有 LD-10 型和 LD-20 型两种形式。

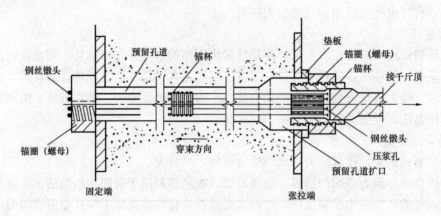

图 9.3.4　镦头锚工作示意图

镦头锚适于锚固直线式配筋束，对于较缓和的曲线筋束也可采用。目前斜拉桥中锚固斜拉索的高振幅锚具——HiAm 式冷铸镦头锚，因锚杯内填入了环氧树脂、锌粉和钢球的混合料，使之具有较好的抗疲劳性能。

（3）钢筋螺纹锚具。当采用高强度粗钢筋作为预应力筋束时，可采用螺纹锚具固定，即利用粗钢筋两端的螺纹，在钢筋张拉后直接拧上螺母进行锚固，钢筋的回缩力由螺母经支承垫板承压传递给梁体而获得预应力（见图 9.3.5）。

螺纹锚具，受力明确，锚固可靠；构造简单，施工方便；预应力损失小，在短构件中也可使用，并能重复张拉、放松或拆卸；还可简便地采用套筒接长。

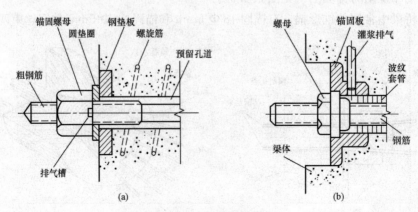

图 9.3.5　钢筋螺纹锚具

（4）夹片锚具。夹片锚具体系主要作为锚固钢绞线筋束之用。由于钢绞线与周围接触的面积小，且强度高，硬度大，故对其锚具性能要求很高。JM 锚是我国 20 世纪 60 年代研制的钢绞线夹片锚具。后来又先后研制出 XM 锚具、QM 锚具、YM 锚具及 OVM 锚具等系列。图 9.3.6 为 YM-15 锚具。这些锚具体系都经过严格检测、鉴定后定型，锚固性能均达到国际预应力混凝土协会标准。

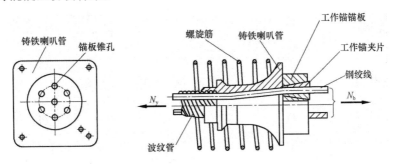

图 9.3.6　夹片锚具配套示意图

三、千斤顶

各种锚具都必须配置相应的张拉设备，才能顺利地进行张拉、锚固。与夹片锚具配套的张拉设备，是一种大直径的穿心单作用千斤顶（见图 9.3.7）。它常与夹片锚具配套研制。其他各种锚具也都有各自适用的张拉千斤顶，表 9.3.1 所列为国产锚具常用的千斤顶设备。由于篇幅有限，未将各千斤顶列全，需要时查阅各生产厂家的产品目录。

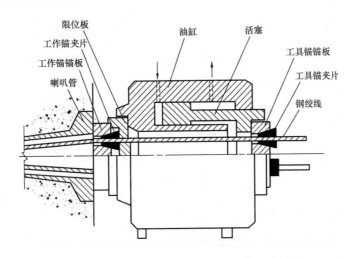

图 9.3.7　夹片锚具张拉千斤顶安装示意图

表 9.3.1　　　　　　　　　　国产锚具常用的千斤顶设备

锚具型号	千斤顶型号	主要技术参数				
		张拉力（kN）	张拉行程（mm）	穿心孔径（mm）	外形尺寸（mm）	特点
LM 锚具（螺纹锚）	YG60 YC60A	600	150 200	55	φ195×765	也适于配有专门锚具的钢丝束与钢绞线束

锚具型号	千斤顶型号	主要技术参数				
		张拉力 (kN)	张拉行程 (mm)	穿心孔径 (mm)	外形尺寸 (mm)	特点
CZM 锚具 (钢制锥形锚)	YZ85 (或 YC60A)	850	250～600		φ326× (840～1190)	适于 φ5、φ7mm 钢束丝，丝束不同，仅需变换卡丝盘及分丝头
TM 锚具 (镦头锚)	YC60A YC100 YC200	100 200	200 400	65 104	φ245×850 φ320×1520	—
JM 锚具	YCL120	1200	300	75	φ250×1250	—
BM 锚具 (扁锚) 或 单根钢绞线	QYC230 YCQ25 YC200D YCI22	238 250 255 230	150～200 150～200 200 100	18 18 31 25	φ160×565 φ110×400 φ116×387 φ100×500	属前卡式，将工具锚移至前段靠近工作锚
XM 锚具	YCDI200 YCD2000 (或 YCW、 YCT)	1450 2200	180 180	128 160	φ315×489 φ398×489	前端设顶压气器，夹片属顶压锚固
QM 锚具	YCQ100 YCQ200 (YCL、 YCW 等)	1000 2000	150 150	90 130	φ258×440 φ340×458	前端设限位板，夹片属无顶压自锚
QVM 锚具	YCW100 YCW150 YCW250 (或 YCT)	1000 1500 2500	150 150 150	90 130 140	φ250×480 φ310×510 φ380×491	前端设限位板，夹片属无顶压自锚

四、预加应力的其他设备

按照施工工艺的要求，预加应力尚需有以下一些设备或配件。

1. 制孔器

预制后张法构件时，需预留预应力钢筋的孔道。目前，国内桥梁构件预留孔道所用的制孔器主要有两种：抽拔橡胶管与螺旋金属波纹管。

（1）抽拔橡胶管。在钢丝网胶管内事先穿入钢筋（称芯棒），再将胶管（连同芯棒一起）放入模板内，待浇筑完混凝土且其强度达到要求后，抽去芯棒，再拔出胶管，则形成预留孔道。

（2）螺旋金属波纹管（简称波纹管）。在浇筑混凝土之前，将波纹管按筋束设计位置，绑扎在与箍筋焊接在一起的钢筋托架上，再浇筑混凝土，待混凝土结硬后即可形成穿束的孔道。使用波纹管制孔的穿束方法，有先穿法与后穿法两种。先穿法即在浇筑混凝土之前将筋束穿入波纹管中，绑扎就位后再浇筑混凝土；后穿法即是浇筑混凝土成孔之后再穿筋束。这种金属波纹管，是用薄钢带经卷管机压波后卷成。其质量轻，纵向弯曲性能好，径向刚度较大，连接方便，与混凝土黏结良好，与筋束的摩擦阻力系数也小，是采用后张法生产预应力混凝土构件的一种较理想的制孔器。

2. 穿索机

在桥梁悬臂施工和尺寸较大的构件制作中，一般都采用后穿法穿束。对于大跨径桥梁有的筋束很长，人工穿束十分困难，故采用穿索（束）机。

穿索（束）机有两种类型：液压式、电动式，桥梁中多用前者。它一般采用单根钢绞线穿入，穿束时应在钢绞线前端套一子弹形帽子，以减小穿束阻力。

3. 水泥浆及压浆机

（1）水泥浆。在后张法预应力混凝土构件中，筋束张拉锚固后必须给预留孔道压注水泥浆，以免钢筋锈蚀，并使筋束与梁体混凝土结合为一整体。为保证孔道内水泥浆密实，应严格控制水灰比，一般以 0.4～0.45 为宜。例如，加入适量的减水剂（如加入占水泥质量 0.25% 的木质素磺酸钙等），则水灰比可降小到 0.35。所用水泥不应低于 42.5 级，水泥浆的强度不应低于构件混凝土强度等级，且不低于 30MPa。

（2）压浆机。它是孔道灌浆的主要设备，主要由灰浆搅拌桶、储浆桶和压送灰浆的灰浆泵及供水系统组成。压浆机的最大工作压力可达 1.50MPa（15 个大气压），可压送的最大水平距离为 150m，最大竖直高度为 40m。

4. 张拉台座

采用先张法生产预应力混凝土构件时，需设置用作张拉和临时锚固筋束的张拉台座。因台座需要承受张拉筋束的巨大回缩力，设计时应保证它具有足够的强度、刚度和稳定性。批量生产时，有条件的应尽量设计成长线式台座，以提高生产效率。张拉台座的台面，即预制构件的底模，有的构件厂已采用了预应力混凝土滑动台面，可防止在使用过程中台面开裂，提高产品质量。

第四节　预应力混凝土结构的材料

预应力混凝土结构应尽量采用高强度材料，这是与普通钢筋混凝土结构的不同点之一。

1. 钢材

用于预应力混凝土结构中的钢材有钢筋、钢丝、钢绞线三大类。工程上对于预应力钢材有下列要求：

（1）在混凝土中建立的预应力取决于预应力钢筋张拉应力的大小。张拉应力越大，构件的抗裂性能就越好。但为了防止张拉钢筋时所建立的应力因预应力损失而丧失殆尽，对预应力钢材要求有很高的强度。

（2）在先张法中预应力钢筋与混凝土之间必须有较高的黏着自锚强度，以防止钢筋在混凝土中滑移。

（3）预应力钢材要有足够的塑性和良好的加工性能。所谓良好的加工性能是指焊接性能良好及采用镦头锚具时钢筋头部经过镦粗后不影响原有的力学性能。

（4）应力松弛损失要低。钢材的应力随时间增长而降低的现象称为松弛（也叫徐舒）。由于预应力混凝土结构中预应力筋张拉完成后长度基本保持不变，应力松弛是对预应力筋性能的一个主要影响因素。应力松弛值的大小因钢的种类而异，并随着应力的增加和荷载持续的时间增长而增加。为满足此要求，可对钢筋进行超张拉，或采用低松弛钢丝、钢绞线。

目前，常用的预应力钢筋有以下几种：

（1）精轧螺纹钢筋。专用于中、小型构件或竖、横向预应力钢筋。其级别有 JL540、JL785、JL930 三种；直径一般为 18、25、32、40mm，要求 10h 松弛率不大于 1.5%。

（2）钢丝。用于预应力混凝土构件中的钢丝有消除应力的三面刻痕钢丝、螺旋肋钢丝和光圆钢丝三种。

（3）钢绞线。钢绞线是把多根平行的高强度钢丝围绕一根中心芯丝用绞盘绞捻成束而形成。常用的钢绞线有 7Φ4 和 7Φ5 两种。

2. 混凝土

为了充分发挥高强度钢筋的抗拉性能，预应力混凝土结构也要相应地采用强度等级高的混凝土。JTG D62—2004 规定：预应力混凝土构件不应低于 C40。

用于预应力混凝土结构中的混凝土，不仅要求高强度，而且要求有很高的早期强度，以使能早日施加预应力，从而提高构件的生产效率和设备的利用率。此外，为了减少预应力损失，还要求混凝土具有较小的收缩值和徐变值。工程实践证明，采用干硬性混凝土、施工中注意水泥品种选择、适当选用早强剂和加强养护是配制高等级和低收缩率混凝土的必要措施。

思 考 题

1. 何谓预应力混凝土？与普通钢筋混凝土构件相比，预应力混凝土构件有何特点？

2. 为什么预应力混凝土构件必须采用高强度钢材？为什么尽可能采用高强度等级的混凝土？

3. 预应力混凝土分为哪几类？各有何特点？

4. 施加预应力的方法有哪几种？先张法和后张法的区别何在？试简述它们的优缺点及应用范围。

5. 什么是预应力钢筋的预应力传递长度？

6. 什么是预应力度？我国工程中按预应力度的概念对加筋混凝土是如何分类的？

7. 预应力混凝土结构有哪些优点和缺点？

8. 什么是无黏结预应力混凝土？无黏结预应力混凝土结构有哪些优点？

9. 预应力混凝土结构对锚具有哪些要求？在设计、制造或选择锚具时，应注意什么？

10. 按锚具的受力原理可以把锚具划分为哪几类？

11. 孔道压浆的目的是什么？

12. 混凝土的收缩和徐变对结构有哪些影响？

13. 预应力混凝土结构对预应力钢筋有哪些要求？工程中常用的预应力钢筋有哪些?
14. 什么是部分预应力混凝土？部分预应力混凝土有何结构特点？
15. 部分预应力混凝土结构的受力特性是什么？
16. 部分预应力混凝土结构中非预应力钢筋有何作用？

第十章　预应力混凝土受弯构件按承载能力极限状态设计计算

第一节　概　　述

预应力混凝土受弯构件，从预加应力到承受外荷载，直至最后破坏，主要可分为两个阶段，即施工阶段和使用阶段。

一、施工阶段

预应力混凝土构件在制作、运输和安装的过程中，将承受不同的荷载。

该阶段预应力混凝土构件在预应力作用下，全截面参与工作，材料一般处于弹性工作阶段，可采用材料力学的方法，并根据 JTG D62—2004 的要求进行设计计算。该阶段又依构件受力条件不同，可分为预加应力和运输、安装两个阶段。

1. 预加应力阶段

此阶段是指从预加应力开始，至预加应力结束（即传力锚固）为止。它所承受的荷载主要是偏心预压力（即预加应力的合力）N_y；对于简支梁，由于 N_y 的偏心作用，构件将产生向上的反拱，形成以梁两端为支点的简支梁，因此梁的自重恒荷载 g_1 也在施加预应力的同时一起参加作用，如图 10.1.1 所示。

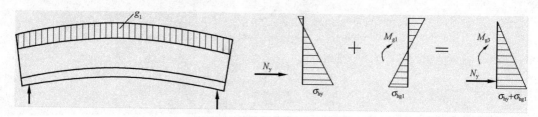

图 10.1.1　预加应力示意图

该阶段的设计计算要求是：①控制受弯构件上、下边缘混凝土的最大拉应力和压应力，以及梁腹的主应力都不超出 JTG D62—2004 的规定值；②控制预应力筋的最大张拉应力；③保证锚具下混凝土局部承压的容许承载能力应不大于实际承受的压力，并有足够的安全度，以保证梁体不出现水平纵向裂缝。

该阶段由于受各种因素影响，使预应力筋中的预拉应力将产生部分损失，通常把扣除应力损失的预应力筋中实际存余的应力，称为有效预应力。

2. 运输、安装阶段

此阶段混凝土梁所承受的荷载仍是预加应力 N_y 和梁的自身恒荷载。但由于引起预应力损失的因素相继增多，N_y 要比预加应力阶段小；同时梁的自身恒荷载应根据 JTG D62—2004 的规定计入 1.20 或 0.85 的动力系数。

二、使用阶段

这一阶段是指桥梁建成通车后的整个使用阶段，构件除承受偏心预加应力 N_y 和梁的自

身恒荷载 g_1 外，还要承受桥面铺装、人行道、栏杆等后加二期恒荷载 g_2 和车辆、人群等活荷载 P，如图 10.1.2 所示。

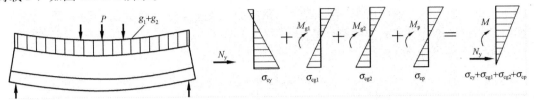

图 10.1.2　预应力梁应力组合示意图

该阶段各项预应力损失将相继全部完成，最后在预应力筋中建立相对不变的预拉应力，并将此称为永存预应力 σ_{pc}，显然，永存预应力要小于施工阶段的有效预应力值。该阶段根据构件受力后的特征，又可分为如下几个受力状态。

1. 加载至受拉边缘混凝土预压应力为零

构件在永存预加应力 N_{pc}（即永存预应力 σ_{pc} 的合力）作用下，其下边缘混凝土的有效预压应力为 σ_{pc}（见图 10.1.3）。当构件加载至某一特定荷载，在控制截面上所产生的弯矩为

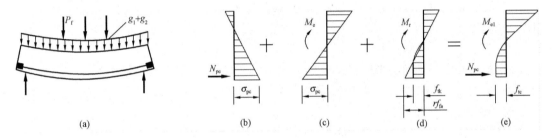

图 10.1.3　预应力梁第一受力阶段

M_0 时，其下边缘混凝土的预压应力 σ_{pc} 恰被抵消为零，则有

$$\sigma_{pc} = (M_0/W_0) = 0 \tag{10.1.1}$$

或写成

$$M_0 = \sigma_{pc} W_0 \tag{10.1.2}$$

式中　M_0——由外荷载（恒荷载和活荷载）引起、恰好使受拉边缘混凝土应力为零的弯矩（也称消压弯矩），见图 10.1.3（c）；

　　　σ_{pc}——由永存预加应力 N_{pc} 在梁下边缘产生的混凝土有效预压应力；

　　　W_0——换算截面对受拉边的弹性抵抗矩。

但是，受弯构件在消压弯矩 M_0 和预加应力 N_{pc} 的共同作用下，只有下边缘纤维的混凝土应力为零（消压），而截面上其他点的应力都不为零（不消压）。

2. 加载至受拉区裂缝即将出现

当构件在消压状态后继续加载，并使受拉区混凝土应力达到抗拉强度标准值 f_{tk}，此时就称为裂缝即将出现状态，见图 10.1.3（e）。而这时荷载产生的弯矩就称为裂缝弯矩 M_{cr}。

如果把受拉区边缘混凝土应力从零增加到应力为 f_{tk} 所需的外弯矩用 M_f［见图 10.1.3（d）］表示，M_{cr} 则为 M_0 与 M_f 之和，即

$$M_{cr} = M_0 + M_f \tag{10.1.3}$$

式中　M_{cr}——相当于同截面钢筋混凝土梁的抗裂弯矩。

从上面的分析可以看出：在消压状态出现后，预应力混凝土梁的受力情况就和普通钢筋混凝土梁一样了。但是预应力混凝土梁的抗裂弯矩 M_{cr} 要比同截面、同材料的普通钢筋混凝土梁的抗裂弯矩大一个消压弯矩 M_0，这说明预应力混凝土梁在外荷载的作用下可以大大推迟裂缝的出现，即提高了梁的抗裂性能。

3. 加载至构件破坏

预应力混凝土受弯构件在破坏时预加应力损失殆尽，故其应力状态和普通混凝土构件相类似，其计算方法也基本相同。

第二节　预加应力的计算与预应力损失的估算

设计预应力混凝土受弯构件时，需要事先根据承受外荷载的情况，估计其预加应力的大小。但是，由于受施工因素、材料性能和环境条件等影响，钢筋中的预拉应力将会逐渐减小。这种减小的应力就称为预应力损失。设计中所需的钢筋预应力值，应是扣除相应阶段的应力损失后，钢筋中实际存在的预应力（即有效预应力 σ_{pe}）值。例如，钢筋初始张拉的预应力（一般称为张拉控制应力）记作 σ_{con}，相应的应力损失值为 σ_l，则它们与有效预应力 σ_{pe} 之间的关系为

$$\sigma_{pe} = \sigma_{con} - \sigma_l \qquad (10.2.1)$$

由此可以看出：要确定张拉控制应力 σ_{con}，除了需要根据承受外荷载的情况事先估定有效预应力 σ_{pe} 外，还需要估算出各项预应力损失值。

一、张拉控制应力 σ_{con}

张拉控制应力 σ_{con} 是指张拉钢筋时，张拉设备（如千斤顶）所指示的总张拉力除以预应力钢筋截面面积所求得的钢筋预应力值。

张拉控制应力的取值大小，直接影响预应力混凝土构件优越性的发挥。如果张拉控制应力取值过低，则预应力钢筋在经历各种损失后，对混凝土产生的预压应力过小，不能有效地提高预应力混凝土构件的抗裂性能和刚度；但也不宜取得太高。若张拉控制应力 σ_{con} 过高，构件出现裂缝时的承载力和破坏时的承载力很接近，这意味着构件出现裂缝后不久就丧失其承载力，且事先没有明显的预兆，这是设计时应当避免的。另外，由于张拉的不准确和工艺上有时要求超张拉，且预应力钢筋的实际屈服强度并非根据相同的因素，如果控制应力 σ_{con} 取得太高，张拉时有可能使钢筋应力达到甚至超过实际屈服点，产生塑性变形而可能断裂，这样就达不到预期的预应力效果。为此，JTG D62—2004 指出：构件施加预应力时，预应力钢筋在构件端部（锚下）的控制应力应符合下列规定：

对于钢丝、钢绞线　　　　　　　　$\sigma_{con} \leqslant 0.75 f_{pk}$ 　　　　　　　(10.2.2)

对于精轧螺纹钢筋　　　　　　　　$\sigma_{con} \leqslant 0.90 f_{pk}$ 　　　　　　　(10.2.3)

式中　f_{pk}——预应力钢筋抗拉强度标准值，可按表 2.4.6 规定采用。

当对构件进行超张拉或计入锚圈口摩擦损失时，钢筋中最大控制应力（千斤顶油泵上显示的值）对钢丝、钢绞线不应超过 $0.8 f_{pk}$；对精轧螺纹钢筋不应超过 $0.95 f_{pk}$。

钢筋张拉应力与所采用的钢筋品种有关。钢丝与钢绞线的塑性较差，没有明显的屈服台阶，其 σ_{con} 与标准强度 f_{pk} 的比值应相应的定得低些；而精轧螺纹钢筋的塑性较好，具有较明显的屈服台阶，故可以相应的定得高些。

二、钢筋预应力损失的估算

引起预应力损失的原因与施工工艺、材料性能及环境影响等有关，影响因素复杂，一般根据试验数据确定。如无可靠试验资料，则可按 JTG D62—2004 的规定计算。

一般情况下，可主要考虑以下六项预应力损失值。但对于不同锚具、不同施工方法，可能还存在其他应力损失，如锚圈口摩擦阻力损失等，应根据具体情况逐项考虑其影响。

1. 预应力钢筋与管道壁之间的摩擦引起的应力损 σ_{l1}

在后张法中，由于张拉时预应力钢筋与管道壁之间接触而产生摩擦阻力，此项摩擦阻力与作用力的方向相反，因此，钢筋中的实际应力比张拉端拉力的读数要小，即造成预应力钢筋中的应力损失 σ_{l1}。σ_{l1} 可按下式计算

$$\sigma_{l1} = \sigma_{con}\left[1 - e^{-(\mu\theta + kx)}\right] \tag{10.2.4}$$

式中　σ_{con}——张拉钢筋时锚下的控制应力；

μ——钢筋与管道壁间的摩擦阻力系数，按表 10.2.1 采用；

θ——从张拉端至计算截面曲线管道部分切线的夹角（rad），见图 10.2.1；

k——管道每米局部偏差对摩擦的影响系数，按表 10.2.1 采用；

x——从张拉端至计算截面的曲线管

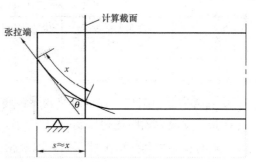

图 10.2.1　计算 σ_{l1} 时所取用的 θ 与 x 值

道长度（m），可近似地以其在构件纵轴上的投影长度代替，见图 10.2.1。

$1 - e^{-(\mu\theta + kx)}$ 值见表 10.2.2。

为了减少摩擦损失，可采用两端张拉。采用两端张拉，可以减少摩擦损失，但锚具变形损失也相应增加，而且增加了张拉工作量。究竟采用一端张拉，还是两端张拉，还得视构件长度和张拉设备而定。

表 10.2.1　　　　　　　　系数 k 和 μ 值

管道成型方式	k	μ	
		钢绞线、钢丝束	精轧螺纹钢精
预埋金属波纹管	0.0015	0.20～0.25	0.50
预埋塑料波纹管	0.0015	0.14～017	—
预埋铁皮管	0.0030	0.35	0.40
预埋钢管	0.0010	0.25	—
抽芯成型	0.0015	0.55	0.60

另外，还可以采用超张拉，其工艺如下：

$$0 \to 初应力(0.1\sigma_{con}) \to 1.05\sigma_{con} \xrightarrow{持荷\,2min} 0.85\sigma_{con} \to \sigma_{con}(锚固)$$

应当注意，对于一般夹片锚具，不宜采用超张拉工艺。因为超张拉后的钢筋拉应力无法在锚固前回降至 σ_{con}，一回降，钢筋就回缩，同时也就带动夹片进行锚固。这样就相当于提高了 σ_{con} 值，而与超张拉的意义不符。

表 10.2.2 $1-\mathrm{e}^{-(\mu\theta+kx)}$ 值表

$\mu\theta$ \ kx	0.00	0.01	0.02	0.03	0.04	0.05	0.06	0.07	0.08	0.09
0	0.000	0.010	0.020	0.030	0.040	0.049	0.058	0.068	0.077	0.086
0.1	0.095	0.104	0.113	0.112	0.131	0.139	0.148	0.156	0.165	0.173
0.2	0.181	0.189	0.197	0.205	0.213	0.221	0.229	0.237	0.244	0.252
0.3	0.259	0.267	0.274	0.281	0.288	0.295	0.302	0.309	0.316	0.323
0.4	0.330	0.336	0.343	0.349	0.356	0.362	0.368	0.375	0.381	0.387
0.5	0.393	0.398	0.405	0.411	0.417	0.423	0.429	0.434	0.440	0.446
0.6	0.451	0.457	0.462	0.467	0.473	0.478	0.483	0.488	0.493	0.498
0.7	0.503	0.508	0.513	0.518	0.523	0.528	0.532	0.537	0.542	0.546
0.8	0.551	0.555	0.560	0.564	0.568	0.573	0.577	0.581	0.585	0.589
0.9	0.593	0.597	0.601	0.605	0.609	0.613	0.617	0.621	0.625	0.628
1.0	0.632	0.633	0.639	0.643	0.647	0.650	0.654	0.657	0.660	0.664

2. 锚具变形、钢筋回缩和拼装构件的接缝压缩引起的应力损失 σ_{l2}

在张拉预应力钢筋达到控制应力 σ_{con} 后，便把预应力钢筋锚固在台座或构件上。由于锚具、垫板与构件之间的缝隙被压紧，以及预应力钢筋在锚具中的滑动，造成预应力钢筋回缩而产生预应力损失 σ_{l2}。σ_{l2} 可按式（10.2.5）计算，即

$$\sigma_{l2} = \frac{\sum \Delta l}{l} E_{p} \qquad (10.2.5)$$

式中　Δl——锚具变形，钢筋回缩和接缝压缩值，按表 10.2.3 采用；

　　　　l——预应力钢筋的长度；

　　　　E_{p}——预应力钢筋的弹性模量。

该项预应力损失在短跨梁中或在钢筋不长的情况下应予以重视。对于分块拼装构件应尽量减少块数，以减少接缝压缩损失。而锚具变形引起的预应力损失，只需考虑张拉端，这是因为固定端的锚具在张拉钢筋过程中已被挤紧，不会再引起预应力损失。

在用先张法制作预应力混凝土构件时，当将已达到张拉控制应力的预应力钢筋锚固在台座上时，同样会造成这项损失。

表 10.2.3　　　　　锚具变形、钢筋回缩和接缝压缩值　　　　　mm

锚具、接缝类型		Δl
钢丝束的钢制锥形锚具		6
夹片锚具	有顶压时	4
	无顶压时	6
带螺母锚具的螺母接缝		1
镦头锚具		1
每块后加垫石的接缝		1
水泥砂浆接缝		1
环氧树脂砂浆接缝		1

3. 混凝土加热养护时，预应力钢筋与台座之间的温度引起的应力损失 σ_{l3}

在用先张法制作的预应力混凝土构件时，张拉钢筋是在常温下进行的。当混凝土采用加热养护时，即形成钢筋与台座之间的温度差。升温时，混凝土尚未结硬，钢筋受热自由伸长，产生温度变形（由于两端的台座埋在地下，基本上不发生变化），造成钢筋变松，引起预应力损失 σ_{l3}。这就是所谓的温差损失。降温时，混凝土已结硬且与钢筋之间产生了黏结作用，又由于两者具有相近的温度膨胀系数，随温度降低而产生相同的收缩，升温时所产生的应力损失 σ_{l3} 无法恢复。

温差损失的大小与蒸汽养护时的加热温度有关。σ_{l3} 可按式（10.2.6）计算，即

$$\sigma_{l3} = 2(t_2 - t_1) \tag{10.2.6}$$

式中　t_1——张拉钢筋时，制造场地的温度（℃）；

　　　t_2——混凝土加热养护时，受拉钢筋的最高温度（℃）。

可采用以下措施减少该项损失：

（1）采用两次升温养护。先在常温下养护，或将初次升温与常温的温差控制在 20℃ 以内，待混凝土强度达到 7.5～10MPa 时再逐渐升温至规定的养护温度，此时可认为钢筋与混凝土已黏结成整体，能够一起胀缩而无损失。

（2）在钢模上张拉预应力钢筋或台座与构件共同受热变形，可以不考虑此项损失。

4. 混凝土的弹性压缩引起的应力损失 σ_{l4}

当预应力混凝土构件受到预压应力而产生压缩应变 ε_c 时，则对于已经张拉并锚固于混凝土构件上的预应力钢筋来说，也将产生与该钢筋重心水平处混凝土同样的压缩应变 $\varepsilon_p = \varepsilon_c$，因而产生一个预拉应力损失，并称为混凝土弹性压缩损失，以 σ_{l4} 表示。引起应力损失的混凝土弹性压缩量，与预加应力的方式有关。

（1）先张法构件。先张法中，构件受压时，已与混凝土黏结，两者共同变形，由混凝土弹性压缩引起钢筋中的应力损失为

$$\sigma_{l4} = \alpha_{Ep}\sigma_{pc} \tag{10.2.7}$$

$$\sigma_{pc} = \frac{N_{p0}}{A_0} + \frac{N_{p0}e_{p0}^2}{I_0}, \ N_{p0} = A_p\sigma_p^*$$

$$\sigma_p^* = \sigma_{con} - \sigma_{l2} - \sigma_{l3} - 0.5\sigma_{l5}$$

式中　σ_{pc}——在计算截面的钢筋重心处，由全部钢筋预加应力产生的混凝土法向应力（MPa）；

　　　N_{p0}——混凝土应力为零时的预应力钢筋的预加应力（扣除相应阶段的预应力损失）；

　　A_0、I_0——预应力混凝土受弯构件的换算截面面积和换算截面惯性矩；

　　　e_{p0}——预应力钢筋重心至换算截面重心轴的距离；

　　　σ_p^*——张拉锚固前预应力筋中的预应力；

　　　α_{Ep}——预应力钢筋弹性模量与混凝土弹性模量之比。

（2）后张法构件。在后张法预应力混凝土构件中，混凝土的弹性压缩发生在张拉过程中，张拉完毕后，混凝土的弹性压缩也随即完成。故对于一次张拉完成的后张法构件，无须考虑混凝土弹性压缩引起的应力损失，因为此时混凝土的全部弹性压缩是和钢筋的伸长同时

发生的。但是，事实上由于受张拉设备的限制，钢筋往往分批进行张拉锚固，并且在多数情况下是采用逐束（根）进行张拉锚固的。这样，当张拉第二批钢筋时，混凝土所产生的弹性压缩会使第一批已张拉锚固的钢筋产生预应力损失。同理，当张拉第三批时，又会使第一、第二批已张拉锚固的钢筋都产生预应力损失，以此类推。故这种在后张法中的弹性压缩损失又称为分批张拉预应力损失 σ_{l4}。

后张法构件，分批张拉时，先张拉的钢筋由张拉后批钢筋所引起的混凝土弹性压缩预应力损失可按下列公式计算

$$\sigma_{l4} = \alpha_{Ep} \sum \Delta\sigma_{pc} \tag{10.2.8a}$$

式中　$\sum \Delta\sigma_{pc}$——在计算截面钢筋重心，由后张拉各批钢筋产生的混凝土法向应力之和。

后张法预应力混凝土构件，当同一截面的预应力钢筋逐束张拉时，由混凝土弹性压缩引起的预应力损失，可按下列简化公式计算

$$\sigma_{l4} = \frac{m-1}{2}\alpha_{Ep}\Delta\sigma_{pc} \tag{10.2.8b}$$

式中　m——预应力钢筋的束数；

$\Delta\sigma_{pc}$——在计算截面的全部钢筋重心处，由张拉一束预应力钢筋产生的混凝土法向压应力（MPa），取各束的平均值。

分批张拉时，由于每批钢筋的应力损失不同，则实际有效预应力不等。补救方法如下：

1）重复张拉先张拉过的预应力钢筋；

2）超张拉先张拉的预应力钢筋。

5. 钢筋松弛引起的应力损失 σ_{l5}

钢筋或钢筋束在一定拉力作用下，长度保持不变，则其应力将随时间的增长而逐渐降低，这种现象称为钢筋的应力松弛，也称徐舒。钢筋的松弛将引起预应力钢筋中的应力损失，这种损失称为钢筋应力松弛损失 σ_{l5}。这种现象是钢筋的一种塑性特征，其值因钢筋的种类而异，并随着应力的增加和荷载持续时间的长久而增加，一般是在第一个小时最大，两天后即可完成大部分，一个月后这种现象基本停止。

由钢筋应力松弛引起的应力损失终极值，可按下列公式计算：

（1）对于精轧螺纹钢筋

一次张拉　　　　　　　　$\sigma_{l5} = 0.05\sigma_{con}$ 　　　　　　　　　　(10.2.9)

超张拉　　　　　　　　　$\sigma_{l5} = 0.035\sigma_{con}$ 　　　　　　　　　　(10.2.10)

（2）对于钢丝，钢绞线

$$\sigma_{l5} = \psi\zeta\left(0.52\frac{\sigma_{pe}}{f_{pk}} - 0.26\right)\sigma_{pe} \tag{10.2.11}$$

式中　ψ——张拉系数，一次张拉时，$\psi = 1.0$，超张拉时，$\psi = 0.9$；

ζ——钢筋松弛系数，Ⅰ级松弛（普通松弛），$\zeta = 1.0$，Ⅱ级松弛（低松弛），$\zeta = 0.3$；

σ_{pe}——传力锚固时的钢筋应力，对后张法构件 $\sigma_{pe} = \sigma_{con} - \sigma_{l1} - \sigma_{l2} - \sigma_{l4}$，对先张法构件 $\sigma_{pe} = \sigma_{con} - \sigma_{l2}$。

对于碳素钢丝、钢绞线，当 $\sigma_{pe}/f_{pk} \leqslant 0.5$ 时，预应力钢筋的应力松弛值可取零。

6. 混凝土收缩和徐变引起的预应力钢筋应力损失 σ_{l6}

收缩变形和徐变变形是混凝土所固有的特性。由于混凝土的收缩和徐变，预应力混凝土构件缩短，预应力钢筋也随之回缩，因而引起预应力损失。由于收缩与徐变有着密切的联系，许多影响收缩的因素，也同样影响徐变的变形值，故将混凝土的收缩与徐变值的影响综合在一起进行计算。此外，在预应力梁中所配制的非预应力筋对混凝土的收缩、徐变变形也有一定影响，计算时应予以考虑。

JTG D62—2004 推荐的收缩、徐变应力损失计算，对于单筋截面（仅在受拉区配有纵向力钢筋）可按下式计算

$$\sigma_{l6(t)} = \frac{0.9[E_p \varepsilon_{cs}(t,t_0) + \alpha_{Ep} \sigma_{pc} \varphi(t,t_0)]}{1 + 15\rho\rho_{ps}} \tag{10.2.12}$$

$$\rho = \frac{A_p + A_s}{A}$$

$$\rho_{ps} = 1 + \frac{e_{ps}^2}{i^2}$$

$$e_{ps} = \frac{A_p e_p + A_s e_s}{A_p + A_s}$$

式中　σ_{l6}——构件受拉区全部纵向钢筋截面重心处由混凝土收缩、徐变引起的预应力损失；

σ_{pc}——构件受拉区全部纵向钢筋截面重心处由预应力（扣除相应阶段的预应力损失）和结构自重产生的混凝土法向应力（MPa）；

E_p——预应力钢筋的弹性模量；

α_{Ep}——预应力钢筋弹性模量与混凝土弹性模量的比值；

ρ——构件受拉区全部纵向钢筋配筋率；

A——构件毛截面面积；

i——截面回转半径，$i = I/A$，先张法构件取 $I = I_0$，$A = A_0$，后张法构件取 $I = I_n$，$A = A_n$；

I_0、I_n——换算截面惯性矩和净截面惯性矩；

A_0、A_n——换算截面面积和净截面面积；

e_p——构件受拉区预应力钢筋截面重心至构件截面重心的距离；

e_s——构件受拉区纵向普通钢筋截面重心至构件截面重心的距离；

e_{ps}——构件受拉区预应力钢筋和普通钢筋截面重心至构件截面重心轴的距离；

$\varepsilon_{cs}(t,t_0)$——预应力钢筋传力锚固龄期为 t_0，计算龄期为 t 时的混凝土收缩应变，其终极值 $\varepsilon_{cs}(t_u, t_0)$ 可按表 10.2.4 取用；

$\varphi(t,t_0)$——加载龄期为 t_0，计算龄期为 t 时的徐变系数，其终极值 $\varphi(t_u,t_0)$ 可按表 10.2.4 取用。

在使用式（10.2.12）时应注意以下几个问题：

（1）式（10.2.12）中的 σ_{pc} 不得大于 $0.5f'_{cu}$，f'_{cu} 为预应力钢筋传力锚固时混凝土立方体抗压强度。

（2）在计算式（10.2.12）中的 σ_{pc} 时仍需考虑全部预应力值和普通钢筋应力值。

（3）式（10.2.12）不仅考虑了预加应力随混凝土收缩、徐变逐渐产生而变化的因素，而且考虑了非预应力钢筋对混凝土收缩、徐变起着阻碍作用的影响，因此该式既适用于全预应力混凝土构件，也适用于部分预应力混凝土构件。

用式（10.2.12）计算的收缩、徐变应力损失是其终值，其中间值可根据混凝土收缩应变与徐变系数中间值 $\varepsilon_{cs}(t,\tau)$、$\varphi(t,\tau)$ 计算。

表 10.2.4 混凝土收缩应变和徐变系数终极值

传力锚固龄期 (d)	混凝土收缩应变终极值 $\varepsilon_{cs}(t_u,t_0) \times 10^{-3}$							
	40%≤RH≤70%				70%≤RH≤90%			
	理论厚度 h（mm）				理论厚度 h（mm）			
	100	200	300	>600	100	200	300	>600
3～7	0.50	0.45	0.38	0.25	0.30	0.26	0.23	0.15
14	0.43	0.41	0.36	0.24	0.25	0.24	0.21	0.14
28	0.38	0.38	0.34	0.23	0.22	0.22	0.20	0.13
60	0.31	0.34	0.32	0.22	0.18	0.20	0.19	0.12
90	0.27	0.32	0.30	0.21	0.16	0.19	0.18	0.12
	混凝土徐变系数终极值 $\varphi(t_u,t_0)$							
3	3.78	3.36	3.14	2.79	2.73	2.52	2.39	2.20
7	3.23	2.88	2.68	2.39	2.32	2.15	2.05	1.88
14	2.83	2.51	2.35	2.09	2.04	1.89	1.79	1.65
28	2.48	2.20	2.06	1.83	1.79	1.65	1.58	1.44
60	2.14	1.91	1.78	1.58	1.55	1.43	1.36	1.25
90	1.99	1.76	1.65	1.45	1.44	1.32	1.26	1.15

注 1. 表中 RH 代表桥梁所处环境的年平均相对湿度（%）。

2. 表中理论厚度 $h=2A/\mu$，A 为构件截面面积，μ 为构件与大气接触的周边长度。当构件为变截面时，A 和 μ 均可取其平均值。

3. 本表适用于由一般的硅酸盐类水泥或快硬水泥配制而成的混凝土，对 C50 及以上混凝土，表列数值应乘以 $\sqrt{\dfrac{32.4}{f_{ck}}}$，式中 f_{ck} 为混凝土轴心抗压强度标准值（MPa）。

4. 本表适用于季节性变化的平均温度 $-20 \sim +40℃$。

5. 构件的实际传力锚固龄期、加载龄期或理论厚度为表列数值中间值时，收缩应变和徐变系数终极值可按直线内插法取值。

6. 在分阶段施工或结构体系转换中，当需计算阶段收缩应变和徐变系数时，可按 JTG D62—2004 附录 F 提供的方法进行。

减少混凝土收缩和徐变引起的应力损失的措施有：

（1）采用高强度水泥，减少水泥用量，降低水灰比，采用干硬性混凝土；

（2）用级配较好的骨料，加强振捣，提高混凝土的密实性；

（3）加强养护，以减少混凝土的收缩。

应当指出：混凝土收缩、徐变引起的预应力损失，与钢筋的松弛应力损失等是相互影响的，目前采用单独计算的方法不够完善。国际预应力混凝土协会（FIP）和国内的学者已注意到这一问题。

以上各项预应力损失的估算值，可以作为一般设计的依据。但由于材料、施工条件等的不同，实际的预应力损失值与按上述方法计算的数值会有所出入。为了确保预应力混凝土结构在施工、使用阶段的安全性，除加强施工管理外，还应做好应力损失值的实测工作，用所测得的实际应力损失值来调整张拉应力。

三、钢筋的有效预应力计算

1. 预应力损失的组合

上述各项预应力损失并不是同时发生的，它与张拉方式和工作阶段有关。现以损失发生在混凝土受到预压之前还是之后，把预应力损失分为第一批应力损失和第二批应力损失，其应力损失值的组合见表 10.2.5。

表 10.2.5　　　　　　　　　各阶段预应力损失值的组合

预应力损失值的组合	先张法构件	后张法构件
传力锚固时损失（第一批）$\sigma_{1\mathrm{I}}$	$\sigma_{12}+\sigma_{12}+\sigma_{14}+0.5\sigma_{15}$	$\sigma_{15}+\sigma_{12}+\sigma_{14}$
传力锚固后的损失（第二批）$\sigma_{1\mathrm{II}}$	$0.5\sigma_{15}+\sigma_{16}$	$\sigma_{15}+\sigma_{16}$

2. 钢筋的有效预应力

预加应力阶段

$$\sigma_{\mathrm{peI}} = \sigma_{\mathrm{con}} - \sigma_{1\mathrm{I}} \tag{10.2.13}$$

使用阶段

$$\sigma_{\mathrm{peII}} = \sigma_{\mathrm{peI}} - \sigma_{1\mathrm{II}} = \sigma_{\mathrm{con}} - \sigma_{11} - \sigma_{1\mathrm{II}} \tag{10.2.14}$$

以上式中符号意义同前。

第三节　预应力混凝土受弯构件的承载力计算

按承载能力极限状态对预应力混凝土受弯构件进行承载力计算，包括正截面承载力计算和斜截面承载力计算两部分内容。

一、正截面抗弯承载力计算

试验表明，预应力混凝土受弯构件破坏时，其正截面的应力状态和普通钢筋混凝土受弯构件类似。在适筋构件破坏的情况下，受拉区混凝土开裂后将退出工作，预应力钢筋及非预应力钢筋分别达到其抗拉强度设计值 f_{pd} 和 f_{sd}；受压区混凝土应力达到抗压强度设计值 f_{cd}，非预应力钢筋达到抗压强度设计值 f'_{sd}，预应力钢筋由于在施工阶段预先承受了预拉应力，进入使用阶段后，外弯矩增加，其预拉应力将逐渐减小，至构件破坏时，其计算应力 σ'_{pc} 可能仍为拉应力，也可能为压应力，但其值一般都达不到预应力钢筋 A'_{p} 的抗压强度设计值 f'_{pd}。

为简化计算，与钢筋混凝土梁一样，假定截面变形以后仍保持平面，不考虑混凝土的抗拉强度，受压区混凝土应力图形采用等效矩形代替实际曲线分布，可根据基本假定绘出计算应力图形（见图 10.3.1），并仿照普通钢筋混凝土受弯构件，按静力平衡条件，计算预应力混凝土受弯构件正截面承载力。

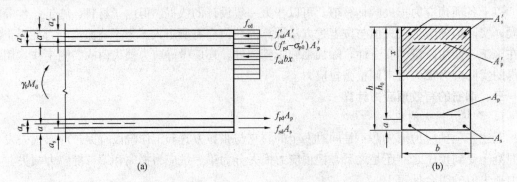

图 10.3.1　矩形截面受弯构件正截面承载力计算简图

1. 基本公式

（1）矩形截面构件。配有预应力钢筋和普通钢筋的矩形截面（包括翼缘位于受拉边的 T 形截面）受弯构件，由图 10.3.1，根据力的平衡条件可得正截面承载力计算公式为

$$\gamma_0 M_d \leqslant f_{cd} bx \left(h_0 - \frac{x}{2} \right) + f'_{sd} A'_s (h_0 - a'_s) + (f'_{pd} - \sigma'_{p0}) A'_p (h_0 - a'_p) \quad (10.3.1)$$

$$f_{sd} A_s + f_{pd} A_p = f_{cd} bx + f'_{sd} A'_s + (f'_{pd} - \sigma'_{p0}) A'_p \quad (10.3.2)$$

（2）T 形截面构件。T 形截面构件计算简图如图 10.3.2 所示，对于翼缘位于受压区的 T 形截面受弯构件，与钢筋混凝土梁一样，首先按下列条件判别 T 形截面属于哪一类。

当满足条件

$$f_{sd} A_s + f_{pd} A_p \leqslant f_{cd} b'_f h'_f + f'_{sd} A'_s + (f'_{pd} - \sigma'_{p0}) A'_p \quad (10.3.3)$$

称为第一类 T 形截面，如图 10.3.2（a）所示，构件可按宽度为 b'_f 的矩形截面计算。当不符合式（10.3.3）时，表明截面中性轴通过肋部，即为第二类 T 形截面，如图 10.3.2 所示，计算时应考虑截面腹板受压混凝土的作用，其正截面抗弯承载力应按下列公式计算。

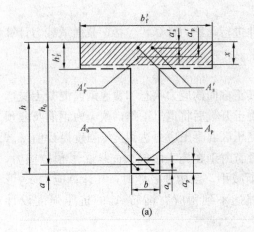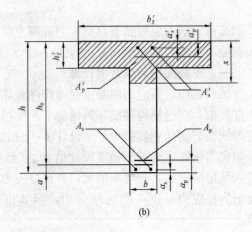

图 10.3.2　T 形截面受弯构件正截面承载力计算
（a）$x \leqslant h'_f$ 按矩形截面计算；（b）$x > h'_f$ 按 T 形截面计算

由对受拉区预应力钢筋和非预应力钢筋合力点的力矩平衡条件得

$$\gamma_0 M_d \leqslant f_{cd}\Big[bx\Big(h_0 - \frac{x}{2}\Big) + (b'_f - b)h'_f\Big(h_0 - \frac{h'_f}{2}\Big)\Big]$$
$$+ f'_{sd}A'_s(h_0 - a'_s) + (f'_{pd} - \sigma'_{p0})A'_p(h_0 - a'_p) \qquad (10.3.4)$$

由水平方向的平衡条件，得

$$f_{sd}A_s + f_{pd}A_p = f_{cd}[bx + (b'_f - b)h'_f] + f'_{sd}A'_s + (f'_{pd} - \sigma'_{p0})A'_p \qquad (10.3.5)$$

式中　γ_0——桥梁结构的重要性系数；

M_d——弯矩组合设计值；

f_{cd}——混凝土轴心抗压强度设计值；

f_{sd}、f'_{sd}——纵向普通钢筋的抗拉强度设计值和抗压强度设计值；

h_0——截面有效高度，$h_0 = h - a$；

a、a'——受拉区、受压区普通钢筋和预应力钢筋的合力点至受拉区边缘、受压区边缘的距离；

a'_s、a'_p——受压区普通钢筋合力点、预应力钢筋合力点至受压区边缘的距离；

σ'_{p0}——受压区预应力钢筋的合力点处混凝土法向应力等于零时预应力钢筋的应力，对先张法构件，$\sigma'_{p0} = \sigma'_{con} - \sigma'_l + \sigma'_{l4}$，对后张 $\sigma'_{p0} = \sigma'_{con} - \sigma'_l + \alpha_{Ep}\sigma'_{pc}$，其中 σ'_{con} 为受压区预应力钢筋的控制应力，σ'_l 为受压区预应力钢筋的全部预应力损失，σ'_{l4} 为先张法构件受压区弹性压缩损失，σ'_{pc} 为受压区预应力钢筋重心处由预加应力产生的混凝土法向压应力，α_{Ep} 为受压区预应力钢筋弹性模量与混凝土弹性模量的比值；

h'_f——T形或工字形截面受压翼缘高度；

b'_f——T形或工字形截面受压翼缘的有效宽度。

2. 公式适用条件

混凝土受压区高度应符合下列条件

$$x \leqslant \xi_b h_0 \qquad (10.3.6)$$

式中　ξ_b——预应力混凝土受弯构件正截面相对界限受压区高度。

当截面受压区配有纵向普通钢筋和预应力钢筋，且预应力钢筋受压，$(f'_{pd} - \sigma'_{p0})$ 为正时

$$x \geqslant 2a' \qquad (10.3.7)$$

当截面受压区仅配有纵向普通钢筋或配有普通钢筋和预应力筋，且预应力钢筋受拉，$(f'_{pd} - \sigma'_{p0})$ 为负时

$$x \geqslant 2a'_s \qquad (10.3.8)$$

对于第二种 T 形截面，由于 $x > h'_f$，所以 $x \geqslant 2a'$ 或 $x \geqslant a'_s$ 的限制条件一般均能满足，故可不必验算。

在应用受弯构件受压高度满足 $x \leqslant \xi_b h_0$ 的条件时，可不考虑按正常使用极限状态计算可能增加的纵向受拉钢筋截面面积和按构造要求配置的纵向钢筋截面面积。

若 $x < 2a'_s$，因受压钢筋离中性轴太近，变形不能充分发挥，受压钢筋的应力达不到抗压强度设计值。这时，截面所承受的计算弯矩，可由下列近似公式求得：

（1）当受压区配有纵向普通钢筋和预应力钢筋，且预应力钢筋受压时，有

$$\gamma_0 M_d \leqslant f_{pd} A_p (h - a_p - a') + f_{sd} A_s (h - a_s - a') \tag{10.3.9}$$

（2）当受压区配有纵向普通钢筋或配有普通钢筋和预应力钢筋，且预应力钢筋受拉时，有

$$\gamma_0 M_d \leqslant f_{pd} A_p (h - a_p - a'_s) + f_{sd} A_s (h - a_s - a'_s) - (f'_{pd} - \sigma'_{p0}) A'_p (a'_p - a'_s) \tag{10.3.10}$$

式中 a_s、a_p——受拉区普通钢筋合力点、预应力钢筋合力点至受拉区边缘的距离。

如按式（10.3.9）或式（10.3.10）算得的正截面承载力比不考虑非预应力受压钢筋 A'_s 还小时，则应按不考虑非预应力受压钢筋计算。

承载力校核与截面选择的步骤与普通钢筋混凝土梁类似。

由上述承载力计算公式可以看出：构件的承载力 M_d 与受拉区钢筋是否施加预应力无关，但对受压区钢筋 A'_p 施加预应力后，钢筋的 A'_p 应力由 f'_{pd} 下降为 $(f'_{pd} - \sigma'_{p0})$ 或者变为负值（即拉应力），因而降低了受弯构件的承载力和使用阶段的抗裂度。因此，只有在受压区确实需设置预应力钢筋 A'_p 时，才予以设置。

二、斜截面承载力计算

与钢筋混凝土构件一样，当受弯构件正截面承载力有足够保证时，仍有可能沿斜截面破坏。根据试验研究分析，沿斜截面破坏（见图 10.3.3）的原因有两个：

（1）斜截面受弯破坏。当梁内纵向钢筋配置不足，钢筋屈服后，斜裂缝分成两个部分将围绕其公共铰（受压区 O 点）转动，此时斜裂缝扩张，受压区减少，最后混凝土产生法向裂缝而破坏。

（2）斜截面受剪破坏。常见的情况是，当梁内纵向钢筋配置较多，且锚固可靠时，则阻碍着斜裂缝两侧部分的相对转动，受压区混凝土在压力与剪力的共同作用下被剪断或压碎，此时，距受压区较远的钢筋应力达到屈服强度，而另一部分尚未达到，钢筋受力是不均匀的。

研究表明，有足够钢筋通过支点截面且截面无变化的受弯构件，斜截面抗弯承载力不是控制因素，抗剪承载力才是主要的控制因素。

1. 斜截面抗剪承载力计算

预应力混凝土受弯构件的斜截面抗剪承载力计算，其计算截面位置可参照钢筋混凝土受弯构件中有关规定处理。对于矩形、T 形和工字形截面的受弯构件，其抗剪截面应符合式（10.3.11）的要求

$$\gamma_0 V_d \leqslant 0.51 \times 10^{-3} \sqrt{f_{cu,k}} b h_0 \quad (\text{kN}) \tag{10.3.11}$$

式中 V_d——验算截面处由作用（或荷载）产生的剪力组合设计值（kN）；

b——相应于剪力组合设计值处的矩形截面宽度（mm）或 T 形和工字形截面腹板宽度（mm）；

h_0——相应于剪力组合设计值处的截面有效高度（mm）。

对变高度（承托）连续梁，除验算近边支点梁段的截面尺寸外，尚应验算截面急剧变化处的截面尺寸。

这就是保证构件不发生斜压破坏所需要的最小混凝土截面尺寸的条件。但是应当指出，条件式（10.3.11）对预应力混凝土梁来说，由于没有考虑预应力的有利影响，因此可以认为不够合理。

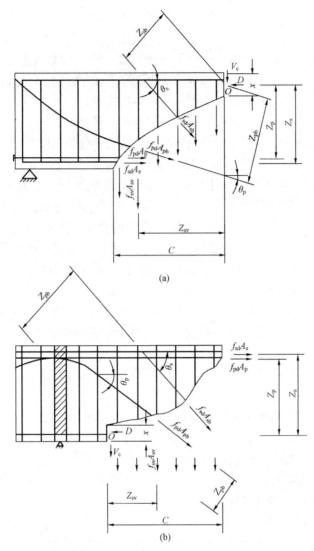

图 10.3.3 斜截面抗剪承载力计算示意图

（a）简支梁和连续梁近边支点梁段；（b）连续梁和悬臂梁近中间支点梁段

当矩形、T 形和工字形截面的受弯构件，符合式（10.3.12）时

$$\gamma_0 V_d \leqslant 0.50 \times 10^{-3} \alpha_2 f_{td} b h_0 \quad (\text{kN}) \tag{10.3.12}$$

可不进行斜截面抗剪承载力的验算，仅需按构造要求配置箍筋。

式中　f_{td}——混凝土抗拉强度设计值；

　　　α_2——预应力提高系数。

对于板式受弯构件，式（10.3.12）右边计算值可乘以 1.25 提高系数。

矩形、T 形和工字形截面的受弯构件，当配置箍筋和弯起钢筋时，其斜截面抗弯承载力应按式（10.3.13）进行验算

$$\gamma_0 V_d \leqslant V_{cs} + V_{sb} + V_{pb} \tag{10.3.13}$$

$$V_{cs} = \alpha_1 \alpha_2 \alpha_3 0.45 \times 10^{-3} b h_0 \sqrt{(2 + 0.6p) \sqrt{f_{cu,k}} \rho_{sv} f_{sv}} \tag{10.3.14}$$

$$V_{sb} = 0.75 \times 10^{-3} f_{sd} \sum A_{sb} \sin\theta_s \tag{10.3.15}$$

$$V_{pb} = 0.75 \times 10^{-3} f_{pd} \sum A_{pb} \sin\theta_p \tag{10.3.16}$$

式中　V_d——斜截面受压端正截面上由作用（或荷载）产生的最大剪力组合设计值（kN），对变高度（承托）的连续梁和悬臂梁，当该截面处于变高度梁段时，则应考虑作用于截面弯矩引起的附加剪应力的影响；

$\quad\;\; V_{cs}$——斜截面内混凝土和箍筋共同的抗剪承载力设计值（kN）；

$\quad\;\; V_{sb}$——与斜截面相交的普通弯起钢筋抗剪承载力设计值（kN）；

$\quad\;\; V_{pb}$——与斜截面相交的预应力弯起钢筋抗剪承载力设计值（kN）；

$\quad\;\; \alpha_1$——异号弯矩影响系数，计算简支梁和连续梁近边支点梁段的抗剪承载力时，$\alpha_1 = 1$，计算连续梁和悬臂梁近中间支点梁段的抗剪承载力时，$\alpha_1 = 0.9$；

$\quad\;\; \alpha_2$——预应力提高系数，对钢筋混凝土受弯构件 $\alpha_2 = 1.0$，对预应力混凝土受弯构件，$\alpha_2 = 1.25$，但当由钢筋合力引起的截面弯矩与外弯矩的方向相同，或对于允许出现裂缝的预应力混凝土受弯构件，取 $\alpha_2 = 1.0$；

$\quad\;\; \alpha_3$——受压翼缘的影响系数，$\alpha_3 = 1.1$；

$\quad\;\; b$——斜截面受压端正截面处矩形截面宽度或 T 形和工字形截面腹板宽度（mm）；

$\quad\;\; h_0$——斜截面受压端正截面的有效高度，自纵向受拉钢筋合力点至受压边缘的距离（mm）；

$\quad\;\; p$——斜截面内纵向受拉钢筋的配筋百分率，$p = 100\rho$，$\rho = (A_p + A_{pb} + A)/bh_0$，当 $p > 2.5$ 时，取 $p = 2.5$；

$\quad\;\; f_{cu,k}$——混凝土立方体抗压强度标准值（MPa），即为混凝土强度等级；

$\quad\;\; \rho_{sv}$——斜截面内箍筋配筋率，$\rho_{sv} = A_{sv}/(S_v b)$；

$\quad\;\; f_{sv}$——箍筋抗拉强度设计值，但取值不宜大于 280MPa；

$\quad\;\; A_{sv}$——斜截面内配置在同一截面的箍筋各肢总截面面积（mm）；

$\quad\;\; s_v$——斜截面内箍筋的间距（mm）；

A_{sb}、A_{pb}——斜截面内在同一弯起平面的普通弯起钢筋、预应力弯起钢筋的截面面积（mm²）；

$\quad\;\; \theta_s$、θ_p——普通弯起钢筋、预应力弯起钢筋（在斜截面受压端正截面处）的切线与水平线的夹角。

当采用竖向预应力钢筋（箍筋）时，式（10.3.14）中的 ρ_{sv} 和 f_{sv}，应换以 ρ_{sv} 和 f_{pd}，ρ_{sv} 和 f_{pd} 分别为竖向预应力钢筋（箍筋）的配筋率和抗拉强度设计值。

在计算斜截面抗剪承载力时，其计算截面位置的确定方法与普通钢筋混凝土受弯构件在计算斜截面抗剪承载力时确定计算截面位置的方法相同。以上斜截面抗剪承载力计算公式仅适用于等高度的简支梁；变高度（承托）的钢筋混凝土连续梁和悬臂梁，在变高度梁段内当考虑附加剪应力影响时，其换算剪力设计值按下列公式计算

$$V_d = V_{cd} - \frac{M_d}{h_0}\tan\alpha \tag{10.3.17}$$

式中　V_{cd}——按等高度梁计算的计算截面的剪力组合设计值；

$\quad\;\; M_d$——相应于剪力组合设计值的弯矩组合设计值；

$\quad\;\; h_0$——计算截面的有效高度；

α——计算截面处梁下边缘切线与水平线的夹角。

当弯矩绝对值增加而梁高减小时，式（10.3.17）中的"一"改为"＋"。

2. 斜截面抗弯承载力计算

当纵向钢筋较少时，预应力混凝土受弯构件也有可能发生斜截面的弯曲破坏。预应力混凝土受弯构件斜截面抗弯承载力一般与普通混凝土受弯构件一样，可以通过构造措施来加以保证，如果要计算，计算的方法和步骤与钢筋混凝土受弯构件相同，只需要加入预应力钢筋的各项抗弯能力即可。矩形、T 形和工字形截面的受弯构件，其斜截面抗弯承载力应按下列规定进行验算（见图 10.3.3）

$$\gamma_0 M_d \leqslant f_{sd}A_sZ_s + f_{pd}A_pZ_p + \sum f_{sd}A_{sb}Z_{sb} + \sum f_{pd}A_{pd}Z_{pb} + \sum f_{sv}A_{sv}Z_{sv} \quad (10.3.18)$$

最不利的斜截面水平投影长度按下列公式试算确定

$$\gamma_0 V_d = \sum f_{sd}A_{sb}\sin\theta_s + \sum f_{pd}A_{pb}\sin\theta_p + \sum f_{sv}A_{sv} \quad (10.3.19)$$

式中　M_d——斜截面受压端正截面的最大弯矩组合设计值；

$\quad\quad V_d$——斜截面受压端正截面相应于最大弯矩组合设计值的剪力组合设计值；

$\quad\quad Z_s$、Z_p——纵向普通受拉钢筋合力点、纵向预应力受拉钢筋合力点至受压区中心点 O 的距离；

$\quad\quad Z_{sb}$、Z_{pb}——与斜截面相交的同一弯起平面内普通弯起钢筋合力点、预应力弯起钢筋合力点至受压区中心点 O 的距离；

$\quad\quad Z_{sv}$——与斜截面相交的同一平面内箍筋合力点至斜截面受压端的水平距离。

斜截面受压端受压区高度 x，按斜截面内所有力对构件纵向轴投影之和为零的平衡条件求得。

预应力混凝土受弯构件斜截面抗弯承载力计算的方法和步骤与钢筋混凝土完全一样，比较繁琐。与普通钢筋混凝土受弯构件一样，多是用构造措施来加以保证，具体可参照钢筋混凝土梁的有关规定（见本书第四章）。

思　考　题

1. 简述预应力混凝土构件各阶段应力状态。先、后张法构件的应力计算公式有何异同之处？研究各特定时刻的应力状态有何意义？

2. 在计算施工阶段混凝土预应力时，为什么先张法用构件的换算截面面积 A_0，而后张法却用构件的净截面面积 A_n？在使用阶段为何两者都用 A_0？

3. 施加预应力对受弯构件的承载力有影响吗？为什么？

4. 预应力混凝土受弯构件的受压区有时也配置预应力钢筋，有什么作用？这种钢筋对构件的承载能力有无影响？为什么？

5. 预应力混凝土受弯构件的正截面、斜截面承载力计算与普通钢筋混凝土构件有何异同之处？

6. 什么是张拉控制应力 σ_{con}？为什么张拉控制应力取值不能过高也不能过低？

7. 引起预应力损失的摩擦阻力由哪几部分组成？直线管道内的预应力钢筋与孔道接触引起的摩擦损失与哪些因素有关？

8. 什么是预应力损失？预应力损失有哪几种？各种损失产生的原因是什么？简述计算

方法及减小措施。

9. 先张法、后张法各有哪几种损失？哪些属于第一批，哪些属于第二批？

10. 什么是钢筋应力松弛？钢筋应力松弛有哪些特点？为什么超张拉可以减小松弛损失？

11. 为什么混凝土的收缩和徐变引起的预应力损失要一起考虑？在计算时是否考虑预应力构件中的非预应力钢筋的影响？为什么？

12. 在预应力混凝土构件中的各项预应力的损失中，哪项引起的预应力损失最大，为什么？

13. 各种预应力损失是同时发生的吗？计算时如何进行预应力损失的组合？什么是有效预应力？

第十一章　预应力混凝土受弯构件按正常
使用极限状态设计计算

第一节　预应力混凝土受弯构件的应力计算

预应力混凝土构件自预加应力至使用荷载作用需要经历几个不同的受力阶段，各受力阶段均有其不同的受力特点。如预加应力阶段（制造阶段）构件截面受到最大预加应力作用，从一开始施加预应力起，其预应力钢筋和混凝土就已处于高应力状态，构件截面是否能经受高应力状态下的考验，构件制造好后在运输和安装过程中能否经受动荷载的冲击作用，构件安装就位后承受一期恒荷载及使用荷载的作用时，是否满足正常作用时的应力要求，尤其是活荷载作用下的疲劳性能要求。因此，为了保证构件在各个阶段的工作安全可靠，除了对其破坏阶段进行承载力计算外，还必须对使用阶段和施工阶段分别进行正截面和斜截面应力计算。

JTG D62—2004 规定，按持久状况设计的预应力混凝土受弯构件，应计算其使用阶段正截面混凝土的法向压应力、受拉区钢筋的拉应力和斜截面混凝土的主压应力，并不得超过规定的限值。按短暂状况设计的预应力混凝土受弯构件，应计算其施工阶段正截面混凝土的法向压应力、拉应力，并不得超过规定的限值。

计算时作用（或荷载）取其标准值，汽车荷载应考虑冲击系数，并应考虑预加应力效应，预应力的荷载分项系数取为 1.0；对于预应力混凝土连续梁等超静定结构，尚应计入预加应力引起的次效应。

值得注意的是，由于预应力混凝土构件中的制造方法不同，构件截面所受预应力的传递方式不同，计算中所采用的截面特性和相应的应力损失也不相同，先张法预制预应力混凝土构件，其应力主要是靠黏结力传递，无孔道削弱，因此在计算中采用换算截面特性。而对后张法预制预应力混凝土构件，在预加应力阶段，由于预应力筋孔道尚未压浆，两者未黏结成整体，所以采用净截面计算。

一、短暂状况的应力验算

（一）预加应力阶段的正应力计算

由于在预加应力作用的同时，梁向上挠曲，自重随即发生作用，因此，预加应力阶段，预应力混凝土梁将同时承受着预加应力（扣除第一批预应力损失）、自重和施工荷载的作用，可按下列公式计算。

1. 由预加应力 N_p 产生的混凝土法向压应力 σ_{pc} 和法向拉应力 σ_{pt}

先张法构件

$$\left. \begin{array}{l} \sigma_{pc} = \dfrac{N_{p0}}{A_0} + \dfrac{N_{p0}e_{p0}}{I_0}y_0 \\[3mm] \sigma_{pt} = \dfrac{N_{p0}}{A_0} - \dfrac{N_{p0}e_{p0}}{I_0}y_0 \end{array} \right\} \qquad (11.1.1)$$

式中　N_{p0}——先张法构件的预应力钢筋的合力（见图 11.1.1），按下式计算

$$N_{p0} = \sigma_{p0} A_p \qquad\qquad (11.1.2)$$

σ_{p0} ——受拉区预应力钢筋合力点处混凝土法向应力等于零时的预应力钢筋应力，σ_{p0} $= \sigma_{con} - \sigma_{l1} + \sigma_{l4}$，其中 σ_{l4} 为受拉区预应力钢筋由混凝土弹性压缩引起的预应力损失，σ_{l1} 为受拉区预应力钢筋传力锚固时的应力损失；

A_p ——受拉区预应力钢筋的截面面积；

e_{p0} ——预应力钢筋的合力对构件全截面换算截面重心的偏心距；

y_0 ——截面计算纤维处至构件全截面换算截面重心的偏心距；

I_0 ——构件全截面换算截面惯性矩；

A_0 ——构件全截面换算截面的面积。

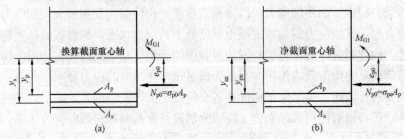

图 11.1.1　使用阶段预应力钢筋和非预应力钢筋合力及其偏心距
(a) 先张法构件；(b) 后张法构件

后张法构件

$$\left.\begin{array}{l} \sigma_{pc} = \dfrac{N_p}{A_n} + \dfrac{N_p e_{pn}}{I_n} y_n \\[3mm] \sigma_{pt} = \dfrac{N_p}{A_n} - \dfrac{N_p e_{pn}}{I_n} y_n \end{array}\right\} \qquad\qquad (11.1.3)$$

式中　N_p ——后张法构件的预应力钢筋的合力，按下式计算

$$N_p = \sigma_{pe} A_p \qquad\qquad (11.1.4)$$

对于配置曲线预应力钢筋的构件，式 (11.1.4) 中的 A_p 以（$A_p + A_{pb}\cos\theta_p$）取代，其中 A_{pb} 为弯起预应力钢筋的截面面积，θ_p 为计算截面上弯起的预应力钢筋的切线与构件轴线的夹角；

σ_{pe} ——受拉区预应力钢筋的有效预应力，$\sigma_{pe} = \sigma_{con} - \sigma_{l1}$，$\sigma_{l1}$ 为受拉区预应力钢筋传力锚固时的应力损失（包括 σ_{l4} 在内）；

e_{pn} ——预应力钢筋的合力对构件净截面重心的偏心距；

y_n ——截面计算纤维处至构件净截面中心轴的距离；

I_n ——构件净截面惯性矩；

A_n ——构件净截面的面积。

2. 由构件一期恒荷载 G_1 产生的混凝土正应力（σ_{G1}）

先张法构件　　　　　　　　$\sigma_{G1} = \pm M_{G1} \cdot y_0 / I_0$ 　　　　　　　　(11.1.5)

后张法构件　　　　　　　　$\sigma_{G1} = \pm M_{G1} \cdot y_n / I_n$ 　　　　　　　　(11.1.6)

式中　M_{G1} ——受弯构件一期恒荷载产生的弯矩标准值。

3. 预加应力阶段的总应力

将式 (11.1.1)、式 (11.1.3) 与式 (11.1.5)、式 (11.1.6) 分别相加，则可得到预加

应力阶段上、下边缘混凝土的正应力（σ_{ct}^t、σ_{cc}^t）为

先张法构件
$$\left.\begin{array}{l} \sigma_{ct}^t = \dfrac{N_{p0}}{A_0} - \dfrac{N_{p0}e_{p0}}{W_{0u}} + \dfrac{M_{G1}}{W_{0u}} \\[3mm] \sigma_{cc}^t = \dfrac{N_{p0}}{A_0} + \dfrac{N_{p0}e_{p0}}{W_{0b}} - \dfrac{M_{G1}}{W_{0b}} \end{array}\right\} \qquad (11.1.7)$$

后张法构件
$$\left.\begin{array}{l} \sigma_{ct}^t = \dfrac{N_{p0}}{A_n} - \dfrac{N_p e_{pn}}{W_{nu}} + \dfrac{M_{G1}}{W_{nu}} \\[3mm] \sigma_{cc}^t = \dfrac{N_p}{A_n} + \dfrac{N_p e_{pn}}{W_{nb}} - \dfrac{M_{G1}}{W_{nb}} \end{array}\right\} \qquad (11.1.8)$$

式中 W_{0u}、W_{0b}——构件全截面换算截面对上、下边缘的截面抵抗矩；

W_{nu}、W_{nb}——构件净截面对上、下边缘的截面抵抗矩。

（二）运输、吊装阶段的正应力计算

此阶段的应力计算方法与预加应力阶段相同。需要注意的是，预加应力 N_p 已变小；计算第一期恒荷载作用时产生的弯矩应考虑计算图式的变化，并考虑动力系数。

（三）施工阶段混凝土的限制应力

JTG D62—2004 要求，按式（11.1.7）、式（11.1.8）算得的混凝土正应力或由运输、吊装阶段算得的混凝土正应力应符合下列规定：

1. 混凝土压应力 σ_{cc}^t

该阶段预压应力最大。混凝土的预压应力越高，沿梁轴线方向的变形越大，相应引起构件横向拉应变越大；压应力过高将使构件出现过大的上拱度，而且可能产生沿钢筋方向的裂缝；此外，压应力过高，会使受压区的混凝土进入非线性徐变阶段。因此，JTG D62—2004 规定，在预应力和构件自重等荷载作用下预应力混凝土受弯构件截面边缘混凝土法向压应力应满足

$$\sigma_{cc}^t \leqslant 0.70 f_{ck}' \qquad (11.1.9)$$

式中 f_{ck}'——构件在制作、运输、安装各施工阶段的混凝土轴心抗压强度标准值，可按强度标准值表由直线内插得到。

2. 混凝土拉应力 σ_{ct}'

JTG D62—2004 根据预拉区边缘混凝土的拉应力大小，通过配置规定数量的纵向非预应力钢筋来防止出现裂缝，具体规定为：

（1）当 $\sigma_{ct}^t \leqslant 0.70 f_{tk}'$ 时，预拉区应配置配筋率不小于 0.2% 的纵向非预应力钢筋。

（2）当 $\sigma_{ct}' = 1.15 f_{tk}'$ 时，预拉区应配置配筋率不小于 0.4% 的纵向非预应力钢筋。

（3）当 $0.70 f_{tk}' < \sigma_{ct}^t < 1.15 f_{tk}'$ 时，预拉区应配置的纵向非预应力钢筋配筋率按以上两者直线内插取用。拉应力 σ_{ct}' 不应超过 $1.15 f_{tk}'$。

对预应力混凝土受弯构件的预拉区，除限制其边缘拉应力值外，还需规定预拉区纵向钢筋的最小配筋率，以防止发生类似于少筋梁的破坏。预应力混凝土结构构件预拉区纵向钢筋的配筋率应符合下列要求：

（1）施工阶段预拉区不允许出现裂缝的构件，预拉区纵向钢筋的配筋率 $(A_s' + A_p')/A$ 不应小于 0.2%。

（2）施工阶段预拉区允许出现裂缝而在预拉区不配置纵向预应力钢筋的构件，当 $\sigma_{ct}' =$

$1.15 f'_{tk}$ 时，预拉区纵向钢筋的配筋率 A'_s/A 不应小于 0.4％；当 $f'_{tk} < \sigma'_{ct} < 2 f'_{tk}$ 时，则在 0.2％和 0.4％之间按线性内插法确定。

（3）预拉区的纵向非预应力钢筋的直径不宜大于 14mm，并应沿构件预拉区的外边缘均匀配置。

施工阶段预拉区不允许出现裂缝的板类构件，预拉区纵向钢筋的配筋率可根据具体情按实践经验确定。

二、持久状况的应力计算

预应力混凝土受弯构件按持久状况计算的内容是，计算使用阶段正（斜）截面混凝土的法向压应力、混凝土主应力和受拉区钢筋的拉应力，并不得超过规定的限制。该阶段的计算特点是：预应力损失已全部完成，有效预应力 σ_{pe} 最小，其相应的永存预加力效应应考虑在内，所有荷载分项系数均取为 1.0。

计算时，应取最不利截面进行控制验算，对于直线配筋的等截面简支梁，一般以跨中为最不利控制截面；但对于曲线配筋的等截面或变截面简支梁，则应根据预应力筋的弯起和混凝土截面变化的情况，确定其计算控制截面，一般可取跨中、$l/4$、$l/8$、支点截面和变化处的截面进行计算。

（一）正应力计算

在配有非预应力钢筋的预应力混凝土构件中（见图 11.1.2），混凝土的收缩和徐变使非预应力钢筋产生与预压应力相反的内力，从而减少了受压区混凝土的法向预压应力。为简化计算，非预应力钢筋的应力值均近似取混凝土收缩和徐变引起的预应力损失值来计算。

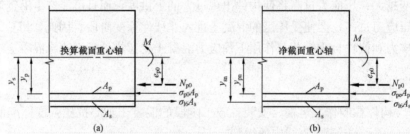

图 11.1.2　使用阶段预应力钢筋和非预应力钢筋合力及其偏心距
(a) 先张法构件；(b) 后张法构件

1. 先张法构件

对于先张法构件，使用荷载作用效应仍由钢筋与混凝土共同承受，其截面几何特征也采用换算截面计算。此时，由作用（或荷载）标准值和预加应力在构件截面上边缘产生的混凝土法向压应力为

$$\sigma_{cu} = \sigma_{pc} + \sigma_{kc} = \left(\frac{N_{p0}}{A_0} - \frac{N_{p0} e_{p0}}{W_{0u}} \right) + \frac{M_{G1}}{W_{0u}} + \frac{M_{G2}}{W_{0u}} + \frac{M_Q}{W_{0u}} \tag{11.1.10}$$

预应力钢筋中的最大拉应力为

$$\sigma_{pmax} = \sigma_{pe} + \sigma_p = \sigma_{pe} + \alpha_{Ep} \left(\frac{M_{G1}}{I_0} + \frac{M_{G2}}{I_0} + \frac{M_Q}{I_0} \right) y_{p0} \tag{11.1.11}$$

式中　　σ_{kc}——作用（或荷载）标准值产生的混凝土法向压应力；

$\quad\quad\quad \sigma_{ke}$——预应力钢筋的永存预应力，即 $\sigma_{pe} = \sigma_{con} - \sigma_{II} - \sigma_{III} = \sigma_{con} - \sigma_l$；

$\quad\quad\quad N_{p0}$——使用阶段预应力钢筋和非预应力钢筋的合力 ［见图 11.1.2 (a)］，按下式计算

$$N_{p0} = \sigma_{p0} A_p - \sigma_{l6} A_s \qquad (11.1.12)$$

$$N_{p0} = \sigma_{con} - \sigma_l + \sigma_{l4}$$

σ_{l4} ——使用阶段受拉区预应力钢筋由混凝土弹性压缩引起的预应力损失；

σ_l ——受拉区预应力钢筋总的预应力损失；

σ_{p0} ——受拉区预应力钢筋合力点处混凝土法向应力等于零时的预应力钢筋应力；

σ_{l6} ——受拉区预应力钢筋由混凝土收缩和徐变引起的预应力损失；

e_{p0} ——预应力钢筋和非预应力钢筋合力作用点至构件换算截面重心轴的距离，可按下式计算

$$\sigma_{p0} = \frac{\sigma_{p0} A_p y_p - \sigma_{l6} A_s y_s}{\sigma_{p0} A_p - \sigma_{l6} A_s} \qquad (11.1.13)$$

A_s ——受拉区非预应力钢筋的截面面积；

y_s ——受拉区非预应力钢筋重心至换算截面重心的距离；

W_{0u} ——构件混凝土换算截面对截面上边缘的抵抗力，$W_{0u} = I_0 / y_0$；

α_{Ep} ——预应力钢筋与混凝土的弹性模量比；

M_{G2} ——由桥面铺装、人行道和护栏等二期恒荷载产生的弯矩标准值；

M_Q ——由可变荷载标准值组合计算的截面最不利弯矩（汽车荷载考虑冲击系数）；

I_0 ——构件换算截面惯性矩；

y_{p0} ——构件换算截面重心至计算预应力钢筋截面形心的距离；

y_0 ——构件换算截面重心至混凝土受压边缘的距离。

2. 后张法构件

后张法受弯构件，在其承受二期恒荷载及可变作用时，一般情况下构件预留孔道均已压浆凝固，认为钢筋与混凝土已成为整体并能有效地共同工作，故二期恒荷载与活荷载作用时均按换算截面计算。由作用（或荷载）标准值和预应力在构件截面上边缘引起的混凝土压应力（σ_{cu}）为

$$\sigma_{cu} = \sigma_{pc} + \sigma_{kc} = \left(\frac{N_p}{A_n} - \frac{N_p e_{pn}}{W_{nu}} \right) + \frac{M_{G1}}{W_{nu}} + \frac{M_{G2}}{W_{0u}} + \frac{M_Q}{W_{0u}} \qquad (11.1.14)$$

预应力钢筋中的最大拉应力为

$$\sigma_{pmax} = \sigma_{pe} + \sigma_p = \sigma_{pe} + \alpha_{Ep} \frac{M_{G2} + M_Q}{I_0} y_{0p} \qquad (11.1.15)$$

式中　N_p ——预应力钢筋和非预应力钢筋的合力，按下式计算

$$N_p = \sigma_{pc} A_p - \sigma_{l6} A_s \qquad (11.1.16)$$

σ_{pe} ——受拉区预应力钢筋的有效预应力，$\sigma_{pe} = \sigma_{con} - \sigma_l$；

W_{nu} ——构件混凝土净截面对截面上边缘的抵抗矩；

e_{pn} ——预应力钢筋和非预应力钢筋合力作用点至净截面重心轴的距离，按下式计算

$$e_{pn} = \frac{\sigma_{pe} A_p y_{pn} - \sigma_{l6} A_s y_{sn}}{\sigma_{pe} A_p - \sigma_{l6} A_s} \qquad (11.1.17)$$

y_{sn} ——受拉区非预应力钢筋重心至净截面重心的距离；

y_{0p} ——计算的预应力钢筋重心到换算截面重心轴的距离。

当截面受压区也配置预应力钢筋 A'_p 时，则以上计算式还需考虑 A'_p 的作用。由于混凝土的收缩和徐变，使受压区非预应力钢筋产生与预应力相反的内力，从而减少了截面混凝土

的法向预压应力，受压区非预应力钢筋的应力值取混凝土收缩和徐变作用引起的 A'_p 预应力损失 σ'_{l6} 来计算。

（二）混凝土主应力计算

预应力混凝土受弯构件在斜截面开裂前，基本上处于弹性工作状态，所以主应力可按材料力学的方法计算。预应力混凝土受弯构件由作用（或荷载）标准值和预加应力作用产生的混凝土主压应力 σ_{cp} 及主拉应力 σ_{tp} 可按下式计算，即

$$\begin{array}{c}\sigma_{tp}\\\sigma_{cp}\end{array} = \frac{\sigma_{cx} + \sigma_{cy}}{2} \mp \sqrt{\left(\frac{\sigma_{cx} - \sigma_{cy}}{2}\right)^2 + \tau^2} \tag{11.1.18}$$

式中　　σ_{cx}——在计算主应力点，由作用（或荷载）标准值和预加应力产生的混凝土法向应力，先张法构件可按式（11.1.19）计算，后张法构件可按式（11.1.20）计算，即

先张法　　　　　$\sigma_{cx} = \dfrac{N_{p0}}{A_0} - \dfrac{N_{p0} e_{p0}}{I_0} y_0 + \dfrac{M_{G1} + M_{G2} + M_Q}{I_0} y_0 \tag{11.1.19}$

后张法　　　　　$\sigma_{cx} = \dfrac{N_p}{A_n} - \dfrac{N_p e_{pn}}{I_n} y_n + \dfrac{M_{G1}}{I_n} + \dfrac{M_{G2} + M_Q}{I_0} y_0 \tag{11.1.20}$

式中　y_0、y_n——计算主应力点至换算截面、净截面重心轴的距离，利用式（11.1.19）和式（11.1.20）计算时，当主应力点位于重心轴之上时，取为正，反之，取为负；

　　I_0、I——换算截面惯性矩、净截面惯性矩；

　　σ_{cy}——由竖向预应力钢筋的预加应力产生的混凝土竖向压应力，可按式（11.1.21）计算，即

$$\sigma_{cy} = 0.6 \frac{n\sigma'_{pe} A_{pv}}{b s_v} \tag{11.1.21}$$

式中　n——同一截面竖向钢筋的肢数；

　σ'_{pe}——竖向预应力钢筋扣除全部预应力损失后的有效预应力；

　A_{pv}——单肢竖向预应力钢筋的截面面积；

　s_v——竖向预应力钢筋的间距；

　τ——在计算主应力点，按作用（或荷载）标准值组合计算的剪力产生的混凝土剪应力；当计算截面作用扭矩时，尚应考虑由扭矩引起的剪应力，对于等高度梁截面上任一点在作用（或荷载）标准组合下的剪应力 τ 可按下列公式计算

先张法　　　　　$\tau = \dfrac{V_{G1} S_0}{b I_0} + \dfrac{(V_{G1} + V_Q) S_0}{b I_0} \tag{11.1.22}$

后张法　　　　　$\tau = \dfrac{V_{G1} S_n}{b I_n} + \dfrac{(V_{G2} + V_Q) S_0}{b I_0} - \dfrac{\sum \sigma''_{pe} A_{pb} \sin\theta_p S_n}{b I_n} \tag{11.1.23}$

式中　V_{G1}、V_{G2}——一期恒荷载和二期恒荷载作用引起的剪力标准值；

　　　V_Q——可变作用（荷载）引起的剪力标准值组合，对于简支梁，V_Q 计算式为

$$V_Q = V_{Q1} + V_{Q2} \tag{11.1.24}$$

　V_{Q1}、V_{Q2}——汽车荷载效应（计入冲击指数）和人群荷载效应引起的剪力标准值；

　　S_0、S_n——计算主应力点以上（或以下）部分换算截面面积对截面重心轴、净截面面积对截面重心轴的面积矩；

θ_s——计算截面上预应力弯起钢筋的切线与构件纵轴线的夹用（见图11.1.3）；

b——计算主应力点处构件腹板的宽度；

σ'_{pe}——纵向预应力弯起钢筋扣除全部预应力损失后的有效预应力；

A_{pb}——计算截面上同一弯起平面内预应力弯起钢筋的截面面积。

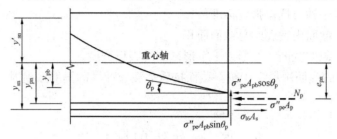

图 11.1.3　剪力计算图

以上公式中均取压应力为正，拉应力为负。对连续梁等超静定结构，应计及预应力、温度作用等引起的次效应。对变高度预应力混凝土连续梁，计算由作用（或荷载）引起的剪应力时，应计算截面上弯矩和轴向力产生的附加剪应力。

（三）持久状况的钢筋和混凝土的应力限值

对于按全预应力混凝土和 A 类部分预应力混凝土设计的受弯构件，JTG D62—2004 中对持久状况应力计算的极限规定如下：

1. 使用阶段预应力混凝土受弯构件正截面混凝土的最大压应力

$$\sigma_{kc} + \sigma_{pc} \leqslant 0.5 f_{ck} \tag{11.1.25}$$

式中　σ_{kc}——作用（或荷载）标准值产生的混凝土法向压应力；

σ_{pc}——预加应力产生的混凝土法向拉应力；

f_{ck}——混凝土轴心抗压强度标准值。

2. 使用阶段受拉区预应力钢筋的最大拉应力限值

在使用荷载作用下，预应力混凝土受弯构件中的钢筋与混凝土经常承受着反复应力，而材料在较高的反复应力作用下，其强度将下降，甚至造成疲劳破坏。为了避免这种不利影响，JTG D62—2004 的具体规定为：

对钢绞线、钢丝　　　　　　　　$\sigma_{pe} + \sigma_p \leqslant 0.65 f_{pk}$ 　　　　　　　(11.1.26)

对精轧螺纹钢筋　　　　　　　　$\sigma_{pe} + \sigma_p \leqslant 0.8 f_{pk}$ 　　　　　　　(11.1.27)

式中　σ_{pe}——受拉区预应力钢筋扣除全部预应力损失后的有效预应力；

σ_p——作用（或荷载）产生的预应力钢筋应力增量；

f_{pk}——预应力钢筋抗拉强度标准值。

预应力混凝土受弯构件受拉区的非预应力钢筋，其作用阶段的应力很小，可不必算。

3. 使用阶段预应力混凝土受弯构件混凝土主应力限值

混凝土的主压应力应满足

$$\sigma_{cp} \leqslant 0.6 f_{ck} \tag{11.1.28}$$

式中　f_{ck}——混凝土轴心抗压强度标准值。

对计算所得的混凝土主拉应力 σ_{tp}，作为对构件斜截面抗剪计算的补充，按下列规定设置箍筋：

在 $\sigma_{tp} \leqslant 0.5 f_{tk}$ 的区段，箍筋可仅按构造要求设置；

在 $\sigma_{tp} > 0.5 f_{tk}$ 的区段，箍筋的间距 s_v 可按下式计算

$$s_v = f_{sk} A_{sv} / \sigma_{tp} b \tag{11.1.29}$$

式中 f_{sk}——箍筋的抗拉强度标准值；

f_{tk}——混凝土轴心抗拉强度标准值；

A_{sv}——同一截面内箍筋的总截面面积；

b——矩形截面宽度，T 形或工字形截面的腹板宽度。

当按上式计算的箍筋用量少于按斜截面抗剪承载力计算的箍筋用量时，构件箍筋按抗剪承载力计算要求配置。

第二节　端 部 锚 固 区 计 算

一、先张法预应力钢筋传递长度与锚固长度计算

1. 预应力钢筋的传递长度

对预应力钢筋端部无锚固措施的先张预应力混凝土构件［见图 11.2.1（a）］，预应力是依靠钢筋和混凝土之间的黏结力和由于放松预应力钢筋，钢筋回缩、直径变粗对混凝土挤压所产生的摩擦力来锚固和传递的。但是这种传递过程不能在构件端部集中地突然完成，而必须经过一定的传递长度。

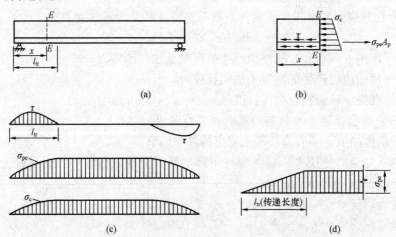

图 11.2.1　预应力的传递

（a）端部无锚固措施的先张法梁；（b）微段 x 钢筋表面黏结力 τ 及截面 EE 的应力分布；（c）黏结力 τ、钢筋应力 σ_{pe} 及预压应力 σ_c 沿构件长度的分布；（d）传递长度 l_{tr} 范围内预应力值的变化

现试取构件端部长度为 x 的一小段预应力钢筋为脱离体［见图 11.2.1（b）］，在放松钢筋后，其右端作用着 $\sigma_{pe} A_p$，其左端为自由端，显然 $\sigma_{pe} A_p$ 由分布在钢筋表面的黏结力所平衡。由于长度 x 不大，则所能平衡的预拉应力 $\sigma_{pe} A_p$ 也是有限的。但随着长度 x 的增加，可平衡的预拉应力也增大，当微段 x 达到一定长度 l_{tr} 时，钢筋表面的黏结力就能平衡钢筋中的全部预应力。若用 τ_n 表示长度 l_{tr} 范围内黏结应力的平均值，则 $\tau_n \pi d_p l_{tr} = \sigma_{pe} A_p$。长度 l_{tr}

就称为预应力钢筋传递长度。

在预应力钢筋的传递长度以内，预应力钢筋拉应力从其端部开始，由零按曲线规律渐增加至 σ_{pe}，混凝土预压应力 σ_c 也按同样规律变化。在构件中段，预应力（σ_{pe} 或 σ_c）为常数，黏结应力 τ 为零［见图 11.2.1（c）］。

由于在预应力钢筋传递长度内的预应力值较小，对先张法预应力混凝土构件端部进行截面应力验算时，发现该处所承受的剪力往往很大，故在进行主拉应力验算时，应考虑钢筋在其传递长度 l_{tr} 范围内实际应力值的变化，也就是要考虑混凝土在该传递长度 l_{tr} 范围内预压应力值的变化，不能取用构件中段的应力值。为简化计算，在传递长度 l_{tr} 内，取预应力钢筋的预应力值按直线关系变化，即在构件端部预应力值为零，在传递长度末端预应力值达到 σ_{pe}［见图 11.2.1（d）］。预应力钢筋的传递长度 l_{tr} 按表 11.2.1 采用。

表 11.2.1　　　　　　　　　　预应力钢筋的预应力传递长度 l_{tr}　　　　　　　　　　mm

预应力钢筋种类		混凝土强度等级					
		C30	C35	C40	C45	C50	≥C55
钢绞线	1×2，1×3，$\sigma_{pc}=1000MPa$	75d	68d	63d	60d	57d	55d
	1×7，$\sigma_{pc}=1000MPa$	80d	73d	67d	64d	60d	58d
螺旋肋钢丝，$\sigma_{pc}=1000MPa$		70d	64d	58d	56d	53d	51d
刻痕钢丝，$\sigma_{pc}=1000MPa$		89d	81d	75d	71d	68d	65d

注　1. 预应力传递长度应根据预应力钢筋放松时混凝土立方体抗压强度 f'_{cu} 确定，当 f'_{cu} 在表列混凝土强度等级之间时，预应力传递长度按直线内插法取用。

　　2. 当预应力钢筋的有效预应力值 σ_{pe} 与表值不同时，其预应力传递长度应根据表值按比例增减。

　　3. 当采用骤然放松预应力钢筋的施工工艺时，l_{tr} 应从离构件末端 $0.25l_{tr}$ 处开始计算。

2. 预应力钢筋的锚固长度

先张法预应力混凝土构件是靠黏着力来锚固钢筋的，因此，其端部必须有一个锚固长度。当预应力钢筋达到极限强度时，保证预应力钢筋不被拔出所需的长度即为锚固长度 l_a。在计算先张法预应力混凝土构件端部锚固区的正截面和斜截面的抗弯强度时，必须注意到在锚固长度内预应力钢筋的强度不能充分发挥，其抗拉强度小于 f_{pd}，而且是变化的。钢筋的抗拉强度设计值在锚固区内可考虑按直线关系变化，即在锚固起点处为零，在锚固终点处为 f_{pd}，如图 11.2.2 所示。

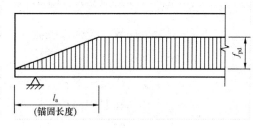

图 11.2.2　锚固长度 l_a 范围内钢筋强度
设计值变化图

预应力钢筋的锚固长度 l_a，按表 11.2.2
取用。

表 11.2.2　　　　　　　　　　　预应力钢筋锚固长度 l_a　　　　　　　　　　　　mm

预应力钢筋种类		混凝土强度等级					
		C40	C45	C50	C55	C60	≥C65
钢绞线	1×2，1×3，$f_{pd}=1170MPa$	115d	110d	105d	100d	95d	90d
	1×7，$f_{pd}=1260MPa$	130d	125d	120d	115d	110d	105d

续表

预应力钢筋种类	混凝土强度等级					
	C40	C45	C50	C55	C60	≥C65
螺旋肋钢丝，$f_{pd}=1200\text{MPa}$	$95d$	$90d$	$85d$	$83d$	$80d$	$80d$
刻痕钢丝，$f_{pd}=1070\text{MPa}$	$125d$	$115d$	$110d$	$105d$	$103d$	$100d$

注 1. 当采用骤然放松预应力钢筋的施工工艺时，锚固长度应从离构件末端 $0.25l_{tr}$ 处开始，l_{tr} 为预应力钢筋的预应力传递长度，按表 11.2.1 采用。

2. 当预应力钢筋的抗拉强度设计值 f_{pd} 与表值不同时，其锚固长度应根据表值按强度比例增减。

二、后张法构件锚下局部承压验算

1. 端部锚固区的受力分析

在构件端部或其他布置锚具的地方，巨大的预加应力 N_p，将通过锚具及其下面不大的垫板面积传递给混凝土。要将这个集中预加应力均匀地传递到梁体的整个截面，需要一个过渡区段才能完成。试验和理论研究表明，这个过渡区段长度约等于构件的高度 H。因此又常把等于构件高度 H 的这一过渡区段称为端块。端块的受力情况比较复杂，它不仅存在着不均匀的纵向应力，而且存在着剪应力和由力矩引起的横向拉、压应力。因此，后张法预应力混凝土构件，需计算锚下局部承压承载力和局部承压区的抗裂计算，以防止在横向拉应力的作用下出现裂缝。

2. 后张法预应力混凝土构件锚下承压验算

（1）后张法构件锚头局部受压区的截面尺寸应满足下列要求

$$\gamma_0 F_{ld} \leqslant 1.3\eta_s\beta f_{cd}A_{ln} \tag{11.2.1}$$

式中　F_{ld}——局部受压面积上的局部压力设计值，对后张法构件的锚头局部受压区，应取 1.2 倍张拉时的最大压力；

f_{cd}——根据张拉时混凝土立方体抗压强度 f'_{cd} 值按表 2.4.5 的规定以直线内插法求得；

η_s——混凝土局部承压修正系数，混凝土强度等级为 C50 及以下，取 $\eta_s=1.0$，混凝土强度等级为 C50～C80，取 $\eta_s=1.0\sim0.76$，中间按直线内插法求得；

β——混凝土局部承压强度提高系数，$\beta=\sqrt{\dfrac{A_b}{A_l}}$；

A_b——局部承压时的计算底面积，可按图 11.2.3 确定；

A_{ln}、A_l——混凝土局部受压面积，当局部受压面有孔洞时，A_{ln} 为扣除孔洞后的面积，A_l 为不扣除孔洞的面积，当受压面设有钢垫板时，局部受压面积应计入在垫板中按 45°刚性角扩大的面积，对于具有喇叭管并与钢垫板连成整体的锚具，A_{ln} 可取垫板面积扣除喇叭管尾端内孔面积。

（2）锚下局部承压区的抗压承载力按下式计算

$$\gamma_0 F_{ld} \leqslant 0.9(\eta_s\beta f_{cd}+k\rho_v\beta_{cor}f_{sd})A_{ln} \tag{11.2.2}$$

式中　β_{cor}——配置间接钢筋时局部抗压承载力提高系数，当 $A_{cor}>A_b$ 时，应取 $A_{cor}=A_b$，$\beta_{cor}=\sqrt{A_{cor}/A_l}$；

A_{cor}——方格网或螺旋形间接钢筋内表面范围内的混凝土核心面积，其重心应与 A_l 的重心相重合，计算时按同心、对称原则取值；

ρ_v——间接钢筋体积配筋率（核心面积 A_{cor} 范围内单位混凝土体积所含间接钢筋的

体积）按下列公式计算：

方格网［见图 11.2.4(a)］

$$\rho_v = \frac{n_1 A_{s1} l_1 + n_2 A_{s2} l_2}{A_{cor} s} \tag{11.2.3}$$

螺旋筋［见图 11.2.4（b）］ $\qquad \rho_v = \frac{4 A_{ssl}}{d_{cor} s} \tag{11.2.4}$

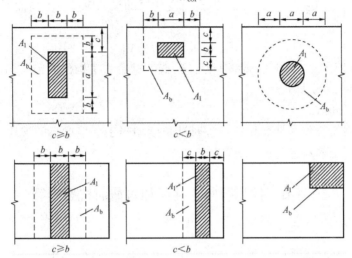

图 11.2.3　局部承压时计算底面积 A_b 的示意图

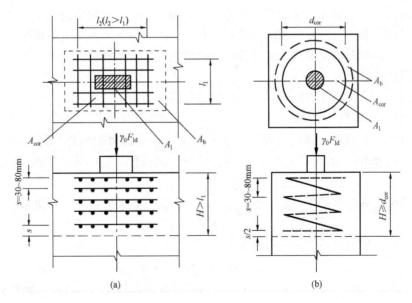

图 11.2.4　局部承压的配筋

式中　n_1、A_{sl}——方格网沿 l_1 方向的钢筋根数、单根钢筋的截面面积；

　　　n_2、A_{s2}——方格网沿 l_2 方向的钢筋根数、单根钢筋的截面面积；

　　　A_{ssl}——单根螺旋形间接钢筋的截面面积；

　　　d_{cor}——螺旋形间接钢筋内表面范围内混凝土核心面积的直径；

k——间接钢筋影响系数，混凝土强度等级 C50 及以下时，取 $k=2.0$，C50～C80 取 $k=2.0～1.70$，中间值按直线内插法求得；

　　　s——方格网或螺旋形间接钢筋的层距。

3. 局部承压区的抗裂性计算

为了防止局部承压区段出现沿构件长度方向的裂缝，保证局部承压区的防裂要求，对于在局部承压区中配有间接钢筋的情况，其局部受压区的尺寸应满足下列锚下混凝土抗裂计算要求

$$F_{ck} \leqslant 0.80\eta_s\beta f_{ck}A_{ln}$$ (11.2.5)

式中　F_{ck}——局部受压面积上的局部压力标准值，对后张法构件的锚头局部受压区，可取张拉时最大压力。

其他符号意义同前。

在后张法构件的锚固局部受压区，宜对其长度相当于一倍梁高的端块进行局部应力分析，并结合规范规定的构造要求，配置封闭式箍。

第三节　使用阶段正截面和斜截面抗裂验算

一、概述

抗裂验算的目的是通过控制截面的拉应力，使全预应力混凝土构件和部分预应力混凝土 A 类构件不出现裂缝。

预应力混凝土受弯构件，应按所处环境类别和构件类别选用相应的裂缝控制等级，并按下列规定进行混凝土拉应力或正截面裂缝宽度验算。由于属正常使用极限状态的验算，因而需采用作用效应的标准组合或准永久组合，且材料强度采用标准值。

二、正截面抗裂验算

预应力混凝土受弯构件应按下列规定进行正截面抗裂验算。

（一）全预应力混凝土构件

对于严格要求不出现裂缝的构件，应当采用全预应力混凝土构件。JTG D62—2004 规定，这类构件在作用（或荷载）短期效应组合下，控制截面的受拉边缘不允许出现拉应力。

正截面抗裂应对构件正截面混凝土的拉应力进行验算，并应符合下列要求

预制构件　　　　　　　　　　$\sigma_{st} - 0.85\sigma_{pc} \leqslant 0$　　　　　　　　(11.3.1)

分段浇筑或砂浆接缝的纵向分块构件

$$\sigma_{st} - 0.80\sigma_{pc} \leqslant 0$$ (11.3.2)

其中，σ_{st} 为在作用（或荷载）短期效应组合下构件抗裂验算边缘混凝土的法向拉应力，按下列公式计算

$$\sigma_{st} = \frac{M_s}{W_0}$$ (11.3.3)

式中　M_s——按作用（或荷载）短期效应组合计算的弯矩值；

　　　σ_{pc}——扣除全部预应力损失后的预加应力在构件抗裂验算边缘产生的混凝土预压应力；

W_0——构件换算截面的抵抗矩，后张法构件在计算预施应力阶段由构件自重产生的拉应力时，W_0 可改用 W_n，W_n 为构件净截面抗裂验算边缘的弹性抵抗矩，即要求在作用（或荷载）短期效应组合时，在构件正截面上产生的混凝土拉应力不能大于有效预压应力的 85%（预制构件）或 80%（分段浇筑或砂浆接缝的纵向分块构件）。

（二）部分预应力混凝土 A 类构件

部分预应力混凝土 A 类构件，在作用（或荷载）短期效应组合下应符合

$$\sigma_{st} - \sigma_{pc} \leqslant 0.7 f_{tk} \tag{11.3.4}$$

但在作用长期效应组合下应符合

$$\sigma_{lt} - \sigma_{pc} \leqslant 0 \tag{11.3.5}$$

$$\sigma_{lt} = \frac{M_l}{W_0} \tag{11.3.6}$$

式中　M_l——按荷载长期效应组合计算的弯矩值，在组合的活荷载弯矩中，仅考虑汽车、人群等直接作用于构件的荷载产生的弯矩值；

　　　σ_{lt}——在荷载长期效应组合下构件抗裂验算边缘混凝土的法向拉应力。

在作用（或荷载）短期效应组合下，克服了混凝土的有效预压应力后，构件截面混凝土可以出现拉应力但应小于混凝土抗拉标准强度的 70%。在荷载长期效应组合下构件截面混凝土不允许出现拉应力。

此处荷载长期效应组合是指结构自重和直接施加于桥上的活荷载产生的效应组合，不考虑间接施加于桥上的其他作用效应。

（三）部分预应力混凝土 B 类构件

部分预应力混凝土 B 类受弯构件，在结构自重作用下控制截面受拉边缘不得消压。短期效应组合时，允许出现裂缝，但裂缝宽度不能超过规范规定值。

三、斜截面抗裂验算

当预应力混凝土受弯构件内的主拉应力过大时，会产生与主拉应力方向垂直的斜裂缝，因此，为了避免斜裂缝的出现，应对斜截面上的主拉应力进行验算，同时按构件类型的不同予以区别对待。主压应力过大，将使混凝土抗拉强度降低过大和裂缝出现过早，因而限制主压应力值。

预应力混凝土构件的主拉应力和主压应力应符合下列要求：

（1）全预应力混凝土构件，在作用（或荷载）短期效应组合下：

预制构件　　　　　　　　　$\sigma_{tp} \leqslant 0.6 f_{tk}$ 　　　　　　　　　　（11.3.7）

现场现浇（包括预制拼装）构件　$\sigma_{tp} \leqslant 0.4 f_{tk}$ 　　　　　　　（11.3.8）

（2）预应力混凝土 A 类构件和允许开裂的 B 类构件，在作用（或荷载）短期效应组合下：

预制构件　　　　　　　　　$\sigma_{tp} \leqslant 0.7 f_{lk}$ 　　　　　　　　　　（11.3.9）

现场现浇（包括预制拼装）构件　$\sigma_{tp} \leqslant 0.5 f_{lk}$ 　　　　　　　（11.3.10）

式中　σ_{tp}——由作用（或荷载）短期效应组合和预加应力产生的混凝土主拉应力；

　　　f_{lk}——混凝土的抗拉强度标准值。

第四节 变 形 计 算

预应力钢筋混凝土构件的材料一般都是高强度材料，故其截面尺寸比普通钢筋混凝土构件小，而且预应力钢筋混凝土结构所使用的跨径范围也较大，因此，设计中应注意预应力钢筋混凝土梁的挠度验算，以避免构件因挠度过大而影响桥梁的正常使用。

预应力钢筋混凝土受弯构件的挠度，是由偏心预加应力引起的上挠度（又称反拱度）和外荷载（恒荷载和活荷载）所产生的下挠度两部分所组成。挠度的精确计算，应同时考虑混凝土的收缩、徐变、弹性模量等随时间而变化的影响因素，所以计算时常借助于计算机。但对于简支梁等挠度计算采用以下实用计算所得的结果，已能满足要求。

一、预加应力引起的上挠度

预应力混凝土受弯构件的向上反拱，是由于预加应力作用引起的。它与外荷载引起的挠度方向相反，故又称为反挠度或反拱度。预应力反拱度的计算，是将预应力混凝土截面换算成纯混凝土截面，将预应力钢筋的合力当做外力，按材料力学的方法计算。预应力混凝土简支梁跨中最大的向上挠度，可用结构力学的方法按刚度 $E_c I_0$ 进行计算，并乘以长期增长系数。

计算使用阶段预加应力反拱值时，预应力钢筋的预加应力应扣除全部预应力损失，长期增长系数取用 2.0。以后张法梁为例，其值为

$$f_p = -2 \int_0^l \frac{M_{pl} \overline{M_x}}{0.95 E_c I_0} dx \qquad (11.4.1)$$

式中 M_{pl}——传力锚固时的预加应力 N_{pl}（扣除相应的预应力损失）在任意截面处所引起的弯矩值；

    $\overline{M_x}$——跨中作用单位力时在任意截面 x 处所产生的弯矩值；

    E_c——施加预应力时的混凝土弹性模量，可由试验确定；

    I_0——构件的换算截面惯性矩。

二、使用荷载作用下的挠度

在使用荷载作用下，预应力混凝土受弯构件的挠度，同样可近似地按材料力学的方法进行计算。构件刚度取值分开裂前与开裂后两种情况考虑。

全预应力混凝土构件、部分预应力混凝土 A 类构件、及 $M_s < M_{cr}$ 时的部分预应力混凝土 B 类构件，$B_0 = 0.95 E_c I_0$。

允许开裂的部分预应力混凝土 B 类构件在开裂弯矩 M_{cr} 作用下，$B_0 = 0.95 E_c I_0$。在（$M_s - M_{cr}$）作用下，取 $B_{cr} = E_c I_{cr}$。由此可写出构件在短期使用荷载作用下，其挠度计算的一般公式为

$$f_M = \frac{\alpha l^2}{E_c} \left(\frac{M_{cr}}{0.95 I_0} + \frac{M_s - M_{cr}}{I_{cr}} \right) \qquad (11.4.2)$$

式中 l——梁的计算跨径；

    α——挠度系数，与弯矩图的形状、支座的约束条件有关；

    M_{cr}——构件截面的开裂弯矩，按公式 $M_{cr} = M_{cr} = (\sigma_{pc} + \gamma f_{tk}) W_0$ 计算；

    γ——受拉区混凝土塑性系数，$\gamma = \dfrac{2 S_0}{W_0}$；

S_0——全截面换算截面重心轴以上（或以下）部分面积对重心轴的面积矩；

σ_{pc}——扣除全部预应力损失后的预加应力在构件抗裂边缘产生的混凝土预压应力；

W_0——换算截面抗裂边缘的弹性抵抗矩；

M_s——按作用短期效应组合计算的弯矩，对于全预应力混凝土结构和在使用荷载作用下允许受拉区混凝土出现拉应力，但不允许出现裂缝的 A 类部分预应力混凝土结构 $M_s \leqslant M_{cr}$，对于使用荷载作用下，允许出现裂缝的 B 类部分预应力混凝土结构 $M_s > M_{cr}$；

I_0——全截面换算截面惯性矩；

I_{cr}——开裂截面换算截面惯性矩。

三、预应力混凝土受弯构件的总挠度

1. 构件在短期荷载作用下的总挠度 f_s

$$f_s = f_p + f_M \tag{11.4.3}$$

式中　f_p——扣除预加应力损失后的预加力 N_{pl} 所产生的上挠度；

f_M——由自重弯矩、后加恒荷载弯矩与活荷载弯矩（不计冲击影响）之和所引起的值。

2. 长期荷载作用下的挠度值 f_l

在长期持续荷载（如自重、后加恒荷载、预加应力等）作用下，由于混凝土徐变要增大结构的挠度，所以受弯构件在使用阶段的挠度应考虑荷载长期效应的影响，计算中必须引入挠度长期增大系数 η_θ，从而长期荷载作用下的挠度值可按式（11.4.4）计算

$$f_l = \eta_\theta f_s \tag{11.4.4}$$

式中　f_s——短期荷载作用下产生的变形；

η_θ——挠度长期增大系数，采用 C40 以下混凝土时，$\eta_\theta = 1.6$，采用 C40～C80 混凝土时，$\eta_\theta = 1.45 \sim 1.35$，中间强度等级可按直线内插法取用。

3. 挠度的限值

预应力混凝土受弯构件按上述计算的长期挠度值，在消除结构自重产生的长期挠度后，梁式桥主梁的最大挠度处不应超过计算跨径的 1/600，梁式桥主梁的悬臂端不应超过悬臂长度的 1/300。

四、预拱度的设置

预应力混凝土简支梁由于存在向上的反拱度 f_p 通常可不设置预拱度。但在梁的跨径较大或张拉后下缘的预压应力不是很大的构件，有时会因恒荷载的长期作用产生过大的挠度。因此，JTG D62—2004 规定，预应力混凝土受弯构件，产生的长期反拱值大于按荷载短期效应组合计算的长期挠度时，可不设预拱度；当预加应力的长期反拱值小于按荷载短期效应组合计算的长期挠度时应设预拱度，预拱度值按该项荷载的挠度值与预加应力长期反拱值之差采用。预拱的设置应按最大的预拱值沿顺桥向作成平顺的曲线。

对于自重相对于活荷载较小的预应力混凝土受弯构件，应考虑预加应力反拱值过大而造成的不利影响，必要时采取反预拱或设计和施工上的其他措施，避免桥面隆起直至开裂破坏。

预应力混凝土受弯构件当需计算施工阶段的挠度时，可按构件自重和预加应力产生的初始弹性变形乘以 $[1 + \varphi(t, t_0)]$ 求得。此处 $\varphi(t, t_0)$ 为混凝土徐变系数，可根据加载龄期 t_0

和计算所需龄期，按 JTG D62—2004 中附录 F 方法计算。

思 考 题

1. 预应力混凝土构件为什么要进行正应力验算？应验算哪两个阶段的正应力？如何控制？

2. 预应力混凝土受弯构件中混凝土的主压应力和主拉应力如何计算？主压应力的限值是多少？主拉应力如何控制箍筋的设置？

3. 何谓预应力钢筋的传递长度和锚固长度？

4. 后张法构件为什么要进行局部承压计算？通常要进行哪些方面的计算？

5. 预应力混凝土构件的正截面抗裂验算应满足什么要求？不满足时怎么办？

6. 预应力混凝土构件为什么还要进行斜截面抗裂验算？有何规定？

7. 预应力混凝土构件的挠度由哪些部分组成？此挠度计算与普通钢筋混凝土构件的挠度计算相同吗？不同之处在哪？

8. 预应力混凝土构件需要设预拱度吗？

第十二章　预应力混凝土简支梁设计

第一节　预应力混凝土受弯构件的基本构造

预应力混凝土结构构件的构造，除应满足普通钢筋混凝土结构的有关规定外，视其自身特点，并根据预应力钢筋张拉工艺、锚固措施、预应力钢筋种类的不同而有所不同。混凝土结构的构造问题关系到构件设计能否实现，所以必须高度重视。

预应力混凝土梁的形式有很多种，它们的具体构造在桥梁工程中将详细介绍，在此仅对其常用的形式及钢筋布置作简要介绍。

一、常用截面形式

预应力混凝土受弯构件通常选用的截面形式如图 12.1.1 所示。

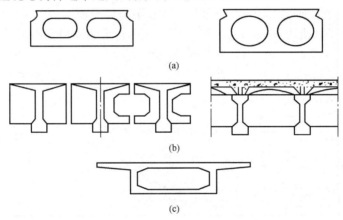

图 12.1.1　预应力钢筋混凝土受弯构件通常选用的截面形式

1. 预应力空心板

预应力空心板如图 12.1.1（a）所示，空心板的空心可以是圆形、端部圆形、矩形、侧面和底面直线而顶部拱形等。构件质量较小。跨径 8～20m 的空心板多采用直线配筋长线后先张法施工，多用于中、小跨径简支桥梁，大跨径空心板也有采用后张法施工的，并且筋束从有黏结预应力向无黏结预应力发展。简支预应力混凝土空心板桥标准跨径不宜大于 25m；连续板桥的标准跨径不宜大于 30m。

2. 预应力混凝土 T 形截面梁和工字形截面梁

预应力混凝土 T 形截面梁和工字形截面梁如图 12.1.1（b）所示。这是我国桥梁工程中最常用的预应力混凝土简支梁的截面形式。标准设计跨径一般为 25～40m，标准跨径不宜大于 50m，一般采用后张法施工。高跨比 h/l 一般为 1/25～1/15，上翼缘宽度一般为 1.6～2.4m 或更宽。T 形截面梁腹板主要是承受剪应力和主应力。由于预应力混凝土梁中剪力很小，故腹板都做得较薄。从构造方面来说，腹板厚度必须满足布置预留孔道的要求，故一般采用 160～200mm。在梁下缘的布筋区，为了布置钢筋的需要，常将腹板厚度加厚而成为

"马蹄"形,利于布置预应力钢筋和承受巨大的预压力。梁的两端长度各约等于梁高的范围内腹板加厚为与马蹄同宽以满足布置锚具和局部承压的要求。

3. 预应力混凝土箱形截面梁

预应力混凝土箱形截面梁如图 12.1.1（c）所示。其抗扭刚度比一般开口截面大得多,梁上的荷载分布比较均匀箱壁一般做得较薄,材料利用合理,自重较轻,跨越能力大,适用于大跨径桥梁。

二、预应力钢筋的布置

（1）束界。因为荷载在简支梁跨中截面产生的弯矩最大,为了抵抗该弯矩,应使预应力钢筋合力点距该截面重心尽可能远（即使筋束合力的偏心距尽可能大）。但在其他截面荷载弯矩较小,如果预应力筋束合力大小和作用点位置不变,则可能在混凝土上边缘产生拉应力。全预应力混凝土受弯构件的上、下边缘是不允许出现拉应力的。

合理的确定预加应力 N_p 的位置（一般近似为预应力筋束截面重心位置）是很重要的。根据全预应力混凝土构件要求使其上、下边缘混凝土不出现拉应力的原则,可以按照在最小外荷载（例如只有构件自重）作用下和最不利使用荷载（即自重、后加恒荷载和活荷载）作用下的两种情况,分别确定 N_p 在各个截面上偏心距的极限值。由此可以绘出如图 12.1.2 所示的重心位置两条限值线 E_1 和 E_2。只要 N_p（也即近似为预应力钢筋截面的重心）的位置落在由 E_1 和 E_2 所围成的区域内,就能保证构件在最小外荷载和最不利使用荷载作用下,其上、下边缘混凝土均不会出现拉应力。因此,把由 E_1 和 E_2 两条曲线所围成的限制预应力钢筋的布置范围称为束界（或索界）。

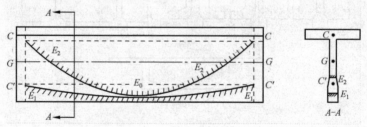

图 12.1.2 预应力钢筋的合理位置

根据上述原则,按下列方法可以容易地绘制全预应力混凝土等截面简支梁的束界。在预加应力阶段,保证梁的上边缘混凝土不出现拉应力的条件是

$$\sigma_c = \frac{N_{pi}}{A_c} - \frac{N_{pi}e_{pl}}{W'_c} + \frac{M_g}{W'_c} \geqslant 0$$

当截面尺寸和钢筋面积已知时,可得出

$$e_{pl} \leqslant E_1 = K_{c0} + \frac{M_g}{N_{pi}} \tag{12.1.1}$$

式中　e_{pl}——预加力的合力偏心距,设在构件截面重心轴以下为正,反之为负;

　　K_{c0}——混凝土截面下核心距,其值为 $K_{c0} = W'_c/A_c$;

　　W'_c——净截面上边缘的弹性抵抗矩;

　　M_{G1}——构件自重产生的弯矩;

　　N_{pi}——传力锚固时的预加力。

同理,在使用荷载作用下,根据保证构件下边缘不出现拉应力的条件,同样可以求得预

加应力合力偏心距 e_{p2} 为

$$e_{p2} \geqslant E_2 = \frac{M_g + M_d + M_l}{\alpha N_{pi}} - K'_{c0} \qquad (12.1.2)$$

式中　　M_d——后加恒荷载引起的弯矩；

　　　　M_l——活荷载引起的弯矩；

　　　　α——使用阶段的永存预加应力 N_{pe} 和传力锚固时的有效预加应力 N_{pi} 之比值，可近似取 $\alpha = 0.8$；

　　　　K'_{c0}——混凝土截面上核心距，其值为 $K'_{c0} = W_c / A_c$；W_c 为混凝土截面下边缘的弹性抗矩。

由式（12.1.1）、式（12.1.2）可以看出：e_{p1}、e_{p2} 分别具有与弯矩 M_g 和弯矩 $(M_g + M_d + M_l)$ 相似的变化规律，都可视为沿跨径变化的抛物线，其限值 E_1 和 E_2 分别称为束界的上限和下限，曲线 E_1、E_2 之间的区域就是束界范围。由此可知，筋束重心位置（即 e_p）所应遵循的条件为

$$\frac{M_g + M_d + M_l}{\alpha N_{pi}} - K'_{c0} \leqslant e_p \leqslant K_{c0} + \frac{M_g}{N_{pi}} \qquad (12.1.3)$$

只要预应力钢筋重心线的偏心距 e_p 满足式（12.1.3）的要求，就可以保证构件在预加应力和使用阶段其上、下边缘混凝土都不会出现拉应力。这对于检验筋束是否配置得当，无疑是一个简便而直观的方法。

显然，对于允许出现拉应力或允许出现裂缝的部分预应力混凝土构件，只要根据构件上、下边缘混凝土拉应力（包括名义拉应力）的不同限制值进行相应的验算，则其束界同样不难确定。束界图与图 12.1.2 相似，不过束界范围要大些。

（2）预应力钢筋的布置原则。预应力钢筋布置，应使其重心线不超出束界范围。因此，大部分预应力钢筋将在趋向支点时须逐步弯起，只有这样，才能保证构件无论是在施工阶段，还是在使用阶段，其任意截面上、下边缘混凝土的法向应力都不致超过规定的限制值。同时，构件端部范围逐步弯起的预应力钢筋将产生预剪力，这对抵消支点附近较大的外荷载剪力也是非常有利的。而且从构造上说，预应力钢筋束的弯起，可使锚固点分散，使梁端部承受的集中力也相应分散，这对改善锚固区的局部承压条件是有利的。

（3）筋束弯起角度，应与所承受的剪力变化规律相配合。根据受力要求，预应力钢筋束弯起后所产生的预剪力，应能抵消全部恒荷载剪力和部分活荷载剪力，以使构件在无活荷载时，钢筋束中所剩余的预剪力绝对值不致过大。弯起角 α 不宜大于 $20°$；对于弯出梁顶锚固的钢束，α 值往往超出此值，常常在 $20° \sim 30°$ 之间。

（4）弯起钢筋束的形式，原则上宜为抛物线，为施工方便可采用悬链线，或采用圆弧弯起并以切线伸出梁端或顶面。后张法预应力混凝土构件的曲线形预应力钢筋，其曲线半径应符合下列规定：

1）钢丝束、钢绞线束的钢丝直径等于或小于 5mm 时，曲线半径不宜小于 4m；钢丝直径大于 5mm 时，曲线半径不宜小于 6m。

2）精轧螺纹钢筋的直径等于或小于 25mm 时，曲线半径不宜小于 12m；曲线半径直径大于 25 时，不宜小于 15m。

对于具有特殊用途的预应力钢筋，应采用相应的特殊措施，不受此限制。

（5）预应力钢筋弯起点的确定。预应力钢筋的弯起点，应从兼顾剪力与弯矩两方面的受力要求来考虑。

1）从受剪考虑，应提供一部分抵抗外荷载剪力的预剪力 V_p。但实际上，受弯构件跨中部分的肋部混凝土已足够承受荷载剪力，因此一般是根据经验，在跨径的三分点到四分点之间开始弯起。

2）从受弯考虑，由于预应力钢筋弯起后，其重心线将往上移，使偏心距 e_p 变小，即预加力弯矩 M_p 将变小。因此，应满足预应力钢筋弯起后的正截面的抗弯承载力要求。预应力钢筋束的弯起点尚应考虑斜截面抗弯承载力要求，即保证钢筋束弯起后斜截面上的抗弯承载力，不低于斜截面顶端所在的正截面抗弯承载力。

三、预应力钢筋布置的具体规定

预应力混凝土构件中，宜以钢绞线、螺旋肋钢丝或刻痕钢丝用作预应力钢筋，以保证钢筋与混凝土之间有可靠的黏结力。当采用光圆钢丝作预应力钢筋时，应采取适当措施，保证钢丝在混凝土中可靠地锚固。

1. 先张法构件

先张法构件中，预应力钢筋或锚具之间的净距与保护层厚度，应根据浇筑混凝土、施加预应力及钢筋锚固等要求确定，并应符合下列规定。

（1）预应力钢绞线之间的净距不应小于其直径的 1.5 倍，且对 $1×2$（两股）、$1×3$（三股）钢绞线不应小于 20mm，对 $1×7$（七股）钢绞线不应小于 25mm；预应力钢丝间净距不应小于 15mm。

（2）先张法预应力混凝土构件中，对于单根预应力钢筋，其端部应设置长度不小于 150mm 的螺旋筋；对于多根预应力钢筋，在构件端部 10 倍预应力钢筋直径范围内，应设置 3～5 片钢筋网。

（3）埋入式锚具之间的净距不应小于钢丝束直径，且不应小于 60mm；预应力钢丝束与埋入式锚具之间的净距不应小于 20mm。预应力钢筋或埋入式锚具的混凝土保护层厚度不应小于 30mm，当构件处于受侵蚀环境时，该值应增加 10mm。

2. 后张法构件

后张法构件中，预应力钢筋或锚具之间的净距与保护层，应根据浇筑混凝土、施加预应力及钢筋锚固等要求确定，并应符合下列规定。

（1）后张法预应力混凝土构件（包括连续梁和连续刚构边跨现浇段）的部分预应力钢筋，应在靠近端部支座区段横向对称弯起，尽可能沿梁端面均匀布置，同时沿纵向可将梁腹板加宽。在梁端部附近，设置间距较密的纵向钢筋和箍筋，并符合 T 形和箱形截面梁对纵向钢筋和箍筋的要求。

（2）后张法预应力混凝土构件，其预应力直线管道的混凝土保护层厚度对构件顶面和侧面，当管道直径等于或小于 55mm 时，不应小于 35mm；当管道直径大于 55mm 时，不应小于 45mm；对构件底面不应小于 50mm。当桥梁处于受侵蚀的环境时，上述保护层厚度应增加 10mm。

后张法预应力混凝土构件的端部锚固区，在锚具下面应设置厚度不小于 16mm 的垫板或采用具有喇叭管的锚具垫板。锚垫板下应设间接钢筋，其体积配筋率 ρ_v 不应小于 0.5%。

3. 外形呈曲线形且布置有曲线预应力钢筋的构件

如图 12.1.3 所示，其曲线平面内管道的最小混凝土保护层厚度，应根据施加预应力时曲线预应力钢筋的张拉力，按下列公式计算

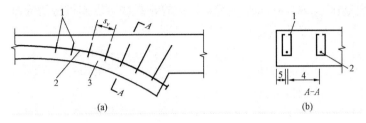

(a)　　　　　　　　　　　　(b)

图 12.1.3　预应力钢筋曲线管道保护层示意图
1—箍筋；2—预应力钢筋；3—曲线管道平面内保护层；4—曲线管道平面
外净距；5—曲线管道平面外保护层

（1）曲线平面内最小混凝土保护层厚度为

$$C_{in} \geqslant \frac{P_d}{0.266r\sqrt{f'_{cu}}} - \frac{d_s}{2} \qquad (12.1.4)$$

$$r = \frac{l}{2}\left(\frac{1}{4\beta} + \beta\right) \qquad (12.1.5)$$

式中　C_{in}——曲线平面内最小混凝土保护层厚度；

　　　P_d——预应力钢筋的张拉力设计值（N），可取扣除锚圈口摩擦、钢筋回缩及计算截面处管道摩擦损失后的张拉力乘以 1.2；

　　　r——管道曲线半径（mm）；

　　　f'_{cu}——预应力钢筋张拉时，边长为 150mm 的立方体混凝抗压强度（MPa）；

　　　d_s——管道外缘直径；

　　　l——曲线弦长（见图 12.1.4）；

　　　β——曲线矢高 f 与弦长 l 之比。

当按式（12.1.4）计算的保护层厚度较大时，也可按直线管道设置最小保护层厚度，但应在管道曲线段弯曲平面内设置箍筋。箍筋单肢的截面面积可按下列公式计算

$$A_{sv1} \geqslant \frac{P_d s_v}{2rf_{sv}} \qquad (12.1.6)$$

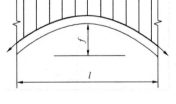

图 12.1.4　曲线梁

式中　A_{sv1}——箍筋单肢截面面积（mm²）；

　　　s_v——箍筋间距（mm）；

　　　f_{sv}——箍筋抗拉强度设计值 MPa。

（2）曲线平面外最小混凝土保护层厚度为

$$C_{out} \geqslant \frac{P_d}{0.266 6\pi r\sqrt{f'_{cu}}} - \frac{d_s}{2} \qquad (12.1.7)$$

式中　C_{out}——曲线平面外最小混凝土保护层厚度。

当按上述公式计算的保护层厚度小于各类环境下直线管道的保护层厚度时，应取相应环境条件下的直线管道保护层厚度。

四、预应力钢筋管道的设置

后张法预应力混凝土构件，其预应力钢筋管道的设置应符合下列规定。

（1）由钢管或橡胶管抽芯成型的直线管道，其净距不应小于 40mm，且不宜小于管道直径的 0.6 倍；对于预埋金属或塑料波纹管和铁皮管，在竖直方向可将两管道叠置。

（2）曲线形预应力钢筋管道在曲线平面内相邻管道间的最小净距（见图 12.1.3）应按式（12.1.4）计算，其中 P_d 和 r 分别为相邻两管道曲线半径较大的一根预应力钢筋的张拉力设计值和曲线半径，C_{in} 为相邻两曲线管道外缘在平面内的净距。当上述计算结果小于其相应直线管道净距时，应取用直线管道最小净距。

曲线形预应力钢筋管道在曲线平面外相邻管道间的最小净距（见图 12.1.3），应按式（12.1.7）计算，其中 C_{out} 为相邻两曲线管外缘在曲线平面外的净距。

（3）管道内径的截面面积不应小于预应力钢筋截面面积的两倍。

（4）按计算需要设置预拱度时，预留管道也应同时起拱。

五、非预应力筋布置

在预应力混凝土受弯构件中，除了预应力钢筋外，还需要配置各种形式的非预应力钢筋，如图 12.1.5 所示。

1. 箍筋

箍筋与弯起钢筋束同为预应力混凝土梁的腹筋，与混凝土共同承担着外荷载作用产生剪力。按抗剪要求来确定箍筋数量，且应符合下列构造要求：

（1）箍筋直径和间距。预应力混凝土 T 形、工字形截面梁和箱形截面梁腹板内应分别设置直径不小于 10mm 和 12mm 的箍筋，且应采用带肋钢筋，间距不应大于 250mm；自支座中心起长度不小于一倍梁高范围内，采用闭合箍筋，间距不应大于 100mm。

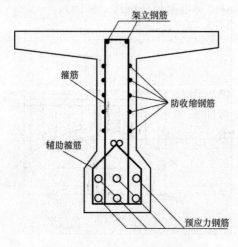

图 12.1.5　预应力混凝土 T
形截面梁的配筋（横断面）

（2）在 T 形、工字形截面梁下部的马蹄内，应另设直径不小于 8mm 的闭合箍筋，间距不应大于 200mm。此外，马蹄内尚应设直径不小于 12mm 的定位钢筋。

2. 其他辅助钢筋

在预应力混凝土梁中，除了主要受力钢筋外，还需设置一些辅助钢筋，以满足构造要求。

（1）架立钢筋。用以支承箍筋、固定箍筋间距、构成钢筋骨架。

（2）水平纵向钢筋。一般采用小直径钢筋，沿腹板两侧紧贴箍筋布置。

（3）局部加强钢筋。在集中力作用处（如锚具底面），需布置钢筋网或螺旋筋进行局部加固，以加强局部抗压和抗剪强度。

在先张法预应力混凝土构件中，预应力钢筋端部周围应采用以下局部加强措施：

（1）对于单根预应力钢筋，其端部设置长度不小于 150mm 的螺旋筋。

（2）对于多根预应力钢筋，在构件端部 10d（d 为预应力钢筋直径）范围内，设置 3～5 片钢筋网。

在后张法预应力混凝土构件中，预应力钢筋端部周围应采用以下局部加强措施：后张法预应力混凝土构件的端部锚固区，在锚具下面应设置厚度不小于 16mm 的垫板或采用具有喇叭管的锚具垫板。锚垫板下应设间接钢筋，其体积配筋率 ρ_v，不应小于 0.5%。

第二节　预应力混凝土简支梁设计计算示例

预应力混凝土受弯构件的设计计算步骤和钢筋混凝土受弯构件相类似。预应力混凝土梁截面设计的主要内容是：

（1）根据使用要求，参照已有设计等有关资料初步选定构件截面形式及确定截面尺寸；

（2）根据结构可能出现的荷载组合，计算控制截面最大设计内力（弯矩和剪力）；

（3）根据抗裂性要求，估算预应力钢筋数量，并进行合理布置；

（4）计算主梁截面几何特性；

（5）确定预应力钢筋的张拉控制应力，计算预应力损失及各阶段相应的有效预应力；

（6）进行正截面及斜截面承载力验算；

（7）进行施工阶段和使用阶段的应力验算；

（8）进行梁端部局部承压与传力锚固的设计计算；

（9）主梁反拱及挠度验算；

（10）绘制施工图。

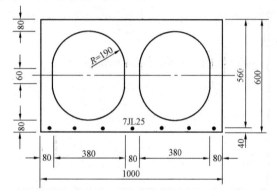

图 12.2.1　空心板截面形式（尺寸单位：mm）

例 12.2.1　某先张法施工预应力混凝土空心板，截面形式和尺寸如图 12.2.1 所示，混凝土强度等级为 C50，预应力钢筋采用精轧螺纹钢筋，7JL25（单控），$A_p = 3436\text{mm}^2$，$a_p = 40\text{mm}$，张拉控制应力 $\sigma_{con} = 700\text{MPa}$。板在 50m 台座上生产，预应力钢筋一端固定，一端张拉，采用一次张拉施工程序，并用螺栓端杆锚具锚固于台座，蒸汽养护。预应力钢筋与台座温差 $\Delta t = 20℃$。预应力钢筋待混凝土强度达到强度设计值 80% 后放松，加载龄期 $t = 10\text{d}$，板的使用环境为野外一般地区，相对湿度为 75%，板的内力见表 12.2.1。

表 12.2.1　　　　　　　　　　　　　　　板的内力

内力＼作用类别	板自重	后期恒荷载	汽车荷载	内力＼作用类别	板自重	后期恒荷载	汽车荷载
$M_{\frac{1}{2}}$ (kN·m)	147.7	180.9	171.8	V_0 (kN)	46.9	40.2	100.2

要求：按 A 类部分预应力混凝土构件进行以下计算：

（1）验算板的承载力；

（2）验算板在施工阶段和使用阶段的应力；

（3）抗裂验算。

解　（1）材料的力学性能。采用 C50 级混凝土；$f_{ck} = 32.4\text{MPa}$；$f_{1k} = 2.65\text{MPa}$；$f_{cd} = 22.4\text{MPa}$，$f_{td} = 1.83\text{MPa}$，$E_c = 3.45 \times 10^4 \text{MPa}$　精轧螺纹钢筋，FJL25（单控）；$f_{pk} = $

785MPa，$f_{pd}=650$MPa ，$E_p=2.0\times10^5$MPa，$A_p=3436$mm^2。

拟采用：箍筋为 R235 级钢筋，直径 10mm，肢数为 3，$f_{ad}=195$MPa，$E_s=2.1\times10^5$MPa；预应力钢筋与混凝土的弹性模量比值为

$$\alpha_{Ep}=\frac{E_p}{E_c}=\frac{2.0\times10^5}{3.45\times10^4}=5.797$$

（2）板的换算截面几何特征值。

1）换算截面面积。板的净截面面积

$$A_n=990\times600-2\times(\pi\times190^2+380\times60)=321\,692(\text{mm}^2)$$

板的换算截面面积

$$A_0=A_n+(\alpha_{Ep}-1)A_p=321\,692+(5.797-1)\times3436=338\,174.5(\text{mm}^2)$$

2）换算截面重心的位置。换算截面重心至截面中心的距离 c_0

$$c_0=\frac{A_nx_0+(\alpha_{Ep}-1)A_p\left(\frac{h}{2}-a_p\right)}{A_0}=\frac{0+(5.797-1)\times3436\times\left(\frac{600}{2}-40\right)}{338\,174.5}=12.67(\text{mm})$$

换算截面重心至板下边缘的距离

$$y_{0x}=\frac{h}{2}-c_0=\frac{600}{2}-12.67=287.33(\text{mm})$$

换算截面重心至板上边缘的距离

$$y_{0s}=h-y_{0x}=600-287.33=312.67(\text{mm})$$

预应力钢筋截面重心至换算截面重心的距离

$$y_p=y_{0x}-a_p=287.33-40=247.33(\text{mm})$$

3）换算截面惯性矩：

净截面对其重心轴的惯性矩

$$I_n=\frac{1}{12}\times990\times600^3-4\times\left[0.108\times190^4+\frac{1}{2}\pi\times190^2\times(0.424\,4\times190+30)^2\right]$$

$$-2\times\frac{1}{12}\times380\times60^3$$

$$=14.47\times10^9(\text{mm}^4)$$

换算截面对其重心轴（中性轴）的惯性矩

$$I_0=I_n+A_nc_0^2+(\alpha_{Ep}-1)A_py_p^2$$

$$=14.47\times10^9+321\,692\times12.67^2+(5.797-1)\times3436\times247.33$$

$$=14.53\times10^9(\text{mm})^4$$

4）换算截面抵抗矩。对板上边缘

$$W_{0s}=\frac{I_0}{y_{0s}}=\frac{14.53\times10^9}{312.67}=46.47\times10^6(\text{mm}^3)$$

对板下边缘

$$W_{0x}=\frac{I_0}{y_{0x}}=\frac{14.53\times10^9}{287.33}=50.57\times10^6(\text{mm}^3)$$

对预应力钢筋重心

$$W_{0p}=\frac{I_0}{y_p}=\frac{14.53\times10^9}{247.33}=58.75\times10^6(\text{mm}^3)$$

5）换算截面重心轴以上（或以下）部分对其重心轴的静矩

$$S_0 = 990 \times \frac{312.67^2}{2} - 2 \times \frac{1}{2}\pi \times 190^2 \times (0.424\,4 \times 190 + 42.67) - 2 \times 380 \times \frac{46.47^2}{2}$$

$$= 33\,594\,628.35(\text{mm}^3)$$

（3）验算板的正截面和料截面承载力。

1）正截面抗弯承载力计算。根据空心板净截面面积（$A_n = 321\,692\text{mm}$）和惯性矩（$I_n = 14.47 \times 10^9\,\text{mm}^4$）不变的原则，把空心板截面变换成工字形梁截面。

设工字形截面梁腹板宽度为 b，上、下翼缘厚度为 h_f（$= h'_f$），则截面面积为

$$A_n = 990 \times 600 - (990 - b)(600 - 2h'_f) = 321\,692(\text{mm}^2)$$

惯性矩

$$I_n = \frac{1}{12} \times 990 \times 600^3 - \frac{1}{12} \times (990 - b)(600 - 2h'_f)^3 = 14.47 \times 10^9(\text{mm}^4)$$

以上两式联立解得

$$\begin{cases} b = 281.3\text{mm} \\ h'_f = 107.89\text{mm} \end{cases}$$

因

$$f_{cd}b'_f h'_f = 22.4 \times 990 \times 107.89 = 2\,392\,568.64(\text{N})$$

$$f_{pd}A_p = 650 \times 3436 = 2\,233\,400(\text{N})$$

$$f_{pd}A_p < f_{cd}b'_f h'_f$$

属于第一种 T 形截面。故该截面可按宽度为 $b'_f = 990$（mm），高度为 $h = 600$（mm）的单筋矩形截面计算。

取 $a_p = 40\text{mm}$，则 $h_0 = h - a_p = 600 - 40 = 560$（mm）。由 $\sum H = 0$，得

$$f_{pd}A_p = f_{cd}b'_f x$$

则有

$$x = \frac{f_{pd}A_p}{f_{cd}b'_f} = \frac{650 \times 3436}{22.4 \times 990} = 100.7(\text{mm}) < h'_f = 107.89(\text{mm}) < \xi_b h_0$$

$$= 0.4 \times 560 = 224(\text{mm})$$

则空心板抗弯承载力为

$$M_u = f_{pd}A_p\left(h_0 - \frac{x}{2}\right) = 650 \times 3436 \times \left(560 - \frac{100.7}{2}\right) = 1\,138\,252\,310(\text{N} \cdot \text{mm})$$

空心板所承受的弯矩基本组合设计值为

$$M_d = 1.2 \times (147.7 + 180.9) + 1.4 \times 171.8 = 634.84(\text{kN} \cdot \text{m})$$

$$\gamma_0 M_d = 1 \times 634.84 = 634.84(\text{kN} \cdot \text{m}) < M_u = 1138.25(\text{kN} \cdot \text{m})$$

2）斜截面承载力计算。因剪应力最大值发生在空心板的中性轴上，为安全起见，在进行斜截面承载力计算时仍取 $b = 281.3$（mm）。

空心板支点截面所承受的剪力基本组合设计值为

$$V_d = 1.2(46.9 + 40.2) + 1.4 \times 100.2 = 244.8(\text{kN})$$

$$0.51 \times 10^{-3}\sqrt{f_{cu,k}}bh_0 = 0.51 \times 10^{-3} \times \sqrt{50} \times 281.3 \times 560$$

$$= 568.1(\text{kN}) > \gamma_0 V_d = 244.8(\text{kN})$$

这表明空心板的截面尺寸满足要求。

$$1.25 \times 0.5 \times 10^{-3}\alpha_2 f_{td}bh_0 = 1.25 \times 0.5 \times 10^{-3} \times 1.25 \times 1.83 \times 281.3 \times 560$$

$$= 225.22(\text{kN}) < \gamma_0 V_\text{d} = 244.8(\text{kN})$$

说明：上式中的第一项 1.25 是板式受弯构件承载力的提高系数。该式表明板尚应进行剪力钢筋的配置。

前面已拟定用箍筋为 R235 级钢筋，直径 10mm，箍筋总截面积为 $A_\text{sv} = 3 \times 78.5 = 235.5$（$\text{mm}^2$），间距：$s_\text{v} = 200(\text{mm})$，则有

$$\rho_\text{sv} = A_\text{sv}/s_\text{v}b = 235.5/200 \times 281.3 = 0.149\%$$

$$p = 100\rho = 100 \times \frac{3436}{281.3 \times 560} = 2.18$$

$$V_\text{cs} = \alpha_1 \alpha_2 \alpha_3 0.45 \times 10^{-3} bh_0 \sqrt{(2 + p)} \sqrt{f_\text{cu,k} \rho_\text{sv} f_\text{sv}}$$

$$= 1 \times 1.25 \times 1.1 \times 0.45 \times 10^{-3} \times 281.3 \times 560 \times \sqrt{(2 + 2.18) \sqrt{50} \times 0.004\ 19 \times 195}$$

$$= 426.11(\text{kN}) > \gamma_0 V_\text{d}$$

$$= 244.8(\text{kN})$$

这说明不需要再设置弯起钢筋。

从以上计算可以看出，空心板的正截面抗弯和斜截面抗剪承载力是足够的。

（4）张拉控制应力和预应力损失的计算。

1）张拉控制应力。预应力钢筋为精轧螺纹钢筋，张拉控制应力取用

$$\sigma_\text{con} = 700(\text{MPa}) < 0.9 f_\text{pk} = 0.9 \times 785 = 706.5(\text{MPa})$$

符合 JTG D62—2004 的要求。

2）预应力损失。

a. 锚具变形等引起的预应力损失 σ_{l2}。预应力钢筋利用张拉台座长线张拉，钢筋长为 50m，预应力钢筋锚固采用螺栓端杆锚具，其变形值 $\Sigma \Delta l = 1\text{mm}$，则

$$\sigma_{l2} = \frac{\Sigma \Delta l}{l} E_\text{p} = \frac{1}{50\ 000} \times 2 \times 10^5 = 4(\text{MPa})$$

b. 蒸汽养护温差引起的预应力损失 σ_{l3}。预应力钢筋与张拉台座间的温差 $t_2 - t_1 = 20℃$，则

$$\sigma_{l3} = 2(t_2 - t_1) = 2 \times 20 = 40(\text{MPa})$$

c. 混凝土弹性压缩引起的应力损失 σ_{l4}

$$\sigma_{l4} = \alpha_\text{Ep} \sigma_\text{pc}$$

$$\sigma_\text{pc} = \frac{N_\text{p0}}{A_0} + \frac{N_\text{p0} e_\text{p0}^2}{I_0}$$

$$N_\text{p0} = A_\text{p} \sigma_\text{p}^*$$

$$\sigma_\text{p}^* = \sigma_\text{con} - \sigma_{l2} - \sigma_{l3} - 0.5\sigma_{l5}$$

$$= 700 - 4 - 40 - 0.5 \times 35 = 638.5(\text{MPa})$$

$$N_\text{p0} = 3436 \times 638.5 = 2\ 193\ 886(\text{N})$$

$$\sigma_\text{pc} = \frac{2\ 193\ 886}{338\ 174.5} + \frac{2\ 193\ 886 \times 247.33^2}{13.41 \times 10^9} = 16.5(\text{MPa})$$

$$\sigma_{l4} = 5.797 \times 16.5 = 95.65(\text{MPa})$$

d. 钢筋松弛引起的预应力损失 σ_{l5}。预应力钢筋采用一次张拉施工程序，$\sigma_\text{con} = 700\text{MPa}$，则

$$\sigma_{l5} = 0.05\sigma_{con} = 0.05 \times 700 = 35(\text{MPa})$$

e. 混凝土收缩和徐变引起的预应力损失 σ_{l6}。受荷时混凝土龄期为 10d，板的换算截面面积为 338 174.5mm^2，与大气接触的周长为

$$u = 2 \times (990 + 600) + 4\pi \times 190 + 4 \times 60 = 5806.4(\text{mm})$$

构件理论厚度为

$$2A_0/u = 2 \times 338\ 174.5/5806.5 = 116.5(\text{mm}) < 200(\text{mm})$$

查表 10.2.4 得 $\varphi(t_u, t_0) = 2.17$，$\varepsilon_{cs}(t_u, t_0) = 0.27 \times 10^{-3}$，则

$$\rho = \frac{A_p}{A_0} = \frac{3436}{338\ 174.5} = 0.010\ 2$$

$$y_p = e_p = 247.33(\text{mm}), e_p^2 = 61\ 172.13(\text{mm}^2)$$

$$i^2 = \frac{I_0}{A_0} = \frac{13.41 \times 10^9}{338\ 174.5} = 39\ 654.08(\text{mm}^2)$$

$$\rho_{ps} = 1 + \frac{e_p^2}{i^2} = 1 + \frac{61\ 172.13}{39\ 654.08} = 2.543$$

预应力钢筋从张拉台座上放松时，预应力钢筋对板的偏心压力

$$N_{p0} = [\sigma_{con} - (\sigma_{l2} + \sigma_{l3} + 0.5\sigma_{l5})]A_p$$
$$= [700 - (4 + 40 + 0.5 \times 35)] \times 3436$$
$$= 2193.886(\text{kN})$$

预应力钢筋截面重心处由预压力 N_{p0} 产生的混凝土法向压应力 σ_{pc}

$$\sigma_{pc} = 16.5(\text{MPa})$$

则混凝土收缩和徐变引起预应力钢筋的预应力损失

$$\sigma_{l6} = \frac{0.9[E_p\varepsilon_{cs}(t_u, t_0) + \alpha_{Ep}\sigma_{pc}\varphi(t_u, t_0)]}{1 + 15\rho\rho_{ps}}$$
$$= 0.9 \times \frac{(2 \times 10^5 \times 0.27 \times 10^{-3} + 5.797 \times 16.5 \times 2.17)}{1 + 15 \times 0.010\ 2 \times 2.543} = 169.47(\text{MPa})$$

下面将上述各项预应力损失组合汇总。

对于预应力钢筋而言，第一批预应力损失为

$$\sigma_{lI} = \sigma_{l1} + \sigma_{l3} + \sigma_{l4} + 0.5\sigma_{l5}$$
$$= 4 + 40 + 95.65 + 0.5 \times 35 = 157.15(\text{MPa})$$

第二批顶应力损失为

$$\sigma_{lII} = 0.5\sigma_{l5} + \sigma_{l6} = 0.5 \times 35 + 169.47 = 186.97(\text{MPa})$$

两批预应力损失总和为　　$\sigma_l = \sigma_{lI} + \sigma_{lII}$
$$= 157.15 + 1865.97 = 344.12(\text{MPa})$$

（5）施工阶段和使用阶段的应力验算。

1）正应力验算。

a. 施工阶段。此阶段有效预拉力 $N_{p0} = 2\ 193.886\text{kN}$，施工阶段的弯矩值 $M_k = 147.7\text{kN}$。

板下边缘（预压区）压应力

$$\sigma_{cc}^t = \frac{N_{p0}}{A_0} + \frac{N_{p0}e_{p0}}{W_{0x}} - \frac{M_k}{W_{0x}}$$

$$= \frac{2\,193\,886}{338\,174.5} + \frac{2\,193\,886 \times 247.33}{50.57 \times 10^6} - \frac{147.7 \times 10^6}{50.57 \times 10^6}$$

$$= 14.30(\text{MPa}) < 0.7f'_{ck} = 0.7 \times 26.8 = 18.76(\text{MPa})$$

其中 f'_{ck} 为 $0.8f_{cu,k}=0.8\times50=40$ 所对应的混凝土抗压强度的标准值。

板上边缘（预拉区）拉应力

$$\sigma^l_{ct} = \frac{N_{p0}}{A_0} - \frac{N_{p0}e_{p0}}{W_{0s}} + \frac{M_k}{W_{0s}}$$

$$= \frac{2\,193\,886}{338\,174.5} - \frac{2\,193\,886 \times 247.33}{46.47 \times 10^6} + \frac{147.7 \times 10^6}{46.47 \times 10^6}$$

$$= -2.02(\text{MPa})(\text{负为拉应力})$$

$$|\sigma^t_{ct}| = 2.69 > 0.7f'_{tk} = 0.7 \times 2.4 = 1.68(\text{MPa})$$

$$< 1.15f'_{tk} = 1.15 \times 2.4 = 2.76(\text{MPa})$$

按 JTG D62—2004 规定：当 $0.7f'_{tk} < \sigma^t_{ct} < 1.15f'_{tk}$ 时，预拉区应配置 $\rho \geq 0.387\%$ 的纵向钢筋，且直径不宜大于 14mm。拟采用 9 Φ 14HRB335 级钢筋，$A'_s = 1385\text{mm}^2$，则

$$\rho = \frac{A'_s}{A_u} = \frac{1385}{321\,692} = 0.431\% > 0.387\%$$

满足要求。

b. 使用荷载作用阶段。该阶段有效预应力 σ_{p0} 为

$$\sigma_{p0} = \sigma_{con} - \sigma_l + \sigma_{l4} = 700 - 344.12 + 95.65 = 451.53(\text{MPa})$$

有效预加力 N_{p0} 为

$$N_{p0} = \sigma_{p0}A_p = 451.53 \times 3436 = 1\,551\,457.089(\text{N})$$

预加应力在受压区（上边缘）产生的混凝土法向拉应力为

$$\sigma_{pt} = \frac{N_{p0}}{A_0} - \frac{N_{p0}e_{p0}}{W_{0s}}$$

$$= \frac{1\,551\,457.08}{338\,174.5} - \frac{1\,551\,457.08 \times 247.33}{46.47 \times 10^6} = -3.63(\text{MPa})$$

在使用荷载作用阶段，板除了承受偏心预压应力 N_{p0}、板自重弯矩 M_{g1} 外，尚有后期恒荷载弯矩 M_{g2} 和汽车荷载产生的弯矩 M_q

$$M_k = M_{g1} + M_{g2} + M_q = 147.7 + 180.9 + 171.8 = 500.4(\text{kN} \cdot \text{m})$$

受压区混凝土法向压应力 σ_{kc} 为

$$\sigma_{kc} = \frac{M_k}{W_{0s}} = \frac{500.4 \times 10^6}{46.47 \times 10^6} = 10.77(\text{MPa})$$

受拉区混凝土法向拉应力 σ_{kt} 为

$$\sigma_{kt} = \frac{M_k}{W_{0x}} = \frac{500.4 \times 10^6}{50.27 \times 10^6} = 9.90(\text{MPa})$$

受压区混凝土的最大压应力为

$$\sigma_{kc} + \sigma_{kt} = 10.77 - 3.63 = 7.14(\text{MPa}) < 0.5f_{ck} = 0.5 \times 32.4 = 16.2(\text{MPa})$$

预应力钢筋的应力 σ_p 为

$$\sigma_p = \alpha_{Ep}\sigma_{kt} = 5.797 \times 9.90 = 57.39(\text{MPa})$$

此时钢筋内的永存预应力为

$$\sigma_{pe} = \sigma_{con} - \sigma_l = 700 - 344.12 = 355.88(\text{MPa})$$

则
$$\sigma_{pe} + \sigma_p = 355.88 + 57.39 = 413.27 (MPa)$$
$$< 0.8 f_{pk} = 0.8 \times 785 = 628 (MPa)$$

满足要求。

2）主应力验算。因为无竖向预应力钢筋，$\sigma_{cy} = 0$，则有

$$\begin{matrix} \sigma_{tp} \\ \sigma_{cp} \end{matrix} = \frac{\sigma_{cx}}{2} {}^{-}_{+} \sqrt{\left(\frac{\sigma_{cx}}{2}\right)^2 + \tau^2}$$

式中

$$\sigma_{cx} = \sigma_{kc} + \sigma_{pt} = 7.14 (MPa)$$

$$\tau = \frac{V_k S_0}{b I_0} = \frac{187.3 \times 33\ 594\ 628.35 \times 10^3}{281.3 \times 13.41 \times 10^9} = 1.67 (MPa)$$

$$(V_k = 46.9 + 40.2 + 100.2 = 187.3 kN)$$

$$\sigma_{tp} = \frac{7.14}{2} - \sqrt{\left(\frac{7.14}{2}\right)^2 + 1.67^2} = -0.371 (MPa) \quad (负为拉应力)$$

$$\sigma_{cp} = \frac{7.14}{2} + \sqrt{\left(\frac{7.14}{2}\right)^2 + 1.67^2} = 7.51 (MPa) \quad (正为拉应力)$$

$$\sigma_{tp} = 0.371 < 0.5 f_{tk} = 0.5 \times 2.65 = 1.325 (MPa)$$

$$\sigma_{cp} = 7.51 < 0.6 f_{ck} = 0.6 \times 32.4 = 19.44 (MPa)$$

满足要求。

（6）正截面和斜截面抗裂验算。

1）正截面抗裂验算。

a. 受弯构件由作用（或荷载）产生的截面边缘混凝土的法向拉应力。按作用（或荷载）短期效应组合计算的弯矩值 M_s 与剪力值 V_s

$$M_s = 147.7 + 180.9 + 0.7 \times 171.8 = 448.85 (kN \cdot m)$$
$$V_s = 46.9 + 40.2 + 0.7 \times 100.2 = 157.24 (kN)$$

按作用（荷载）长期效应组合计算的弯矩值 M_l 为

$$M_l = 147.7 + 180.9 + 0.4 \times 171.8 = 397.32 (kN \cdot m)$$

边缘混凝土的法向拉应力

$$\sigma_{st} = \frac{M_s}{W_{0x}} = \frac{448.85 \times 10^6}{50.57 \times 10^6} = 8.88 (MPa)$$

$$\sigma_{lt} = \frac{M_l}{W_{0x}} = \frac{397.32 \times 10^6}{50.57 \times 10^6} = 7.86 (MPa)$$

b. 扣除全部预应力损失后的预加应力在构件边缘产生的混凝土预压应力

$$\sigma_{pc} = \frac{N_p}{A_0} + \frac{N_p e_{p0}}{W_{0x}}$$

其中
$$N_p = \sigma_{p0} A_p = (\sigma_{con} - \sigma_l) A_p$$
$$= (700 - 344.12) \times 3436 = 1\ 222\ 803 \cdot 68 (N)$$
$$e_{p0} = y_p = 247.33 (mm)$$

则
$$\sigma_{pc} = \frac{1\ 222\ 803.68}{338\ 174.5} + \frac{1\ 222\ 803.68 \times 247.33}{50.57 \times 10^6} = 9.596 (MPa)$$

c. 抗裂要求

$$\sigma_{st} - \sigma_{pc} = 8.88 - 9.596 = -0.716(\text{MPa}) < 0.7f_{tk}$$
$$= 0.7 \times 2.65 = 1.855(\text{MPa})$$

负值说明预压应力大于使用荷载产生的拉应力

$$\sigma_{lt} - \sigma_{pc} = 7.86 - 9.596 = -1.736(\text{MPa}) < 0$$

满足 A 类构件的抗裂要求。

2）斜截面抗裂验算。由作用（或荷载）短期效应组合和预加应力产生的混凝土主拉应力 σ_{tp}

$$\sigma_{tp} = \frac{\sigma_{cx}}{2} - \sqrt{\left(\frac{\sigma_{cx}}{2}\right)^2 + \tau^2}$$

$$\sigma_{cx} = \sigma_{pc} + \frac{M_s}{W_{0x}} = 9.596 - 8.88 = 0.716\,(\text{MPa})$$

$$\tau = \frac{V_s S_0}{bI_0} = \frac{157.24 \times 10^3 \times 33\,594\,628.35}{281.3 \times 14.53 \times 10^9} = 1.292\,(\text{MPa})$$

则 $$\sigma_{tp} = \frac{0.716}{2} - \sqrt{\left(\frac{0.716}{2}\right)^2 + 1.292^2} = 0.358 - 1.341 = -0.98(\text{MPa})$$

负值说明是拉应力。

$$\sigma_{tp} = 0.98(\text{MPa}) < 0.7f_{tk} = 0.7 \times 2.65 = 1.855(\text{MPa})$$

满足斜截面的抗裂要求。

思 考 题

1. 常用的预应力混凝土构件截面形式有哪些？它们各有哪些特点？
2. 后张法预应力混凝土构件中，对预应力钢筋管道设置有哪些要求？
3. 对外形呈曲线形且布置有曲线预应力钢筋的构件，其曲线平面内、外管道的最小混凝土保护层厚度如何确定？
4. 怎样确定预应力钢筋起弯点？
5. 预应力混凝土构件中的非预应力钢筋有哪些？为什么还要非预应力钢筋？
6. 什么叫束界（索界）？束界（索界）是如何确定的？布置预应力筋束要考虑哪些问题？
7. 在先张法预应力混凝土构件中，预应力钢筋端部应采用哪些加强措施？
8. 预应力钢筋数量的估算方法有几种？

第十三章 圬工结构的基本概念与材料

第一节 概 述

采用胶结材料（砂浆、小石子混凝土等）将石料等块材连接成整体的结构物，称为石结构。JTG D62—2004 规定，由预制或整体浇筑的素混凝土、片石混凝土构成的结构物，称为混凝土结构。以上两种结构通常称为圬工结构，由于圬工材料的力学特点是抗压强度大，抗拉、抗剪性能较差，因此圬工结构在工程中常用作以承压为主的结构构件，如拱桥的拱圈、涵洞、桥梁的重力式墩台、扩大基础及重力式挡土墙等。

圬工结构常以砌体的形式出现。砌体是由不同尺寸和形状的石料及混凝土预制块通过砂浆等胶凝材料按一定的砌筑规则砌成，并满足构件设计尺寸和形状要求的受力整体。砌体中所使用的一定规格（尺寸、形状、强度等级等）的石料及混凝土预制块称为块材。

圬工结构之所以能够在桥涵工程和其他建筑工程中得到广泛的应用，重要的原因是其本身具有以下的优点：

（1）原材料分布广，易于就地取材，价格便宜；

（2）耐久性、耐腐蚀、耐污染等性能较好，材料性能比较稳定，维修养护工作量小；

（3）与钢筋混凝土结构相比，可节约水泥、钢材和木材；

（4）施工不需要特殊的设备，施工简便；

（5）具有较强的扰冲击性能和超载性能。

同时，圬工结构也存在一些明显的缺点，限制了其应用范围，例如：

（1）构件截面尺寸大，造成自重很大；

（2）机械化程度低，施工周期长，砌体工作主要依靠手工方式；

（3）砌体是靠砂浆的黏结作用将块材形成整体，砂浆和块材间的黏结力相对较弱，抗拉、抗弯、抗剪强度很低，抗震能力也差。

第二节 圬工结构的材料

一、石材

石材是天然岩石经过人工开采和加工后外形规则的建筑用材，广泛用于建造桥梁基础、墩台、挡土墙等。常用天然石料主要有花岗岩、石灰岩等，工程上依据石料的开采方法、形状、尺寸和表面粗糙程度的不同，分为下列几种：

（1）片石。砌块厚度不小于 150mm 的石材，砌筑时敲去其尖锐凸出部分，平稳放置，可用小石块填塞空隙。

（2）块石。形状大致方正，上下面大致平整，厚度为 200～300mm，宽度为厚度的 1.0～1.5 倍，长度为厚度的 1.5～3.0 倍。

（3）细料石。砌块厚度为 200～300mm 的石材，宽度为厚度的 1.0～1.5 倍，长度为厚度的 2.5～4.0 倍,表面凹陷深度不大于 10mm,是外形方正的六面体。

(4) 半细料石。砌块表面凹陷深度不大于 15mm,其他同细料石。

(5) 粗料石。砌块表面凹陷深度不大于 20mm,其他同细料石。

石材的强度等级,用 MU 表示,后面的数字是以边长为 70mm 的立方体试件在浸水饱和状态下的抗压极限强度,见表 13.2.1。抗压强度取 3 个试件破坏强度的平均值。当立方体试件的边长为其他尺寸时,应对其试验结果以相应的换算系数后方可作为石材的抗压强度,并确定其强度等级,见表 13.2.2。

表 13.2.1　　　　　　　　　　　　　　石材强度设计值　　　　　　　　　　　　　　MPa

类别	等级	MU120	MU100	MU80	MU600	MU50	MU40	MU30
轴心抗压 f_{cd}		31.78	26.49	21.19	15.89	13.24	10.59	7.95
弯曲抗拉 f_{tmd}		2.18	1.82	1.45	1.09	0.91	0.73	0.55

表 13.2.2　　　　　　　　　　　　　　石材强度换算系数

立方体长（mm）	200	150	100	70	50
换算系数	1.43	1.28	1.14	1.00	0.86

石材一般为就地取材,依据石料所耗加工量不同,以同样等级砂浆砌筑的五种石料,其砌体抗压极限强度,砌体表面美观程度都不相同。所以石料选择应根据当地情况、施工工期和美观要求确定,并满足抗冻性、抗侵蚀性和耐风化要求。

二、混凝土

混凝土预制块是根据使用及施工要求预先设计成一定形状及尺寸后浇制而成,其尺寸要求同细料石,且其表面应较为平整。混凝土预制块形状、尺寸统一,砌体表面整齐美观;采用混凝土预制块,节省砌缝砂浆,节省石料的开采加工工作,加快施工进度;对于形状复杂的材料,难以用石料加工时,更显混凝土预制块的优越性。混凝土块可提前预制,使其收缩尽早消失,避免构件开裂。

整体浇筑的素混凝土结构因结构内缩应力很大,受力不利,且浇筑时需消耗大量木材,工期长,花费劳动力多,质量也难控制,故较少采用。

桥涵工程中的大体积混凝土结构,如墩身、台身等,常采用片石混凝土结构,它是在混凝土中分层加入含量不超混凝土体积 20% 的片石,片石强度等级不低于 MU30,且不应低于混凝土强度等级。片石混凝土各项强度、弹性模量和剪变模量可按同强度等级的混凝土采用。

小石子混凝土是由胶凝材料(水泥)、粗骨料(细卵石或碎石,粒径不大于 20mm)、细粒料(砂)和水拌制而成。小石子混凝土比相同砂浆砌筑的片石,块石砌体抗压极限强度高 10%～30%,可以节约水泥和砂,在一定条件下是一种水泥砂浆的代用品。

混凝土强度设计值见表 13.2.3。

表 13.2.3　　　　　　　　　　　　　　混凝土强度设计值　　　　　　　　　　　　　　MPa

强度类别	强度等级	C40	C35	C30	C25	C20	C15
轴心抗压 f_{cd}		15.64	13.69	11.73	9.78	7.82	5.87

续表

强度等级 强度类别	C40	C35	C30	C25	C20	C15
弯曲抗拉 f_{tmd}	1.24	1.14	1.04	0.92	0.80	0.66
直接抗剪 f_{vd}	2.48	2.28	2.09	1.85	1.59	1.32

三、砂浆

砂浆是由胶结料（水泥，石灰和黏土等）、粒料（砂）及水拌制而成。砂浆在砌体中的作用是将砌体内的块材连接成整体，并可抹平块材表面而促使应力分布较为均匀。此外，砂浆填满块材间的缝隙，也提高了砌体的保温性和抗冻性。

砂浆按其胶结料的不同可分为水泥砂浆、混合砂浆（如水泥石灰砂浆）。

砂浆的强度等级用 M 表示，是指边长为 70.7mm×70.7mm×70.7mm 的砂浆立方体试块经 28d 的标准养护，按统一的标准试验方法测得的极限抗压强度表示，单位为 MPa，有 M5、M7.5、M10、M15、M20 等级别。

砂浆的和易性，是指砂浆在自身与外力作用下的流动性能，实际上反映了砂浆的可塑性。和易性好的砂浆不但操作方便，能提高劳动生产率，而且可以使砂浆缝饱满、均匀、密实，使砌体具有良好的质量。对于多孔及干燥的砖石，需要和易性较好的砂浆；对于潮湿及密实的砖石，和易性要求较低。

砂浆的保水性是指砂浆在运输和砌筑过程中保持其水分的能力，它直接影响砌体的砌筑质量。在砌筑时，块材将吸收一部分水分，当吸收的水分在一定范围内时，对于砌缝中的砂浆强度和密度是有良好影响的。但是，如果砂浆的保水性很差，新铺在块材面上的砂浆水分很快散失或被块材吸收，则使砂浆难以抹平，因而降低砌体的质量，同时砂浆因失去过多水分而不能进行正常的硬化作用，从而大大降低砌体的强度。因此在砌筑砌体前，对吸水性较大的干燥块材，必须洒水湿润其表面。

当提高水泥砂浆的强度时，其抗渗性有所提高，但和易性及保水性却有所下降。当砂浆中掺入塑化剂后，不但可以增加砂浆的和易性，提高砌筑劳动生产率，还可能提高砂浆的保水性，以保证砌筑质量。在砌体结构中，砂浆强度低于设计强度等级和强度离散性过大是经常发生的。其原因主要是配料计量不准、砂子含水率变化、掺入的塑性材料质量差、配合比不当，以及砂浆试块的制作、养护方法和强度取值等不符合规范的规定。

四、砌体种类

工程中根据选用块材的不同，常用的砌体可分为以下几类：

（1）片石砌体。片石砌体砌筑时，片石应平稳放置，交错排列且相互咬紧，避免过大空隙，并用小石块填塞空隙。片石应分层砌筑，以 2～3 层为一个工作层，各工作层的水平缝应大致找平，竖缝应相互错开。砌缝宽度一般不应大于 40mm，用小石子混凝土砌筑时，可为 30～70mm。

（2）块石砌体。块石应平砌，每层石料高度应大致相同，并错缝砌筑。砌缝宽度不宜过宽。一般水平缝不大于 30mm，竖缝不大于 40mm。上下层竖缝错开距离不小于 80mm。

（3）粗石料砌体。砌筑前应按石料厚度与砌缝宽度预先计算层数，选好面料。砌筑时面料应安放端正，保证砌缝平直。为保证强度要求和外表整齐、美观，砌缝宽度不大于

20mm，并应错缝砌筑，错缝距离不小于 100mm。

（4）半细料石砌体。砌缝宽度不大于 15mm，错缝砌筑，其他要求同粗料石砌。

（5）细料石砌体。砌缝宽度不大于 10mm，错缝砌筑，其他要求同粗料石砌。

（6）混凝土预制块砌体。砌筑要求同粗料石砌体。

上述砌体中，除片石砌体外，其余砌体统称为规则块石砌体。砌筑时，应遵循砌体的砌筑规则，以保证砌体的整体性和受力性能，使砌体的受力尽可能均匀、合理。如果石材或混凝土预制块排列分布不合理，使各层块材的竖向灰缝重合于几条垂直线上，就会将砌体分割成彼此或彼此无联系的几个部分，不仅不能有很好的承受外力，也削弱甚至破坏了结构物的整体工作性能；为使砌体构成一个受力整体，砌体中的竖向灰缝应上下错缝，内外搭砌。例如，砖砌体的砌筑多采用一顺一丁、梅花丁和二顺一丁砌法（见图 13.2.1）。

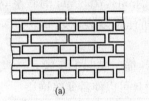 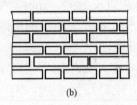 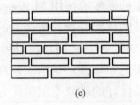

(a)　　　　　　　　　　　　(b)　　　　　　　　　　　　(c)

图 13.2.1　砌体的砌筑方法
(a) 一顺一丁；(b) 梅花丁；(c) 二顺一丁

在桥涵工程中，砌体种类的选用应根据结构构件的大小、重要程度、工作环境、施工条件及材料供应等情况综合考虑。考虑结构耐久性和经济性的要求，根据构造部位的重要性及尺寸大小不同，各种结构物所用的石、混凝土材料及其砂浆的最低强度等级，如表 13.2.4 所示。

表 13.2.4　　　　　　　　　　　　圬工材料的最低强度等级

结构物种类	材料最低强度等级	砌筑砂浆最低强度等级
拱圈	MU50 石材 C25 混凝土（现浇） C30 混凝土（砌块）	M10（大、中桥） M7.5（小桥涵）
大、中桥墩台及基础，梁式轻型桥台	MU40 石材 C25 混凝土（现浇） C30 混凝土（砌块）	M7.5
小桥涵墩台、基础	MU30 石材 C25 混凝土（现浇） C30 混凝土（砌块）	M5

砌体中的石材及混凝土材料，除应符合规定的强度要求外，还应耐风化、抗侵蚀。位于侵蚀性水中的结构物，配制砂浆或混凝土的水泥，应采用具有抗侵蚀性的特种水泥，或采用其他防护措施。对于累年最冷月平均气温等于或低于－10℃的地区，所选用的石材及混凝土还应符合抗冻性指标及规范相关规定。

第三节　砌体的强度与变形

一、砌体的抗压强度

1. 砌体中实际应力状态

砌体是由单块块材用砂浆黏结而成，因而它在承压上的受力状态与匀质的整体结构构件也有很大的差异。通过对中心受压砌体的试验，结果表明：砌体在受压破坏时，一个重要的特征是单块块材先开裂，这是由于砌缝厚度和密实性的不均匀性，以及块材与砂浆交互作用等原因，致使块材受力复杂，抗压强度不能充分发挥，导致砌体的抗压强度低于块材的抗压强度。通过试验观测和分析，在砌体的单块块材内产生复杂应力状态的原因是：

（1）砂浆层的非均匀性。由于砂浆铺砌不均匀，有厚有薄，使块材不能均匀地压在砂浆层上，而且由于砂浆层各部分成分不均匀，砂子多的地方收缩小，从而凝固后砂浆表面出现凹凸不平，再加上块材表面不平整，因而实际上块材和砂浆并非全面接触。所以，块材在砌体受压时实际上处于受弯、受剪与局部受压的复杂应力状态（见图 13.3.1）。

（2）块材和砂浆横向变形差异。一般情况下，块材的横向变形小，而砂浆的横向变形大，但是，在砌体中的块材和砂浆间的黏结力及摩擦阻力约束了它们彼此的横向自由变形，这样，块材因砂浆的影响而增大了横向变形，会受到横向拉力作用；砂浆因块材的影响又使其横向变形减小，而处于三向受压状态。

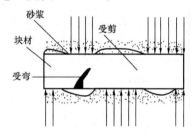

图 13.3.1　块材在砌体
受压时的应力状态

综上所述，在均匀压力作用下，砌体内的砌块并不处于均匀受压状态，而是处于压缩、局部受压、弯曲、剪切和横向拉伸的复杂受力状态。由于块材的抗弯、抗拉强度很低，所以砌体在远小于块材的极限抗压强度时就出现了裂缝，裂缝的扩展损害了砌体的整体工作，以致在荷载作用下发生侧向凸出而破坏。因此，砌体的抗压强度总是低于块材的抗压强度。这是砌体受压性能不同于其他建筑材料受压性能的基本点。

2. 影响砌体抗压强度的主要因素

（1）块材的强度、尺寸和形状的影响。块材是砌体的主要组成部分，在砌体中处于复杂的受力状态，因此，块材的强度对砌体强度起主要作用。

增加块材厚度的同时，其截面面积和抵抗矩相应加大，提高了块材的抗弯、抗剪、抗拉的能力，砌体强度也增大。

块材的形状规则与否也直接影响砌体的抗压强度。因为块材表面不平整，也使砌体灰缝厚薄不均，从而降低砌体的抗压强度。

（2）砂浆的物理力学性能。除砂浆的强度直接影响砌体的抗压强度外，砂浆等级过低将加大块材和砂浆的横向差异，从而降低砌体强度。但应注意，单纯提高砂浆等级并不能使砌体抗压强度有多大的提高。

砂浆的和易性和保水性对砌体强度也有影响。和易性好的砂浆较易铺砌成饱满、均匀、密实的灰缝，可以减小块材内的复杂应力，使砌体强度提高。砂浆内水分过多，和易性好，但由于砌缝的密实性降低，砌体强度反而降低。因此，作为砂浆和易性指标的标准圆锥沉入度，对片石、块石砌体，控制在 50～70mm；对粗料面及砖砌体，控制在 70～100mm。

（3）砌筑质量的影响。砌筑质量的标志之一是灰缝的质量，包括灰缝的均匀性和饱满程度。砂浆铺砌得均匀、饱满，可以改善块材在砌体内的受力性能，使之比较均匀地受压，提高砌体抗压强度；反之，则将降低砌体强度。

（4）砌缝厚度。砂浆水平砌缝越厚，砌体强度越低。灰缝过厚过薄都难以均匀密实；灰缝过厚还将增加砌体的横向变形。

3. 砌体抗压强度设计值

（1）混凝土预制块砂浆砌体抗压强度设计值 f_{cd} 按表 13.3.1 的规定取值。

表 13.3.1　　　　　　混凝土预制块砂浆砌体抗压强度设计值 f_{cd}　　　　　MPa

砌块强度等级	砂浆强度等级					砂浆强度
	M20	M15	M10	M7.5	M5	0
C40	8.25	7.04	5.84	5.24	4.64	2.06
C35	7.71	6.59	5.47	4.90	4.34	1.93
C30	7.14	6.10	5.06	4.54	4.02	1.79
C25	6.52	5.57	4.62	4.14	3.67	1.63
C20	5.83	4.98	4.13	3.70	3.28	1.46
C15	5.05	4.31	3.58	3.21	2.84	1.26

（2）块石砂浆砌体抗压强度设计值 f_{cd} 按表 13.3.2 的规定取值。

表 13.3.2　　　　　　　块石砂浆砌体抗压强度设计值 f_{cd}　　　　　　MPa

砌块强度等级	砂浆强度等级					砂浆强度
	M20	M15	M10	M7.5	M5	0
MU120	8.42	7.19	5.96	5.35	4.73	2.10
MU100	7.68	6.56	5.44	4.88	4.32	1.92
MU80	6.87	5.87	4.87	4.37	3.86	1.72
MU60	5.95	5.08	4.22	3.78	3.35	1.49
MU50	5.43	4.64	3.85	3.45	3.05	1.36
MU40	4.86	4.15	3.44	3.09	2.73	1.21
MU30	4.21	3.59	2.98	2.67	2.37	1.05

注　对各类石砌体，应按表中数值分别乘以下列系数：细料石砌体 1.5；半细料石砌体 1.3；粗料石砌体 1.2；干砌块石砌体可采用砂浆强度为零时的抗压强度设计值。

（3）片石砂浆砌体抗压强度设计值 f_{cd} 按表 13.3.3 的规定取值。

表 13.3.3　　　　　　　片石砂浆砌体抗压强度设计值 f_{cd}　　　　　　MPa

砌块强度等级	砂浆强度等级					砂浆强度
	M20	M15	M10	M7.5	M5	0
MU120	1.97	1.68	1.39	1.25	1.11	0.33
MU100	1.80	1.54	1.27	1.14	1.01	0.30

砌块强度等级	砂浆强度等级					砂浆强度
	M20	M15	M10	M7.5	M5	0
MU80	1.61	1.37	1.14	1.02	0.90	0.27
MU60	1.39	1.19	0.99	0.88	0.78	0.23
MU50	1.27	1.09	0.90	0.81	0.71	0.21
MU40	1.14	0.97	0.81	0.72	0.64	0.19
MU30	0.98	0.84	0.70	0.63	0.55	0.16

注 干砌片石砌体可采用砂浆强度为零时的抗压强度设计值。

二、砌体的抗拉、抗弯与抗剪强度

圬工砌体多用于承受以压力为主的承压结构中。但在实际工程中，砌体也常常处于受拉、受弯或受剪状态。图 13.3.2 (a) 所示挡土墙，在墙后土的侧压力作用下，使挡土墙砌体发生沿通缝截面 1-1 的弯曲受拉；图 13.3.2 (b) 所示有扶壁的挡土墙，在垂直截面中将发生沿齿缝截面 2-2 的弯曲受拉；图 13.3.2 (c) 所示的拱脚附近，由于水平推力的作用，将发生沿通缝截面 3-3 的受剪。

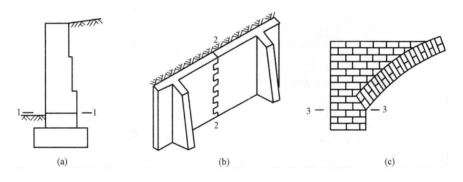

(a)　　　　　　　　　(b)　　　　　　　　　(c)

图 13.3.2　砌体中常见的几种受力情况

在大多数情况下，砌体的受拉、受弯及受剪破坏一般均发生在砂浆与块材的黏结面上，此时，砌体的抗拉、抗弯与抗剪强度将取决于砌缝的宽度，也取决于砌缝中砂浆与块材的黏结强度。根据砌体受力方向的不同，黏结强度分为作用力垂直于砌缝时的法向黏结力和平行于砌缝时的切向黏结力，在正常情况下，黏结强度值与砂浆的强度等级有关。

按照外力作用于砌体的方向，砌体的抗拉、弯曲抗拉和抗剪破坏情况简述如下。

(1) 轴心受拉。在平行于水平灰缝的轴心拉力作用下，砌体可能沿齿缝截面发生破坏，如图 13.3.3 (a) 所示，其强度主要取决于灰缝的法向及切向黏结强度。砌体也可能沿竖向砌缝和块材破坏，如图 13.3.3 (b) 所示，其强度主要取决于块材的抗拉强度。当拉力作用方向与水平灰缝垂直时，砌体可能沿截面发生破坏，如图 13.3.3 (c) 所示，其强度主要取决于灰缝的法向黏结强度。由于法向黏结强度不易保证，工程中一般不容许采用利用法向黏结强度的轴心受拉构件。

(2) 弯曲受拉。如图 13.3.2 (a) 所示，砌体可能沿 1-1 通缝截面发生破坏，其强度主要取决于灰缝的法向黏结强度。如图 13.3.2 (b) 所示，砌体可能沿 2-2 齿缝截面发生破坏，其强度主要取决于灰缝的切向黏结强度。

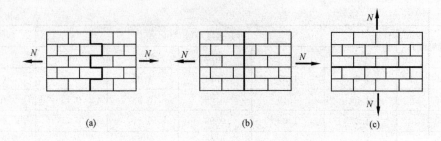

图 13.3.3　轴心受拉砌体的破坏形式

（3）受剪。砌体可能发生如图 13.3.4（a）所示的通缝截面受剪破坏，其强度主要取决于灰缝的黏结强度。

砌体在发生如图 13.3.4（b）所示的齿缝截面破坏时，其抗剪强度与块材的抗剪强度及砂浆的切向黏结强度有关，随砌体种类不同而不同。片石砌体齿缝抗剪强度采用通缝抗剪强度的两倍（见表 13.3.4）。规则块材砌体的齿缝抗剪强度，取决于块材的直接抗剪强度，不计灰缝的抗剪强度（见表 13.3.4）。

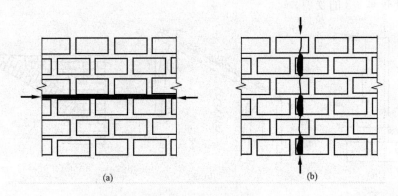

图 13.3.4　剪切破坏位置

试验资料表明，砌体齿缝破坏情况下的抗剪、抗拉及弯曲抗拉强度比通缝破坏时要高，因此，采用错缝砌筑的措施，其目的就是要尽可能避免砌体受拉、受剪时处于不利的通缝破坏情况，从而提高砌体的抗剪和抗拉能力。

JTG D62—2004 规定的各类砂浆砌体的轴心抗拉强度设计值、弯曲抗拉强度设计值和直接抗剪强度设计值按表 13.3.4 的规定取值。

表 13.3.4　　　　　　砂浆砌体轴心抗拉、弯曲抗拉和直接抗剪强度设计值　　　　　　MPa

强度类别	破坏特征	砌体种类	砂浆强度等级				
			M20	M15	M10	M7.5	M5
轴心抗拉 f_{td}	齿缝	规则砌块砌体	0.104	0.090	0.073	0.063	0.052
		片石砌体	0.096	0.083	0.068	0.059	0.048
弯曲抗拉 f_{tmd}	齿缝	规则砌块砌体	0.122	0.105	0.086	0.074	0.061
		片石砌体	0.145	0.125	0.102	0.089	0.072
	通缝	规则砌块砌体	0.084	0.073	0.059	0.051	0.042

续表

强度类别	破坏特征	砌体种类	砂浆强度等级				
			M20	M15	M10	M7.5	M5
直接抗剪 f_{vd}	—	规则砌块砌体	0.104	0.090	0.073	0.063	0.052
		片石砌体	0.241	0.208	0.170	0.147	0.120

注　1. 砌体龄期为 28d。
　　2. 规则砌块砌体包括块石砌体、粗料石砌体、半细料石砌体、细料石砌体、混凝土预制块砌体。
　　3. 规则砌块砌体在齿缝方向受剪时，是通过砌块和灰缝剪破。

小石子混凝土砌块石、片石砌体强度设计值，分别按表 13.3.5 和表 13.3.6 及表 13.3.7 取值。

表 13.3.5　　　　　小石子混凝土砌块石砌体轴心抗压强度设计值 f_{cd}　　　　　MPa

石材强度等级	小石子混凝土强度等级					
	C40	C35	C30	C25	C20	C15
MU120	13.86	12.69	11.49	10.25	8.95	7.59
MU100	12.65	11.59	10.49	9.35	8.17	6.93
MU80	11.32	10.36	9.38	8.37	7.31	6.19
MU60	9.80	9.98	8.12	7.24	6.33	5.36
MU50	8.95	8.19	7.42	6.61	5.78	4.90
MU40	—	—	6.63	5.92	5.17	4.38
MU30	—	—	—	—	4.48	3.79

注　砌块为粗料石时，轴心抗压强度为表值乘 1.2；砌块为细料石、半细料石时，轴心抗压强度为表值乘 1.4。

表 13.3.6　　　　　小石子混凝土砌片石砌体轴心抗压强度设计值 f_{cd}　　　　　MPa

石材强度等级	小石子混凝土强度等级			
	C30	C25	C20	C15
MU120	6.94	6.51	5.99	5.36
MU100	5.30	5.00	4.63	4.17
MU80	3.94	3.74	3.49	3.17
MU60	3.23	3.09	2.91	2.67
MU50	2.88	2.77	2.62	2.43
MU40	2.50	2.42	2.31	2.16
MU30	—	—	1.95	1.85

表 13.3.7　　小石子混凝土砌块石、片石砌体的轴心抗拉、弯曲抗拉和直接抗剪强度设计值 MPa

强度类别	破坏特征	砌体种类	小石子混凝土强度等级					
			C40	C35	C30	C25	C20	C15
轴心抗拉 f_{td}	齿缝	块石砌体	0.285	0.267	0.247	0.266	0.202	0.175
		片石砌体	0.425	0.398	0.368	0.336	0.301	0.260

强度类别	破坏特征	砌体种类	小石子混凝土强度等级					
			C40	C35	C30	C25	C20	C15
弯曲抗拉 f_{tmd}	齿缝	块石砌体	0.335	0.313	0.290	0.265	0.237	0.205
		片石砌体	0.493	0.461	0.427	0.387	0.349	0.300
	通缝	块石砌体	0.232	0.217	0.201	0.183	0.164	0.142
直接抗剪 f_{vd}	—	块石砌体	0.285	0.267	0.247	0.226	0.202	0.175
		片石砌体	0.425	0.398	0.368	0.336	0.301	0.260

注 其他规则砌块砌体强度值为表内块石砌体值乘以下列系数：粗料石砌体 0.7；细料石、半细料石砌体 0.35。

三、圬工砌体的温度变形与弹性模量

（1）圬工砌体的温度变形。圬工砌体的温度变形在计算超静定结构温度变化所引起的附加内力时应予考虑。温度变形的大小是随砌筑块材与砂浆的不同而不同。设计中，把温度每升高 1℃，单位长度砌体的线性伸长称为该砌体的温度膨胀系数，又称线膨胀系数。用水泥砂浆砌筑的圬工砌体的膨胀系数见表 13.3.8。

表 13.3.8   **圬工砌体的线膨胀系数**

砌体种类	线膨胀系数（10^{-6}/℃）
混凝土	10
混凝土预制块砌体	9
细料石、半细料石、粗料石、块石、片石砌体	8

（2）圬工砌体的弹性模量。试验表明，圬工砌体为弹性塑性体。圬工砌体在受压时，应力与应变之间的关系不符合虎克定律，砌体的变形模量 $E = d\sigma/d\varepsilon$，是一个变量。JTG D61—2005 规定混凝土及各类砌体的受压弹性模量，分别按表 13.3.9、表 13.3.10 的规定取值。混凝土和砌体的剪变模量 G_c 和 G_m，分别取其受压弹性模量的 0.4 倍。

表 13.3.9   **混凝土的受压弹性模量 E_c**   MPa

混凝土强度等级	C40	C35	C30	C25	C20	C15
弹性模量	3.25×10^4	3.15×10^4	3.00×10^4	2.80×10^4	2.55×10^4	2.20×10^4

表 13.3.10   **各类砌体受压弹性模量 E_m**   MPa

砌体种类	砂浆强度等级				
	M20	M15	M10	M7.5	M5
混凝土预制块砌体	$1700f_{cd}$	$1700f_{cd}$	$1700f_{cd}$	$1600f_{cd}$	$1500f_{cd}$
粗料石、块石及片石砌体	7300	7300	7300	5650	4000
细料石、半细料石砌体	22 000	22 000	22 000	17 000	12 000
小石子混凝土砌体	$2100f_{cd}$				

注 f_{cd} 为砌体抗压强度设计值。

（3）圬工砌体间或与其他材料间的摩擦系数 μ_f。圬工砌体之间或与其他材料间的摩擦系数 μ_f 按表 13.3.11 的规定取值。

表 13.3.11 砌体的摩擦系数

材料类别	摩擦面情况	
	干燥的	潮湿的
砌体沿砌体或混凝土滑动	0.70	0.60
木材沿砌体滑动	0.60	0.50
钢沿砌体滑动	0.45	0.35
砌体沿砂或卵石滑动	0.60	0.50
砌体沿砂质黏土滑动	0.55	0.40
砌体沿黏土滑动	0.50	0.30

第四节 圬工结构的承载力计算

一、设计原则

JTG D61—2005 中，对圬工结构的设计采用以概率理论为基础的极限状态设计方法，以可靠指标度量结构构件的可靠度，采用分项系数的设计表达式进行计算。圬工桥涵结构应按承载能力极限状态设计，并满足正常使用极限状态的要求。但根据圬工桥涵结构的特点，其正常使用极限状态的要求，一般情况下可采取相应的构造措施来保证。

圬工结构的设计原则是：作用效应组合的设计值小于或等于结构构件承载力的设计值。

圬工桥涵结构的承载能力极限状态分为三个安全等级进行设计。其表达式为

$$\gamma_0 S \leqslant R(f_d, a_d) \tag{13.4.1}$$

式中 γ_0 ——结构重要性系数，对应一、二、三级设计安全等级分别取 1.1、1.0、0.9；

S ——作用效应组合设计值，按 JTG D60—2004 的规定计算；

$R(f_d, a_d)$ ——构件承载力设计值函数；

f_d ——材料强度设计值；

a_d ——几何参数设计值，可采用几何参数标准值 a_k，即设计文件规定值。

二、圬工受压构件正截面承载力计算

1. 偏心距在限值内的圬工受压构件轴向承载力计算

（1）砌体受压构件。砌体（包括砌体与混凝土组合）受压构件，当轴向力偏心距在限值以内时，承载力按下式计算

$$\gamma_0 N_d < \varphi A f_{cd} \tag{13.4.2}$$

式中 N_d ——轴向力设计值；

A ——构件截面面积，对于组合截面按强度比换算，即 $A = A_0 + \eta_1 A_1 + \eta_2 A_2 + \cdots$，$A_0$ 为标准层截面面积，A_1、A_2 为其他层截面面积，$\eta_1 = f_{c1d}/f_{c0d}$、$\eta_2 = f_{c2d}/f_{c0d}$、$\cdots$，f_{c0d} 为标准层轴心抗压强度设计值，f_{c1d}、$f_{c2d}\cdots$ 为其他层的轴心抗压强度设计值；

f_{cd} ——砌体或混凝土轴心抗压强度设计值，按表 13.3.1～表 13.3.6 规定取值；对组合截面应采用标准层轴心抗压强度设计值；

φ——构件轴向力的偏心距 e 和长细比 β 对受压构件承载力的影响系数，按式
（13.4.3）～式（13.4.5）计算，即

$$\varphi = \cfrac{1}{\cfrac{1}{\varphi_x} + \cfrac{1}{\varphi_y} - 1} \tag{13.4.3}$$

$$\varphi_x = \cfrac{1 - \left(\cfrac{e_x}{x}\right)^m}{1 + \left(\cfrac{e_x}{i_y}\right)^2} \cdot \cfrac{1}{1 + \alpha\beta_x(\beta_x - 3)\left[1 + 1.33\left(\cfrac{e_x}{i_y}\right)^2\right]} \tag{13.4.4}$$

$$\varphi_y = \cfrac{1 - \left(\cfrac{e_y}{y}\right)^m}{1 + \left(\cfrac{e_y}{i_x}\right)^2} \cdot \cfrac{1}{1 + \alpha\beta_y(\beta_y - 3)\left[1 + 1.33\left(\cfrac{e_y}{i_x}\right)^2\right]} \tag{13.4.5}$$

式中　φ_x、φ_y——x、y 方向偏心受压构件承载力影响系数；

　　　x、y——x、y 方向截面重心至偏心方向截面边缘的距离，见图 13.4.1；

　　　e_x、e_y——轴向力在 x、y 方向的偏心距，$e_x = M_{yd}/N_d$、$e_y = M_{xd}/N_d$，其值不应超过图 13.4.1 所示在 x、y 方向的规定值，其中 M_{yd}、M_{xd} 分别为绕 x、y 轴的弯矩设计值，N_d 为轴向力设计值，见图 13.4.1；

　　　m——形状数，对于圆形截面取 2.5，对于 T 形或 U 形截面取 3.5，对于箱形截面或矩形截面（包括两端设有曲线形或圆弧形的矩形墩身截面）取 8.0；

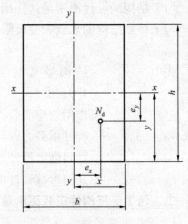

　　　i_x、i_y——弯曲平面内的截面回转半径，$i_x = \sqrt{I_x/A}$、$i_y = \sqrt{I_y/A}$，I_x、I_y 分别为截面绕 x、y 轴的惯性矩，A 为截面面积，对于组合截面，A、I_x、I_y 应按弹性模比换算，即

$$A = A_0 + \psi_1 A_1 + \psi_2 A_2 + \cdots$$
$$I_x = I_{0x} + \psi_1 I_{1x} + \psi_2 I_{2x} + \cdots$$
$$I_y = I_{0y} + \psi_1 I_{1y} + \psi_2 I_{2y} + \cdots$$

图 13.4.1　砌体构件偏心受压

其中，A_0 为标准层截面面积；A_1、A_2…为其他层截面面积；I_{0x}、I_{0y} 为绕 x、y 轴的标准层惯性矩；I_{1x}、I_{2x}、…和 I_{1y}、I_{2y}、…为绕 x、y 轴的其他层惯性矩；$\psi_1 = E_1/E_0$、$\psi_2 = E_2/E_0$、…，E_0 为标准层弹性模量；E_1、E_2、…为其他层的弹性模量；对于矩形截面，$i_y = b/\sqrt{12}$，$i_x = h/\sqrt{12}$，b、h 见图 13.4.1；

　　　α——与砂浆强度等级有关的系数，当砂浆强度等级大于或等于 M5 或为组合构件时，α 为 0.002，当砂浆强度为 0 时，α 为 0.013；

　　　β_x、β_y——构件在 x、y 方向的长细比，按式 13.4.6 计算，当 β_x、β_y 小于 3 时取 3。

计算砌体偏心受压构件承载力的影响系数时，构件长细比按下列公式计算

$$\beta_x = \frac{\gamma_\beta l_0}{3.5 i_y}$$

$$\beta_y = \frac{\gamma_\beta l_0}{3.5 i_x}$$

(13.4.6)

式中　γ_β——不同砌体材料构件的长细比修正系数，按表 13.4.1 的规定取值；

l_0——构件计算长度，按表 13.4.2、表 13.4.3 的规定取值，拱圈纵向（弯曲平面内）计算长度 l_0，三铰拱为 $0.58 L_a$、双铰拱为 $0.54 L_a$、无铰拱为 $0.36 L_a$，L_a 为拱轴线长度。

表 13.4.1　　　　　　　　　　长细比修正系数

砌体材料类别	γ_3
混凝土预制块砌体或组合构件	1.0
细料石、半细料石砌体	1.1
粗料石、块石、片石砌体	1.3

表 13.4.2　　　　　　　　　　构件计算长度

构件及其两端约束情况		计算长度 l_0
直杆	两端固结	$0.5l$
	一端固定，另一端为不移动的铰	$0.7l$
	两端均为不移动的铰	$1.0l$
	一端固定，另一端自由	$2.0l$

表 13.4.3　　　　　　　　无铰板拱横向稳定计算长度

矢跨比 f/l	1/3	1/4	1/5	1/6	1/7	1/8	1/9	1/10
计算长度 l_0	$1.167r$	$0.962r$	$0.797r$	$0.577r$	$0.495r$	$0.452r$	$0.425r$	$0.406r$

注　r 为圆曲线半径，当为其他曲线时，可近似地取 $r=\frac{l}{2}\left(\frac{1}{4\beta}+\beta\right)$，其中 β 为矢跨比。

例 13.4.1　已知一截面为 $400\text{mm} \times 500\text{mm}$ 的轴心受压构件，采用 MU30 片石，M7.5 水泥砂浆砌筑，柱高 5m，两端铰支，该柱承受计算纵向力为 45kN。安全等级为二级。试验算其承载力。

解　由题可知，$\alpha = 0.002$，$\gamma_\beta = 1.3$，$\gamma_0 = 1.0$，$l_0 = 5000\text{mm}$，$e_x = e_y = 0$，$A = 200\,000\text{mm}^2$；查表 13.3.3，$f_{cd} = 0.63\text{MPa}$，$i_x = h/\sqrt{12} = 144.34$，$i_y = b/\sqrt{12} = 115.47$，由式 (13.4.6) 得

$$\beta_x = \frac{\gamma_\beta l_0}{3.5 i_y} = \frac{1.3 \times 5000}{3.5 \times 115.47} = 16.08$$

$$\beta_y = \frac{\gamma_\beta l_0}{3.5 i_x} = \frac{1.3 \times 5000}{3.5 \times 144.34} = 12.87$$

由式 (13.4.4) 得

$$\varphi_x = \frac{1 - \left(\frac{e_x}{x}\right)^m}{1 + \left(\frac{e_x}{i_y}\right)^2} \cdot \frac{1}{1 + \alpha \beta_x (\beta_x - 3)\left[1 + 1.33\left(\frac{e_x}{i_y}\right)^2\right]}$$

$$= \frac{1}{1 + 0.002 \times 16.08(16.08 - 3)\left[1 + 1.33\left(\frac{0}{115.47}\right)^2\right]} = 0.51$$

由式（13.4.5）得

$$\varphi_y = \frac{1 - \left(\dfrac{e_y}{y}\right)^m}{1 + \left(\dfrac{e_y}{i_x}\right)^2} \cdot \frac{1}{1 + \alpha\beta_y(\beta_y - 3)\left[1 + 1.33\left(\dfrac{e_y}{i_x}\right)^2\right]}$$

$$= \frac{1}{1 + 0.002 \times 12.87(12.87 - 3)\left[1 + 1.33\left(\dfrac{0}{144.34}\right)^2\right]} = 0.63$$

由式（13.4.3）得

$$\varphi = \frac{1}{\dfrac{1}{\varphi_x} + \dfrac{1}{\varphi_y} - 1} = \frac{1}{\dfrac{1}{0.51} + \dfrac{1}{0.63} - 1} = 0.39$$

$$N_u = \varphi A f_{cd} = 0.39 \times 200\,000 \times 0.63 = 49.14\text{kN} > \gamma_0 N_d(45\text{kN})$$

承载力满足要求。

（2）混凝土受压构件。混凝土偏心受压构件，在表 13.4.4 规定的受压偏心距限值范围内，当按受压承载力计算时，假定受压区的法向应力图形为矩形，其应力取混凝土抗压强度设计值，此时，取轴向力作用点与受压区法向应力的合力作用点相重合的原则（见图13.4.3）确定受压区面积 A_c。受压承载力应按下列公式计算

$$\gamma_0 N_d \leqslant \varphi A_c f_{cd} \tag{13.4.7}$$

表 13.4.4　　　　　　　　　　　**受压构件偏心距限值**

作用组合	偏心距限值 e
基本组合	$\leqslant 0.6s$
偶然组合	$\leqslant 0.7s$

注　1. 混凝土结构单向偏心的受拉一边或双向偏心的各受拉一边，当设有不小于截面面积 0.05% 的纵向钢筋时，表内规定值可增加 0.1s。

　　2. 表中，s 值为截面或换算截面重心轴至偏心方向截面边缘的距离（见图 13.4.2）。

1）单向偏心受压。受压区高度 h 应按下列条件确定［见图 13.4.3（a）］

$$e_c = e \tag{13.4.8}$$

矩形截面的受压承载力可按下列公式计算

$$\gamma_0 N_d \leqslant \varphi f_{cd} b(h - 2e) \tag{13.4.9}$$

式中　N_d——轴向力设计值；

　　　φ——弯曲平面内轴心受压构件弯曲系数，按表 13.4.5 采用；

　　　f_{cd}——混凝土轴心抗压强度设计值；

　　　A_c——混凝土受压区面积；

　　　e_c——受压区混凝土法向应力合力作用点至截面重心的距离；

　　　e——轴向力的偏心距；

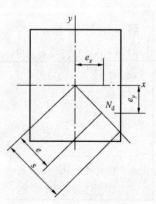

图 13.4.2　受压构件偏心距
s—截面重心轴至偏心
方向截面边缘的距离

b —— 矩形截面宽度；

h —— 矩形截面高度。

表 13.4.5　　　　　**混凝土轴心受压构件弯曲系数**

l_0/b	<4	4	6	8	10	12	14	16	18	20	22	24	26	28	30
l_0/i	<14	14	21	28	35	42	49	56	63	70	76	83	90	97	104
φ	1.00	0.98	0.96	0.91	0.86	0.82	0.77	0.72	0.68	0.63	0.59	0.55	0.51	0.47	0.44

注　1. l_0 为计算长度，按表 13.4.2 的规定采用。

　　2. 在计算 h_0/b 或 h_0/i 时，b 或 i 的取值：对于单向偏心受压构件，取弯曲平面内截面高度或回转半径；对于轴心受压构件及双向偏心受压构件，取截面短边尺寸或截面最小回转半径。

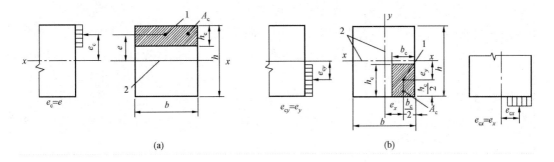

(a)　　　　　　　　　　　　　　(b)

图 13.4.3　混凝土构件偏心受压

(a) 单向偏心受压；(b) 双向偏心受压

1—受压区重心（法向压应力合力作用点）；2—截面重心轴；e—单向偏心受压偏心距；
e_c—单向偏心受压法向应力合力作用点距重心轴距离；e_x、e_y—双向
偏心受压在 x、y 方向的偏心距；e_{cx}、e_{cy}—双向偏心受压法向
应力合力作用点，在 x、y 方向的偏心距；A_c—受压区面积；h_c、b_c—矩形
截面受压区高度、宽度

2）双向偏心受压。受压区高度和宽度，应按下列条件确定［见图 13.4.3（b）］

$$e_{cy} = e_y \qquad (13.4.10a)$$

$$e_{cx} = e_x \qquad (13.4.10b)$$

矩形截面的偏心受压承载力可按下列公式计算

$$\gamma_0 N_d \leqslant \varphi f_{cd}\big[(h-2e_y)(b-2e_x)\big] \qquad (13.4.11)$$

式中　φ —— 轴心受压构件弯曲系数，见表 13.4.5；

　　　e_{cy} —— 受压区混凝土法向应力合力作用点，在 y 轴方向至截面重心距离；

　　　e_{cx} —— 受压区混凝土法向应力合力作用点，在 x 轴方向至截面重心距离。

2. 偏心距超限值时的圬工受压构件轴向承载力计算

当轴向力的偏心距超过表 13.4.4 偏心距限值时，构件承载力应按下列公式计算：

单向偏心　　　　　　　$$\gamma_0 N_d \leqslant \varphi \frac{A f_{tmd}}{\dfrac{Ae}{W}-1} \qquad (13.4.12)$$

双向偏心　　　　　　　$$\gamma_0 N_d \leqslant \varphi \frac{A f_{tmd}}{\dfrac{Ae_x}{W_y}+\dfrac{Ae_y}{W_x}-1} \qquad (13.4.13)$$

式中 N_d——轴向力设计值；

      A——构件截面面积，对于组合截面应按弹性模量比换算为换算截面面积；

      W——单向偏心时，构件受拉边缘的弹性抵抗矩，对于组合截面应按弹性模量比换算为换算截面弹性抵抗矩；

W_y、W_x——双向偏心时，构件 x 方向受拉边缘绕 y 轴的截面弹性抵抗矩和构件 y 方向受拉边缘绕 x 轴的截面弹性抵抗矩，对于组合截面应按弹性模量比换算为换算截面弹性抵抗矩；

    f_{tmd}——构件受拉最外层的弯曲抗拉强度设计值，按表 13.2.3、表 13.3.4 和表 13.3.7 采用；

      e——单向偏心时，轴向力偏心距；

e_x、e_y——双向偏心时，轴向力在 x 方向和 y 方向的偏心距。

3. 圬工构件抗弯和抗剪承载力计算

（1）抗弯承载力计算。圬工砌体在弯矩的作用下，可能沿通缝和齿缝截面产生弯曲受拉而破坏。因此，对于超偏心受压构件及受弯构件，均应进行抗弯承载力的计算。JTG D61—2005 规定，结构构件正截面受弯时，按下列公式计算

$$\gamma_0 M_d \leqslant W f_{tmd} \tag{13.4.14}$$

式中 M_d——弯矩设计值；

      W——截面受拉边缘的弹性抵抗矩，对于组合截面应按弹性模量比换算为换算截面受拉边缘弹性抵抗矩。

（2）抗剪承载力计算。拱脚处在水平推力作用下，桥台截面受剪。当拱脚采用砌块砌体时，可能产生沿水平缝截面的受剪破坏；当拱脚处采用片石砌体时，则可能产生沿齿缝截面的受剪破坏。砌体构件的受剪试验表明，砌体沿水平缝的抗剪承载能力为砌体沿通缝的抗剪承载能力及作用在截面上的垂直压力所产生的摩擦力之和。因为随着剪力的加大，砂浆产生很大的剪切变形，一层砌体对另一层砌体产生移动，当有压力时，内摩擦力将参加抵抗滑移。因此，JTG D61—2005 规定砌体构件或混凝土构件直接受剪时，应按下列公式计算

$$\gamma_0 V_d \leqslant A f_{vd} + \frac{1}{1.4}\mu_f N_k \tag{13.4.15}$$

式中 V_d——剪力设计值；

      A——受剪截面面积；

    f_{vd}——砌体或混凝土抗剪强度设计值，按表 13.2.3、表 13.3.4 和表 13.3.7 采用；

    μ_f——摩擦系数，圬工砌体多采用 $\mu_f=0.7$；

    N_k——与受剪截面垂直的压力标准值。

例 13.4.2   如图 13.4.4 所示混凝土构件，其截面尺寸为 350mm×500mm，采用 C20 混凝土现浇，构件计算长度 $l_0=$ 4.9m，承受纵向力 $N_d=60$kN，弯矩 $M_d=12$kN·m，安全等级为三级。试复核该受压构件的承载力。

解 轴向力偏心距

$$e_x = 0$$

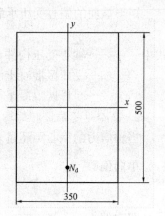

图 13.4.4 混凝土构件
（单位：mm）

$$e_y = \frac{M_d}{N_d} = 12/60 = 200\text{mm} > [0.6s] = 0.6 \times 500/2 = 150\text{mm}（见表 13.4.4）$$

属于超偏心构件。

由 $l_0 / b = 4900/350 = 14$，查表 13.4.5 得 $\varphi = 0.77$，查表 13.2.3 得 $f_{tmd} = 0.8\text{MPa}$，则

$$W = \frac{1}{6}bh^2 = \frac{1}{6} \times 350 \times 500^2 = 14\ 583\ 333.33\ (\text{mm}^3)$$

由式（13.4.12）得

$$N_u = \varphi \frac{Af_{tmd}}{\dfrac{Ae}{W} - 1} = 0.77 \times \frac{350 \times 500 \times 0.8}{\dfrac{350 \times 500 \times 200}{14\ 583\ 333.33} - 1}$$

$$= 77.0\text{kN} > \gamma_0 N_d = 0.9 \times 60 = 54\text{kN}$$

由式（13.4.14）得

$$M_u = Wf_{tmd} = 14\ 583\ 333.33 \times 0.8 = 11.7\text{kN} \cdot \text{m} > \gamma_0 M_d$$

$$= 0.9 \times 12 = 10.8\text{kN} \cdot \text{m}$$

经计算，轴向承载力和抗弯承载力均满足要求。

4. 局部承压构件承载力计算

JTG D61—2005 规定，混凝土截面局部承压的承载力应按下列公式计算

$$\gamma_0 N_d \leqslant 0.9\beta A_1 f_{cd} \tag{13.4.16}$$

$$\beta = \sqrt{\frac{A_b}{A_1}} \tag{13.4.17}$$

式中　N_d——局部承压面积上的轴向力设计值；

　　　β——局部承压强度提高系数；

　　　A_1——局部承压面积；

　　　A_b——局部承压计算底面积，根据底面积重心与局部受压面积重心相重合的原则，
　　　　　　按图 13.4.5 确定；

　　　f_{cd}——混凝土轴心抗压强度设计值。

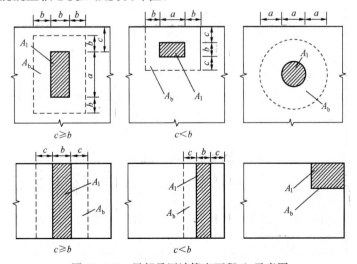

图 13.4.5　局部承压计算底面积 A_b 示意图

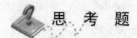 思 考 题

1. 什么是圬工结构？其优缺点是什么？
2. 工程上所用的石料有哪些类型？
3. 砌体有哪些类型？
4. 影响砌体抗压强度的主要因素有哪些？
5. 圬工结构设计计算的原则是什么？
6. 圬工受压构件正截面承载力计算的内容有哪些？

 习 题

1. 截面为 370mm×620mm 的轴心受压构件，采用 MU50 粗料石、M7.5 水泥砂浆砌筑，柱高 5m，两端铰支，该柱承受计算纵向力 550kN。安全等级为二级。试验算其承载力。

2. 某混凝土构件，其截面尺寸 370mm×490mm，采用 C20 混凝土现浇，构件计算长度 $l_0 = 5$m，承受纵向力 $N_d = 72$kN，弯矩 $M_d = 10.8$kN·m，安全等级为二级。试复核该受压构件的承载力。

参 考 文 献

[1] 叶见署. 结构设计原理. 北京：人民交通出版社，2005.
[2] 贾艳敏，高力. 结构设计原理. 北京：人民交通出版社，2004.
[3] 孙元桃. 结构设计原理. 北京：人民交通出版社，2005.